MANUEL COMPLET

DU JARDINIER.

SUPPLÉMENT.

PARIS. IMPRIMERIE DE CASIMIR, RUE DE LA VIEILLE-MONNAIE, N° 12.

Manuel Complet

DU

JARDINIER,

PAR M. LOUIS NOISETTE.

Deuxième Edition.

TOME *Supplément*

26ᵉ Livraison.

PARIS.

ROUSSELON, LIBRAIRE-ÉDITEUR,

RUE D'ANJOU-DAUPHINE, Nº 8.

1835.

MANUEL COMPLET

DU

JARDINIER

MARAICHER, PÉPINIÉRISTE, BOTANISTE, FLEURISTE ET PAYSAGISTE;

PAR M. LOUIS NOISETTE,

MEMBRE DES SOCIÉTÉS LINNÉENNE DE PARIS, HORTICULTURALES
DE PARIS, DE LONDRES ET DE BERLIN, D'AGRICULTURE
ET DE BOTANIQUE DE GAND, ETC., ETC.

SECONDE ÉDITION.

—◦◦◦—

SUPPLÉMENT N° 1.

—◦◦◦—

PARIS.

ROUSSELON, LIBRAIRE-ÉDITEUR,
RUE D'ANJOU-DAUPHINE, N° 8.

1835.

AVERTISSEMENT.

Depuis un an, que j'ai publié mon *Manuel*, l'horticulture s'est enrichie d'un assez grand nombre de plantes, et, ce qui est remarquable, appartenant pour la plupart à des genres nouveaux dans nos jardins; c'est ce dont on s'apercevra aisément en parcourant ce supplément. Aussi je me suis plus particulièrement appliqué à les faire connaître, afin de compléter mon ouvrage autant sous le rapport de la culture que sous celui de la classification botanique.

J'ai dû parler encore de quelques genres anciens, omis dans le corps de l'ouvrage, parce que, quand je le composai, ces plantes n'existaient pas dans les jardins de la France, ou au moins y étaient fort négligées. Ce n'est guère que depuis le nouvel élan donné à l'horticulture en dernier lieu, que l'on est revenu avec intérêt à ces végétaux qui paraissaient oubliés pour toujours, et qui cependant ne méritaient pas tous de l'être.

Plusieurs genres de mon Manuel ont été démembrés depuis peu de temps, et les plantes qui les composaient ont été placées par les auteurs dans de nouvelles coupes génériques et sous de nouveaux noms. Quelques-uns de ces genres ont été adoptés par le plus grand nombre des botanistes, d'autres ont été rejetés. Je ne me suis pas occupé de ces derniers; mais j'ai cru devoir indiquer les premiers, et renvoyer le lecteur à l'article du Manuel qui en traite sous leurs anciens noms, afin que les amateurs ne soient pas exposés à demander, à la vue des catalogues modernes, des plantes qu'ils peuvent déjà posséder sous une autre dénomination.

La partie de mon travail la plus difficile a été de rapporter chaque genre à la famille naturelle à laquelle il appartient; j'ai fait tout ce qui dépendait de moi pour ne commettre aucune erreur, et je crois qu'à force de soins et d'attention, je suis parvenu à remplir cette tâche minutieuse de manière à satisfaire mes lecteurs. J'y ai mis d'autant plus d'importance, que l'expérience me prouve tous les jours, de plus en plus, une vérité à laquelle, malheureusement on ne fait pas assez d'attention : c'est que l'ordre des familles naturelles groupe les végétaux non-seulement sous des rapports de formes, mais encore sous ceux de leur culture, au moins le plus ordinairement. Je suis tellement convaincu de ce que j'avance ici, que je suis toujours tenté de soupçonner une erreur de classification quand je vois un végétal avoir des besoins tout-à-fait différens de ceux éprouvés par les autres espèces de la même famille. Du reste, j'ai souvent vu les botanistes justifier mes soupçons en créant de nouvelles coupes pour placer ces végétaux; c'est ainsi que le savant Decandolle a séparé les groseilliers des cactiers, etc., etc.

Si, à l'imitation de quelques auteurs, j'avais voulu hasarder des faits et grossir ma brochure, j'aurais pu faire figurer dans ce supplément un assez grand nombre de végétaux absolument nouveaux, et la plupart venant de la Chine, de la Nouvelle - Hollande, ou d'autres pays éloignés. Mais je me suis fait une loi de ne rien avancer sans avoir une certitude complète résultant de ma propre expérience, ou au moins de celle de mes confrères les plus instruits. Ainsi donc, je m'abstiendrai de décrire la fleur d'un végétal qui n'a pas encore fleuri en France ou en Angleterre, et bien plus encore d'enseigner la culture de plantes que nous ne possédons en France que depuis quelques mois, et dont par conséquent nous ne connaissons ni les habitudes ni les besoins. Dans les vrais intérêts de la science, je pense qu'il vaut beaucoup mieux renvoyer mes lecteurs au Supplément de l'année prochaine, que de les exposer à faire venir à grand prix des plantes peut-être de peu d'intérêt, et que de risquer moi-même des détails de culture que je serai peut-être forcé de démentir dans un an.

C'est aussi pour des raisons semblables que j'ai cru devoir passer sous silence quelques variétés de fruits et de légumes, et en outre parce qu'elles ne me paraissent ni assez constatées ni assez tranchantes. Si elles se soutiennent, ce dont je m'assurerai par moi-même, et si elles ont vraiment les qualités qu'on leur attribue, j'en rendrai compte.

Quant au chapitre des outils et instrumens aratoires, plusieurs personnes en ont inventé de plus ou moins ingénieux; mais, comme je ne leur ai reconnu aucun but réel d'utilité, je n'ai pas cru devoir les mentionner.

J'ai adopté l'ordre alphabétique dans ce Supplément, comme le plus convenable pour les recherches. Par ce moyen, le lecteur peut, en ouvrant le livre, s'assurer si tel genre qu'il étudie dans le corps de l'ouvrage s'est enrichi d'une ou plusieurs espéces nouvelles.

Du reste, mon intention est de soutenir constamment mon *Manuel* au niveau des connaissauces et des découvertes utiles à mesure qu'elles se feront ; je ne ménage ni soins ni dépenses pour constater moi-même, par des expériences suivies avec persévérance, tous les faits qui peuvent faire avancer la science. Messieurs les amateurs qui désireraient se tenir au courant de ces travaux si intéressans pour les amis de l'horticulture, peuvent venir visiter mon principal établissement, rue du Faubourg-Saint-Jacques, n° 51, et je m'empresserai de satisfaire leur curiosité.

MANUEL COMPLET
DU JARDINIER.

PLANTES
CULTIVÉES DANS LES JARDINS.

SUPPLÉMENT.

ABATIE. *Abatia;* FLOR. PERUV. (De la *polyandrie-mono-gynie* de Linnée; de la famille des TILIACÉES de Jussieu.) Calice coloré, persistant, divisé en quatre parties ovales, lancéolées, aiguës; plusieurs filets insérés au réceptacle; environ vingt-huit étamines; un ovaire supérieur, surmonté d'un style à stigmate simple; capsule ovale, uniloculaire et bivalve, renfermant des semences très-petites.

ABATIE RUGUEUSE. *Abatia rugosa;* FLOR. PERUV. ♄. Du Pérou. Arbrisseau de deux à trois pieds; feuilles oblongues-lancéolées; fleurs en grappes terminales; orangerie; terre de bruyère; multiplication de marcottes et boutures.

ACÈNE. *Acæna;* FLOR. PERUV. (De la *tétrandrie-monogynie* de Linnée, et de la famille des ROSACÉES de Jussieu.) Calice de quatre folioles; corolle de quatre pétales; quatre étamines égales; un ovaire inférieur, surmonté d'un style simple; baie sèche, à une semence, couverte d'épines recourbées.

ACÈNE ARGENTÉE. *Acæna argentea;* FLOR. PERUV. ♄. Du Pérou. Tiges rampantes; feuilles pinnées avec impaire, à folioles ovales, oblongues; fleurs en épis globuleux. Pleine terre fraîche et sablonneuse; multiplication par éclat des pieds, par rejetons, et de graines.

ACÉRAS. *Aceras;* BROWN. (De la *gynandrie-diandrie* de

"

Linnée, et de la famille des Orchidées de Jussieu.) Corolle en masque; lèvre sans éperon; des glandes pédiculées; pollen renfermé dans un capuchon.

Rapportez à ce genre l'*ophrys homme-pendu*, n° 5, t. III, page 280.

ACICARPHE. *Acicarpha;* Juss. (De la *syngénésie-nécessaire* de Linnée, et de la famille des Cynarocéphales de Juss.) Calice commun simple, divisé en cinq parties; fleurons à cinq divisions; réceptacle couvert d'écailles, plus épaisses au sommet et terminées en pointe, enveloppant les graines.

Acicarphe tribuloide. *Acicarpha tribuloides;* Juss.⊙. Amérique méridionale. Plante herbacée, rameuse; feuilles oblongues, sinuées; les inférieures spatulées, les supérieures plus larges à la base et un peu amplexicaules; fleurs terminales. Serre chaude; terre légère; multiplication de graines semées au printemps sur couche chaude.

ACISANTHÈRE. *Acisanthera;* Brown. (De la *décandrie-monogynie* de Linnée, et de la famille des Salicaires de Juss.) Calice ventru, à cinq dents; corolle de cinq pétales; dix étamines à anthères sagittées; ovaire supérieur, terminé par un stigmate simple; capsule recouverte et couronnée par le calice, arrondie, biloculaire, contenant un grand nombre de semences insérées, dans chaque loge, sur un placenta particulier.

Acisanthère quadrangulée. *Acisanthera quadrata;* Brown.— *Rhexia acisanthera;* Lin. ♄. De la Jamaïque. Plante herbacée, à rameaux quadrangulaires; feuilles opposées, ailées, à folioles trinervées, ovales, crénées, opposées; fleurs solitaires, et alternativement axillaires. Serre chaude; terre de bruyère; multiplication de graines semées sur couche, d'éclats, ou de drageons.

ACNIDE. *Acnida;* Mich. (De la *diœcie-pentandrie* de Linnée, et de la famille des Chénopodées de Jussieu.) Pas de corolle; fleurs *mâles* ayant un calice de cinq folioles, et cinq étamines; *femelles :* calice de deux folioles; ovaire supérieur, surmonté de cinq styles; semence recouverte par le calice qui est devenu succulent.

Acnide ruscocarpe. *Acnida ruscocarpa;* Mich. ⊙ De l'Amérique septentrionale. Tige de sept à huit pieds, épaisse, anguleuse; feuilles ovales-lancéolées; capsule obtusangulée, rugueuse. Les Américains mangent les feuilles de cette plante comme nous faisons ici des épinards. Pleine terre humide, mais à exposition chaude; multiplication de graines.

ADENANTHOS. *Adenanthos;* Labili. (De la *tétrandrie-monogynie* de Linnée, et de la famille des Protéacées de Jussieu.) Corolle à quatre divisions, entourée à sa base d'écailles imbriquées qui tiennent lieu de calice; quatre anthères linéaires, insérées sur les lobes de la corolle, un peu au-dessous du sommet; quatre glandes insérées à la base de la corolle; un ovaire supérieur, oblong, surmonté d'un style simple; une graine recouverte par la corolle qui est desséchée.

Il faut rapporter à ce genre le protée soyeux, n° 54, t. III, page 330, et peut-être le protée rameux, n° 51, même tome, page 329.

AÉRIDE. *Aerides;* Willd. (De la *gynandrie-triandrie* de Linnée, et de la famille des Orchidées de Jussieu.) Spathe ovale, petite, persistante; corolle de cinq pétales ovales, plans, presque égaux; tube diphylle, à lèvre inférieure horizontale, oblongue, charnue, concave; lèvre extérieure operculiforme, relevée, dilatée, divisée en trois parties; les deux latérales obtuses, et l'intermédiaire conique et plus courte; deux étamines courtes, élastiques, attachées au sommet antérieur du tube, à anthères operculaires; un ovaire inférieur, trigone, mince, recourbé, à style nul et à stigmate représenté par une fossette qui règne de la base des étamines à l'ovaire.

1. Aéride odorante. *Aerides odorata;* Willd. ♃. De la Cochinchine. Racines linéaires; tige droite, d'un pied; feuilles linéaires, émarginées, grandes, recourbées, portées sur de courts pétioles engaînans; fleurs très-odorantes, pâles, presque charnues, portées sur des grappes simples, axillaires et pendantes. Serre tempérée; terre de bruyère, ou mieux terreau de vieux saule; multiplication par la séparation des drageons. Cette plante se nourrit exclusivement d'air, et ses racines ne servent guère qu'à la fixer sur le tronc des vieux arbres où elle vit en fausse parasite. Au Jardin du Roi, on en a conservé un pied, pendant fort long-temps, dans un

panier avec un peu de mousse, suspendu au plancher ; il végétait vigoureusement.

AFZÉLIE. *Afzelia;* Smith. (De la *décandrie-monogynie* de Linnée, et de la famille des Légumineuses de Jussieu.) Calice tubulé, à limbe quadrifide et caduc ; quatre pétales onguiculés, dont le supérieur est très-grand ; dix étamines, dont les deux supérieures sont stériles ; un légume multiloculaire, renfermant des semences arillées à leur base.

1. Afzélie africaine. *Afzelia africana;* Smith. ♄. De l'Amérique méridionale. Arbre moyen. Feuilles alternes, pinnées sans impaire ; fleurs d'un rouge de sang, en grappes accompagnées de bractées ; légume ligneux, très-pesant, renfermant des semences noires, à arille écarlate. Serre chaude ; terre franche, légère, substantielle ; multiplication de marcottes étranglées et de boutures étouffées sur couche chaude.

AGALLOCHE. *Excœcaria;* Willd. (De la *diœcie-monadelphie* de Linnée, et de la famille des Tithymaloides de Jussieu.) Fleurs mâles disposées en chatons cylindriques, composées seulement de trois étamines nues ; fleurs femelles disposées de même, composées d'un ovaire nu, arrondi, à trois styles courts ; capsule glabre, formée de trois coques réunies et monospermes.

1. Agalloche bois d'aigle, bois d'aloès, bois de calambac. *Excœcaria agallocha;* Willd. ♄. Des Indes orientales. Arbre résineux, à bois pesant, aromatique, d'une saveur très-amère ; feuilles alternes, ovales-oblongues, acuminées, un peu dentées en scie. Serre chaude ; terre franche, substantielle ; multiplication de marcottes et boutures étouffées.

AIDIE. *Aidia;* Loureir. (De la *pentandrie-monogynie* de Linnée, et de la famille de Chèvrefeuilles de Jussieu.) Calice tubuleux, à cinq dents ; corolle monopétale, hypocratériforme, à gorge lanugineuse et à limbe divisé en cinq parties lancéolées ; cinq étamines à anthères sessiles dans les divisions de la corolle ; un ovaire inférieur, à style court et à stigmate ovale oblong ; baie ovale, ombiliquée, monosperme, formée par le calice qui a cru.

1. Aidie cochinchinoise. *Aidia cochinchinensis;* Loureir. ♄. De la Cochinchine. Grand arbre à feuilles opposées, lancéolées, entières, glabres ; fleurs blanches, disposées en

grappes peu serrées, courtes et axillaires. Serre tempérée ; terre légère, substantielle ; multiplication de marcottes et boutures.

ALONZOA à feuilles incisées. *Voyez* HÉMIMÉRIDE A FEUILLES INCISÉES.

ALDÉE. *Aldea ;* FLOR. PERUV. (De la *pentandrie-monogynie* de Linnée, et de la famille des BORRAGINÉES de Jussieu.) Calice persistant, à cinq divisions linéaires ; corolle campanulée, à cinq dents ; cinq étamines velues ; un ovaire supérieur, à style filiforme et à stigmate bifide ; capsule ovale, uniloculaire, bivalve, disperme, renfermée dans le calice.

ALDÉE A FEUILLES AILÉES. *Aldea pinnata ;* FLOR. PERUV. ⊙. Du Pérou. Plante hérissée de poils, à racines filiformes ; feuilles alternes, les supérieures simples : les inférieures longuement pétiolées, pinnées, avec une impaire très-grande : folioles ovales, aiguës, très-entières ; fleurs blanches ou rougeâtres, en grappes unilatérales, recourbées à leur sommet. Serre chaude ; multiplication de graines semées sur couche chaude au printemps.

ALDROVANDE. *Aldrovanda ;* LIN. (De la *pentandrie-pentagynie* de Linnée, et de la famille des CAPPARIDÉES de Jussieu.) Calice persistant, à cinq divisions ; corolle de cinq pétales ; ovaire globuleux et à cinq styles ; capsule uniloculaire, à cinq valves renfermant dix semences.

ALDROVANDE VÉSICULEUSE. *Aldrovanda vesiculosa ;* LIN. ♃. De l'Europe méridionale. Tige herbacée, garnie de beaucoup de petites feuilles verticillées, cunéiformes, étroites, et portant à leur sommet une utricule vésiculeuse ; fleurs petites, solitaires, axillaires. Cette plante, fort extraordinaire, habite les eaux au fond desquelles elle germe. A l'époque de la floraison, la tige se sépare en deux portions dont la supérieure vient fleurir et nager à la surface. Serre tempérée ; terre tourbeuse, placée au fond d'un baquet profond que l'on remplit d'eau, et dans lequel on jette des graines. Changez l'eau tous les quinze jours en hiver ; plus souvent en été.

AMERIMNON. *Amerimnum ;* WILLD. (De la *diadelphie décandrie* de Linnée, et de la famille des LÉGUMINEUSES de Jussieu.) Calice bilabié ; corolle papilionacée ; dix étamines réunies à leur base ; un ovaire supérieur, à style simple et recourbé et à stigmate en tête; légume foliacé, comprimé, à deux valves, renfermant un petit nombre de semences réniformes.

1. AMERIMNON DE BROWN. *Amerimnum Brownei ;* SWARTZ. ♄. Des Antilles. Arbrisseau sans épines, de huit à dix pieds; feuilles simples, pétiolées, alternes, ovales, un peu cordiformes; avant le développement des feuilles, fleurs odorantes, nombreuses, en grappes composées, latérales et axillaires. Serre chaude; terre légère et sablonneuse; arrosemens modérés; multiplication de marcottes, de boutures étouffées, et de graines sur couche chaude.

2. AMERIMNON A LARGES FEUILLES. *A. latifolium ;* WILLD. *A. pinnatum ;* JACQ. ♄. Amérique méridionale. Arbrisseau de douze pieds, à tige droite et arborescente; feuilles pinnées, à folioles ovales, acuminées. Même culture.

3. AMERIMNON PUBESCENT. *A. pubescens ;* WILLD. ♄. Amérique méridionale. Arbre élevé, dans son pays natal; feuilles pinnées, à folioles oblongues, acuminées, pubescentes en dessous; fleurs petites, d'un blanc violacé, en grappes filiformes. Même culture.

4. AMERIMNON GRIMPANT. *A. scandens ;* WILLD. ♄. Amérique méridionale. Arbrisseau à tige frutiqueuse et grimpante; feuilles pinnées, à folioles oblongues, acuminées, glabres ; fleurs violettes, en grappes axillaires. Même culture.

AMPÉLOPSIDE. *Ampelopsis.* Genre établi par Michaux, pour placer l'ACHIT A CINQ FEUILLES, n° 5, tome IV, page 295; l'ACHIT A FEUILLES EN COEUR, n° 2, même tome et même page. Ajoutez :

AMPÉLOPSIDE ARBORÉE. *Ampelopsis bipinnata ;* MICH. *Cissus stans ;* PERS. *Vitis arborea ;* LIN. ♄. De la Caroline. Arbrisseau grimpant, fort élégant, s'accrochant aux corps environnans au moyen de vrilles; feuilles bipinnées, à folioles incisées, dentées en scie; fleurs à cinq étamines. Pleine terre fraîche, à demi ombragée, multiplication de graines, marcottes et boutures. Couverture de feuilles sèches et de litière pendant l'hiver. Il est prudent d'en avoir quelques pieds en orangerie.

AMSONIE. *Amsonia ;* WALTHER. (De la *pentandrie-mo-*

nogynie de Linnée, et de la famille des APOCYNÉES de Jussieu.)
Ce genre a été établi sur ces caractères : corolle infondibuliforme, à gorge clause; stigmate annulaire au bord; deux
follicules droits; semences cylindriques, nues, obliquement
tronquées; feuilles alternes.

On y place la TABERNE A LARGES FEUILLES, n° 2, tome III,
page 529; La TABERNE A FEUILLES ÉTROITES, n° 1, même tome
et même page.

ANGELONIE. *Angelonia;* HUMBOLDT. (De la *didynamie-
angiospermie* de Linnée, et de la famille des SCROFULAIRES de
Jussieu.) Calice à cinq divisions obliques, presque égales,
dont deux sont plus rapprochées; corolle à tube court, à deux
lèvres, la supérieure à deux parties, l'inférieure beaucoup
plus grande, à trois parties; la découpure intermédiaire en
forme de sabot à sa base, où se trouve une grosse glande;
quatre étamines presque égales, hérissées; ovaire supérieur,
hérissé, surmonté d'un style court; capsule renfermée dans
le calice subsistant, à quatre sillons, à deux loges polyspermes et bivalves à leur sommet.

1. ANGELONIE A FEUILLES DE SALICAIRES. *Angelonia salica-
riæfolia;* HUMB. ♃. Amérique méridionale. Tiges de deux
pieds, touffues, à feuilles opposées, lancéolées, dentées en
scie; fleurs d'un bleu lilacé, moyennes, en grappes terminales. Serre tempérée, ou mieux serre chaude ; terre légère, substantielle; multiplication de graines, d'éclats et de
boutures.

ANACAMPSEROS. *Anacampseros.* Voyez ORPIN, tome 4,
page 417, et ajoutez :

1. ANACAMPSEROS ROUGEATRE OU ORPIN ROUGEATRE. *Anacampseros rubens;* HORT. ANGL. *Sedum rubens;* PERS. ♃. D'Alle-
magne. Tiges couchées, rameuses dans le bas : feuilles ovales,
sessiles, alternes, distantes; fleurs en ombelles presque terminales, à pédoncules très-simples. Orangerie ; terre légère,
sèche et sablonneuse; multiplication de graines, de boutures,
de drageons et d'éclats.

ANOMATIQUE A FEUILLES DE JONC, OU LAPEYROUSIE JONCÉE.
Anomatheca juncea; AIT. *Lapeyrousia juncea;* REZ. Voyez
GLAYEUL JONCÉ, tome III, page 249.

AOTE. *Aotus,* SMITH. (De la *décandrie-monogynie* de

Linnée, et de la famille des Légumineuses de Jussieu.) Calice à cinq divisions; corolle papilionacée, à ailes plus courtes que l'étendard; ovaire supérieur, surmonté d'un style filiforme, à stigmate obtus; légume uniloculaire et à deux graines.

1. Aote velu. *Aotus villosus;* Smith. ♄. Nouvelle Hollande. Arbrisseau à feuilles simples.

APALATOA. *Crudia;* Willd. (De la *décandrie-monogynie* de Linnée, et de la famille des Légumineuses de Jussieu.) Calice monophylle, quadridenté, muni à sa base de deux bractées; dix étamines insérées sur le calice; ovaire supérieur, ovale, pédiculé, se terminant en un style courbé; pas de corolle; légume arrondi, comprimé, bordé d'un large feuillet membraneux et ondulé, ne renfermant qu'une seule semence.

1. Apalatoa a épis. *Crudia spicata;* Willd. ♄. De la Guyane. Arbre à feuilles alternes, ailées ou composées de quatorze folioles oblongues-lancéolées, acuminées, de grandeurs inégales; fleurs en épis, sortant de l'aisselle des feuilles supérieures. Serre chaude; terre légère, substantielle; multiplication de marcottes et de boutures étouffées sur couche chaude.

APÉIBA. *Apeiba;* Lam. *Aubletia;* Willd. Voyez pour les caractères du genre, le tome IV, page 371.

1. Apéiba glabre ou bois de mèche. *Apeiba lœvis;* Willd. *Apeiba glabra;* Aublet. ♄. De la Guyane. Arbre à feuilles oblongues, obovales, acuminées, très-entières, glabres, stipulées; fleurs d'un jaune verdâtre, en grappes terminales; pétales obtus; capsule chargée de petites aspérités semblables aux dents d'une lime. C'est en frottant le bois de cet arbre contre un bois plus compacte, que les sauvages se procurent du feu. Serre chaude; terre franche légère; multiplication de graines venues de son pays natal et semées sur couche chaude, de boutures étouffées, et de marcottes.

APHÉLANDRE. *Aphelandra;* Brown. (De la *diandrie-monogynie* de Linnée, et de la famille des Acanthées de Jussieu.) Calice à cinq divisions inégales; corolle bilabiée; anthères uniloculaires; capsule biloculaire, bivalve, à cloison contraire.

Il faut rapporter à ce genre la Carmautine pompon ou à crête, n° 10, tome III, page 407.

APONOGÉTON. *Aponogeton;* Lin. (De l'*heptandrie–digy-nie* de Linnée, et de la famille des Aroïdées de Jussieu.) Une petite écaille tenant lieu de calice et de corolle; six à douze étamines un peu plus longues que l'écaille; deux à quatre ovaires terminés par un style obtus, qui se changent en autant de capsules ovales, renfermant chacune trois semences.

1. Aponogéton a deux épis. *Aponogeton distachyon;* Ait. ♃. Du cap de Bonne-Espérance. Racine bulbeuse; feuilles linéaires, oblongues; fleurs exhalant une odeur très-suave, ayant de six à douze étamines, en épis bifides, munies de bractées entières. Au Cap, on mange les bulbes de cette espèce. Serre chaude; terre tourbeuse tenue constamment mouillée et même submergée; multiplication par la séparation des bulbes des racines.

AQUARTIE. *Aquartia;* Willd. (De la *tétrandrie – monogynie* de Linnée, et de la famille des Solanées de Jussieu.) Calice monophylle, persistant, à quatre divisions; corolle monopétale, à tube très–court, divisée également en quatre parties linéaires et très-ouvertes; quatre étamines à anthères linéaires et aussi longues que la corolle; ovaire supérieur, arrondi, chargé d'un style filiforme, incliné, terminé par un stigmate simple; baie globuleuse, uniloculaire, à graines comprimées.

1. Aquartie a petites feuilles. *Aquartia microphylla;* Lam. ♄. De Saint-Domingue. Arbre épineux, à aiguillons souvent géminés, étalés; feuilles très – petites, linéaires, entières, presque nues. Du reste il ressemble au *solanum lycioides.* Serre chaude; terre franche légère, substantielle; peu d'arrosemens en hiver; multiplication de graines et de boutures.

AQUILICE sureau. *Aquilicia sambucina;* Cavan. Voyez l'article Lée sambucine, de ce Supplément.

ARAUCARIER. *Araucaria;* Juss. (*De la diœcie-monadelphie* de Linnée, et de la famille des Conifères de Jussieu.) Fleurs dioïques. *Mâles:* chaton imbriqué, composé d'écailles un peu ligneuses; dix à douze anthères connées dans chaque écaille. *Femelles:* chaton strombiliforme; écailles calicinales lancéolées, biflores; style nul; stigmate bivalve; noix coriace, cunéiforme, ailée au sommet.

1. Araucarier imbriqué. *Araucaria imbricata;* Pers. Dom-

beya chilensis; LAM. *Pinus araucaria;* MOLINA. ♄. Du Chili. Arbre superbe, s'élevant à cent cinquante pieds de hauteur dans son pays natal. Cime pyramidale, à rameaux quaternés et diminuant successivement de longueur; feuilles persistantes, très-nombreuses, sessiles, éparses, droites et imbriquées sur huit rangées un peu en spirale : elles sont ovales, très-pointues, un peu piquantes, entières, lisses et coriaces, et ont un ou deux pouces de longueur; fleurs solitaires au sommet des rameaux. Les amandes de ses fruits se mangent comme les pignons du pin, et la résine qui découle de son tronc répand, en brûlant, une odeur extrêmement agréable. Orangerie éclairée; terre de bruyère mélangée à moitié de terre franche, légère et substantielle; multiplication de bouture et de greffe sur le sapin commun. Nous ne connaissons en Europe que trois individus de cette superbe espèce, tous trois en Angleterre, dans le jardin royal de Kiew, où l'on en cultive un depuis plus de quinze ans en pleine terre, et les deux autres en serre comme nous l'avons indiqué.

ARGYTAMNE. *Argytamnia;* SWARTZ. (De la *monœcie-tétrandrie* de Linnée, et de la famille des EUPHORBES de Jussieu). Fleurs monoïques. *Mâles :* calice de quatre folioles; corolle de quatre pétales; quatre étamines. *Femelles :* calice de cinq folioles; point de corolle; style dichotome; capsule à trois loges, renfermant chacune une semence.

1. ARGYTAMNE BLANCHATRE. *Argytamnia candicans;* SWARTZ. ♄. De la Jamaïque. Arbrisseau à rameaux blanchâtres; feuilles alternes, ovales; fleurs odorantes. Serre chaude; terre franche légère; multiplication de marcottes et boutures.

ARGOPHYLLE. *Argophyllum;* FORST. (De la *pentandrie-monogynie* de Linnée, et de la famille des CHÈVREFEUILLES de Jussieu.) Calice court, supérieur, à cinq divisions; cinq pétales lancéolés et ouverts; un tube pyramidal, pentagone, couvert par le haut, formé de filets réunis à leur base et entourant le germe; cinq étamines; un ovaire inférieur; une capsule hémisphérique, triloculaire, et renfermant beaucoup de semences.

1. ARGOPHYLLE LUISANT. *Argophyllum nitidum;* LIN. ♄. Des îles de la mer du Sud. Arbrisseau soyeux, grimpant; feuilles alternes, ovales, luisantes; fleurs disposées en panicules.

Serre chaude; terre légère; multiplication de marcottes.

ARIONE. *Ariona,* CAVAN. (De la *pentandrie-monogynie* de Linnée, et de la famille des THYMELÉES de Jussieu.) Calice de deux folioles concaves et persistantes; corolle infondibuliforme, à tube allongé, divisé en cinq parties; cinq étamines très-courtes; un ovaire supérieur, ovale, couronné par cinq écailles très-courtes, et terminé par un style à stigmate bilamellé; une baie globuleuse, biloculaire, conservant les marques des écailles.

1. ARIONE TUBÉREUSE. *Ariona tuberosa;* CAVAN. ♃. De l'Amérique méridionale. Racine à fibrilles divergentes et tuberculifères; tiges nombreuses, filiformes, très-dures, cotonneuses comme les feuilles; celles-ci éparses, engaînantes, aiguës et écartées à leurs pointes; fleurs cotonneuses et jaunâtres en dessous, d'un jaune blanchâtre en dedans, terminales, ramassées, presque sessiles, couvertes par des bractées. Serre chaude; terre légère ou de bruyère; multiplication par éclat. En Amérique on mange sa racine, à laquelle on donne le nom de *descado.*

AROUNIER. *Aruna;* AUBLET. (De la *diandrie-digynie* de Linnée, et, selon Bosc, de la famille des LÉGUMINEUSES de Jussieu.) Calice monophylle, très-petit, divisé en cinq parties réfléchies; pas de corolle; deux étamines opposées; un ovaire supérieur, conique, chargé d'un style menu et courbe, terminé par un stigmate obtus; capsule ovoïde, comprimée, sillonnée, contenant une ou deux graines enveloppées dans une pulpe rougeâtre et acide.

1. AROUNIER DE LA GUYANE. *Aruna gujanensis;* AUBLET. ♄. De la Guyane. Arbre assez élevé, à rameaux divariqués; feuilles alternes, ailées avec impaire, composées d'environ sept folioles alternes, ovales, entières ou stipulées; fleurs vertes, axillaires, paniculées. Serre chaude; terre franche légère, substantielle; multiplication de graines venues de son pays natal, de marcottes, et de boutures étouffées.

ASPALAT. *Aspalathus;* LIN. (De la *diadelphie-décandrie* de Linnée, et de la famille des LÉGUMINEUSES de Jussieu.) Calice monophylle, campanulé, divisé en cinq découpures, dont les deux supérieures sont plus longues; corolle papilionacée, à étendard relevé, ailes courtes, et carène obtuse; dix étamines toutes monadelphes à leur base; un ovaire **supérieur**, ovale, se terminant en un style courbé comme les étamines; légume ovale, petit, ordinairement velu, renfermant une à trois semences réniformes.

1. ASPALAT CILIAIRE. *Aspalathus ciliaris;* THUNB. ♃. Du Cap. Arbuste de trois à quatre pieds; feuilles simples, linéaires, fasciculées, rudes, un peu poilues; fleurs jaunes, en têtes terminales, à étendard brunâtre. Orangerie; terre légère ou de bruyère; multiplication de graines, marcottes et boutures.

2. ASPALAT ARACHNÉOÏDE. *A. araneosa;* THUNB. ♃. Du Cap. Arbrisseau qui diffère du précédent par ses feuilles fasciculées, filiformes, lâches, poilues, couvertes de petits tubercules rudes, et par ses fleurs en têtes velues. Même culture.

ASTROLOME HUMIFUSE. *Astroloma humifusa;* BROWN. Voyez STYPHÉLIE JUNIPÉRINE, n° 4, variété 2ᵉ, t. III, p. 604.

ASSONIE. *Assonia;* CAVAN. (De la *monadelphie-dodécandrie* de Linnée, et de la famille des MALVACÉES de Jussieu.) Calice double, l'intérieur divisé en cinq parties, l'extérieur bractéiforme, monophylle et trilobé; corolle à cinq pétales obliques ou en forme de faux; étamines réunies à leur base, au nombre de vingt, dont cinq stériles plus courtes; un ovaire supérieur, arrondi, velu, à cinq styles, à stigmate épais; cinq capsules conniventes, à une loge et à deux semences.

1. ASSONIE BAUMIER, bois de senteur bleu. *Assonia populnea;* CAVAN. ♃. De l'île de la Réunion. Arbrisseau à feuilles alternes, ovales-lancéolées, longuement pétiolées; fleurs blanches, en corymbes terminaux. Serre chaude; terre légère, substantielle; multiplication de marcottes et boutures.

ATHÉROSPERME. *Atherosperma;* LABILL. (De la *monœcie-monadelphie* de LINNÉE, et de la famille des ATHÉROSPERMÉES de Brown et des MONIMIÉES de Jussieu.) Involucre à deux folioles caduques; calice à huit divisions campanulées; fleurs mâles: un grand nombre d'étamines; fleurs femelles: un grand nombre d'ovaires à styles simples; fruit composé de beaucoup de capsules surmontées chacune d'un style qui est devenu plumeux, et insérées sur un réceptacle velu, en forme de cupule.

1. ATHÉROSPERME MUSQUÉ. *Atherosperma moschata;* LABILL. ♃. Nouvelle-Hollande. Arbre à feuilles opposées, légèrement pétiolées, ovales, lancéolées, entières ou dentées, luisantes

en dessus, velues en dessous; fleurs grandes, solitaires, sur des pédoncules axillaires, tétragones et recourbés. Toute la plante exhale une odeur agréable, comparable à celle de la badiane. Serre tempérée; terre légère ou de bruyère; multiplication de marcottes et boutures.

AVICENNE. *Avicennia;* LIN. (De la *didynamie-angiospermie* de Linnée, et de la famille des GATTILIERS de Jussieu.) Calice persistant, à cinq parties munies à leur base de trois écailles pointues; corolle monopétale, à tube campanulé, court; limbe presque labié, partagé en quatre divisions inégales, l'une supérieure, plane, un peu échancrée et presque carrée : les trois autres ovales, entières et ouvertes; quatre étamines, dont deux plus longues, insérées dans le tube de la corolle; ovaire supérieur, ovale, surmonté d'un style bifide dont la division inférieure est courbée en bas; capsule coriace, ovale, rhomboïdale, un peu comprimée sur les côtés, uniloculaire, bivalve et monosperme; semence grosse, composée de quatre lames charnues.

1. AVICENNE COTONNEUX. *Avicennia tomentosa;* WILLD. — *Sceura marina;* FORSK. ♃. De l'Inde. Grand arbre à feuilles opposées, oblongues, obtuses, lisses, vertes en dessus, cotonneuses et blanchâtres en dessous; fleurs odorantes, en panicules courtes à l'extrêmité des rameaux. Ses amandes se mangent et servent à faire de l'huile; elles sont connues dans le commerce sous le nom d'*anacarde orientale.* Serre chaude; terre franche légère, substantielle; multiplication de marcottes et de boutures étouffées.

2. AVICENNE LUISANT. *A. nitida;* LIN. ♄. De la Martinique. Arbre de trente à quarante pieds; feuilles opposées, lancéolées, luisantes des deux côtés; fleurs en grappes terminales. Il est connu dans son pays sous le nom de *palétuvier gris.* Serre chaude, et même culture.

3. AVICENNE RÉSINIFÈRE. *A. resinifera;* FORST. ♄. De la Nouvelle-Hollande. Arbre à feuilles ovales-lancéolées, larges, velues en dessous; fleurs portées par des pédoncules terminaux presque trifides. Serre tempérée, et même culture.

BABIANE. *Babiana;* GAWLER. Nouveau genre établi aux dépens des antholyses, glayeuls et ixies. Il faut y rapporter les espèces suivantes : ANTHOLYSE A FEUILLES PLISSÉES, n° 4, tome III, page 250 ; ANTHOLYSE LABIÉE, n° 4, *id.* ; GLAYEUL RAIDE, n° 18, même tome , page 245 et ses variétés ; GLAYEUL JAUNE-SOUFRE , n° 24 , même tome , page 246 ; GLAYEUL A FLEURS TUBULEUSES , n° 42 ; GLAYEUL SPATHACÉ , n° 46 ; IXIA HÉRISSÉE , n° 9, même tome , page 235. Les caractères de ce genre sont : Spathe de deux valves , l'intérieure bipartie ; corolle tubuleuse, divisée en six parties ; trois stigmates ouverts ; une baie.

BACASIE. *Bacasia* ; LIN. (De la *syngénésie-égale* de Linnée, et de la famille des CORYMBIFÈRES de Jussieu.) Calice commun ovale , imbriqué d'écailles scarieuses , les extérieures ovales , lancéolées , et les intérieures linéaires ; réceptacle velu , contenant , à sa circonférence , huit demi-fleurons quadridentés , hermaphrodites , fertiles , porteur d'une longue soie , et dans son centre un seul fleuron très-grand , labié, à cinq dents , stérile et inséré sur un gros corps fongueux ; graines ovales , anguleuses, velues , surmontées d'une aigrette plumeuse.

1. BACASIE ÉPINEUSE. *Bacasia spinosa* ; PERS. ♄. Du Pérou. Arbrisseau à feuilles obovales , mucronées, cartilagineuses ; de mai en juillet, fleurs solitaires , à fleuron du disque simple et ayant ses anthères sessiles au fond du tube ; fleurons de la circonférence ayant un stigmate bifide et les filamens des étamines saillans hors du tube. Serre tempérée ; terre légère ; multiplication de marcottes.

BACOPE. *Bacopa* ; AUBLET. (De la *pentandrie-monogynie* de Linnée , et de la famille des PORTULACÉES de Jussieu.) Calice monophylle, profondément divisé en cinq parties inégales ; corolle monopétale, régulière, à tube court , évasé à son orifice et terminé par un limbe à cinq découpures ovales ; cinq étamines insérées presque sous le limbe de la corolle ; un ovaire à demi supérieur, se terminant en un style court , dont le stigmate est arrondi et convexe ; une capsule membraneuse, uniloculaire, remplie de semences très-menues.

1. BACOPE AQUATIQUE. *Bacopa aquatica* ; AUBLET. ♃. De la Guyane. Plante rampante ; feuilles opposées , sessiles, amplexicaules, linéaires, un peu épaisses et glabres ; fleurs bleues, axillaires, solitaires. Serre chaude ; terre tourbeuse , tenue constamment humide ; multiplication par éclats.

BEAUFORTIE. *Beaufortia ;* Brown. (De la *polyadelphie-icosandrie* de Linnée, et de la famille des Myrtes de Jussieu.) Étamines réunies en cinq paquets portés sur de longs pédicules ; anthères bifides ; capsule à trois loges monospermes, cachée dans le calice qui persiste.

1. Beaufortie a feuiles en croix. *Beaufortia decussata ;* Bbown. ♄. De la Nouvelle Hollande. Arbrisseau à feuilles opposées en croix, ovales, raides, recourbées ; en été, fleurs d'un rouge vif, réunies en grand nombre dans les aisselles des feuilles au sommet des tiges de l'année précédente. Orangerie ; terre de bruyère ; arrosemens modérés en hiver ; multiplication de marcottes et boutures.

BEFARIA. Voyez *Bejaria ,* tome III, page 561.

BERCKHEYA. Voyez, pour l'espèce *ciliaris ,* l'Agriphylle cilié, n° 2, page 119, du tome IV ; pour l'*incana ,* l'Agriphylle épineux , n° 1, de la même page et du même volume. Ajoutez :

1. Berckheya a une fleur. *Berckheya uniflora ;* Willd. ♃. Du Cap. Feuilles alternes , lancéolées , épineuses – dentées , cotonneuses en dessous ; tige herbacée , uniflore ; écailles calicinales lancéolées, dentées et épineuses, presque égales aux rayons. Orangerie sèche et éclairée ; terre franche légère ; multiplication de drageons ou par l'éclat des pieds.

Nous pensons que ce genre doit être réuni à celui des *agriphyllum ,* mais cependant nous allons donner les caractères sur lesquels Schreber l'a établi. Calice imbriqué ; étamines des rayons hermaphrodites stériles ; réceptacle paléacé ; graines poilues ; aigrette paléacée.

BERGÈRE. *Bergera.* (De la *décandrie-monogynie* de Linnée, et de la famille des Hespéridées de Jussieu.) Calice à cinq divisions ; corolle de cinq pétales ; dix étamines, un ovaire surmonté d'un style à stigmate turbiné ; une baie à deux semences.

Bergère de Koenig. *Bergera Kœnigii;* Lin. ♄. De l'Inde. Arbre à feuilles alternes, pinnées avec impaire, à folioles alternes, pétiolées, rhomboïdales, dont un des côtés est plus aigu et l'autre dentelé ; fleurs en corymbes terminaux, accompagnés de bractées lancéolées et persistantes. Serre chaude ; terre franche légère, substantielle ; multiplication de marcottes.

BLÉRIE. *Blœria*. (De la *tétrandrie-monogynie* de Linnée ; de la famille des Bruyères de Jussieu.) Calice quadriparti ; corolle quadrifide ; quatre étamines insérées sur le réceptacle ; un style ; capsule quadriloculaire, polysperme.

BLÉRIE ÉRICOÏDE. *Blœria ericoïdes*, Ait. ♄. Du Cap. Petit arbuste à feuilles quaternées, oblongues, poilues, pointues et imbriquées ; calice à quatre folioles ; corolle campanulée. Orangerie éclairée ; terre de bruyère ; multiplication de marcottes et boutures. Cette plante s'accommode très-bien de la culture des bruyères.

BLÉTIE. *Bletia*. (De la *gynandrie-diandrie* de Linnée, et de la famille des Orchidées de Jussieu.) Corolle renversée, de cinq pétales, dont trois extérieurs lancéolés et deux intérieurs ovales et deux fois plus larges ; un nectaire à lèvre inférieure carénée, à trois lobes, dont l'intermédiaire est presqu'en cœur et très-grand ; à lèvre supérieure oblongue, linéaire, un peu courbée, canaliculée ; en un opercule concave, à huit loges ; une étamine très-courte, à huit anthères dont quatre plus petites ; ovaire inférieur, attaché à la lèvre supérieure du nectaire, à stigmate concave ; capsule oblongue, uniloculaire, trivalve, contenant un grand nombre de semences.

1. BLÉTIE UNIFLORE. *Bletia uniflora ;* Pers. ♃. Du Pérou. Racines bulbeuses, à bulbes un peu arrondies, légèrement comprimées ; feuilles linéaires, carénées ; hampes radicales, terminées par une seule fleur. Serre chaude et tannée, près des jours ; terre franche légère, substantielle ; arrosemens pendant la végétation ; multiplication par la séparation des bulbes.

BLIGHIE. *Blighia*. — *Akeesia* de M. de Tussac. (De l'*octandrie – monogynie* de Linnée, et de la famille des Savonniers de Jussieu.) Calice à cinq folioles ; cinq pétales apendiculés ; un ovaire supérieur, à style terminé par trois stigmates ; une capsule trigone, à trois loges monospermes ; semences arillées.

BLIGHIE SAPIDE. *Blighia sapida ;* Kœnig. *Akeesia sapida ;* Tussac. ♄. D'Afrique. Grand et bel arbre naturalisé en Jamaïque, où l'on mange ses fruits cuits ou crus.

BOSSIÉE, *Bossiœa ;* Vent. (De la *diadelphie-décandrie* de Linnée, et de la famille des Légumineuses de Jussieu.) Calice tubuleux, à deux lèvres, la supérieure en cœur, l'inférieure à trois dents; deux glandes à la base de l'étendard; les ailes des deux pétales auriculées; une gousse pédicellée, oblongue, comprimée, à plusieurs semences.

BOSSIÉE HÉTÉROPHYLLE. *Bossiæa heterophylla;* VENT. ♄. De la Nouvelle-Hollande. Arbrisseau à rameaux comprimés; feuilles simples, les inférieures elliptiques, les supérieures lancéolées; fleurs jaunes, à carène pourpre. Serre tempérée, ou bonne orangerie éclairée; terre de bruyère; multiplication de marcottes.

BROSSÉE. *Brossœa;* JUSS. (De la *pentandrie-monogynie* de Linnée, et de la famille des BRUYÈRES de Jussieu.) Calice d'une seule pièce, charnu, divisé profondément en cinq découpures droites et pointues; corolle monopétale, ayant la forme d'un cône tronqué, et dont le bord est entier; cinq étamines; ovaire supérieur, à cinq côtes, surmonté d'un style en alène, dont le stigmate est simple. Fruit consistant en une capsule à cinq sillons, partagée intérieurement en cinq loges, qui contiennent une grande quantité de semences. Cette capsule est enveloppée par le calice qui s'est accru, coloré, et qui présente cinq fissures en ses bords.

BROSSÉE ÉCARLATE. *Brossœa coccinea;* PLUM. ♄. De l'Amérique méridionale. Petit arbrisseau à feuilles alternes, pétiolées, ovales, légèrement dentées; fleurs en grappes terminales, alternes, pédonculées et d'un rouge écarlate. Le calice succulent qui enveloppe la capsule a une saveur agréable. Serre chaude; terre de bruyère; arrosemens soutenus; multiplication de marcottes, et boutures étouffées.

BROSIMON. *Brosimum;* TUSSAC. (De la *diœcie-monandrie* de Linnée, et de la famille des ORTIES de Jussieu.) Fleurs dioïques : les mâles réunis en chaton globuleux, composés d'écailles peltées; une étamine; pas de corolle; fleur femelle formant un chaton ovale; les écailles oblitérées; un style bifide; une capsule crustacée, uniloculaire, monosperme; une semence à deux lobes.

BROSIMON COMESTIBLE. *Brosimum alicastrum;* TUSSAC. ♄. De la Jamaïque. Arbre lactescent, à feuilles alternes, ovales, lancéolées; fleurs axillaires; fruit comestible, ayant beaucoup d'analogie avec nos châtaignes. Serre chaude; terre franche légère, substantielle ; multiplication de boutures, de marcottes, et de graines venues de son pays natal.

BROWNÉE. *Brownea*. Lam. (De la *monadelphie-décandrie* de Linnée, et de la famille des Légumineuses de Jussieu.) Calice double : l'extérieur turbiné et bifide : l'intérieur infondibuliforme et quinquéfide ; une corolle de cinq pétales, insérés dans le tube du calice intérieur, onguiculés, presque égaux ; dix ou onze étamines ayant la même insertion que la corolle, à filamens subulés, droits, alternativement plus courts, réunis à leur base en une gaîne fendue sur un côté ; un ovaire libre, oblong, stipité, à style subulé et à stigmate simple ; un légume oblong, acuminé, bivalve, uniloculaire, polysperme, à semences grandes, inégalement arrondies, presque carrées, ponctuées.

Brownée écarlate. *Brownea coccinea;* Wild. ♄. Amérique méridionale. Arbre de moyenne grandeur ; rameaux glabres ; feuilles ailées sans impaire, à folioles opposées ; fleurs grandes, d'un aspect agréable, sur des pédoncules un peu agrégés, sortant par paquets des boutons axillaires ; dix étamines, de la longueur de la corolle. Serre chaude ; terre légère et substantielle ; multiplication de marcottes, et de boutures étouffées.

Brownée rose de montagne. *B. rosa;* Wild. ♄. De l'Amérique méridionale. Arbre moyen, à feuilles ailées et folioles opposées ; fleurs très-belles, d'un rose écarlate, en têtes de la grosseur du poing ; étamines deux fois plus longues que la corolle. Serre chaude, et même culture.

Brownée grandiceps. *B. grandiceps;* Willd. ♄. Des Caracas. Cet arbre diffère du premier par ses rameaux pubescens et par ses fleurs en têtes formant un peu l'épi. Ses étamines sont de la longueur de la corolle. Serre chaude, et même culture.

Brownée pauciflore. *B. pauciflora;* Willd. *Palovea gujanensis;* Aublet. ♄. De la Guyane. Cette espèce diffère des précédentes par ses feuilles simples, et par d'autres caractères qui ont décidé Aublet à l'établissement de son genre paloué ; et Schreber à celui des ginannies. Les fleurs sont sessiles, terminales, au nombre de trois ou quatre ensemble. Serre chaude, et même culture.

BUMÉLIE. *Bumelia;* Swartz. (De la *pentandrie – mono-*

gynie de Linnée, et de la famille des SAPOTILIERS de Jussieu.) Calice à cinq folioles; une corolle à cinq divisions; un nectaire à cinq écailles; cinq étamines; un ovaire supérieur, surmonté d'un style simple; un drupe monosperme. Ce genre se rapproche beaucoup de celui des ARGANS et des CAÏMITIERS.

BUMÉLIE A FEUILLES DE SAULE. *Bumelia salicifolia;* SWARTZ. *Achras salicifolia;* LIN. ♄. De la Jamaïque. Arbrisseau à feuilles ovales-lancéolées, acuminées; fleurs portées sur des pédoncules serrés, axillaires et latéraux. Serre chaude; terre légère, substantielle; multiplication de marcottes et de graines venues de son pays natal.

BUMÉLIE NOIRE. *B. nigra;* SWARTZ. ♄. De la Jamaïque. Arbre à rameaux lâches, les florifères grêles et droits; feuilles terminales, oblongues, lancéolées, glabres, ondulées sur leurs bords. Serre chaude, et même culture.

BUMÉLIE PALE. *B. pallida;* SWARTZ. ♄. De la Jamaïque. Arbre plus petit que le précédent, à écorce blanchâtre; feuilles terminales, elliptiques, obtuses; rameaux droits; fleurs plus grandes, portées sur des pédoncules serrés et latéraux. Serre chaude, et même culture.

BURSAIRE. *Bursaria;* CAV. (De la *pentandrie-monogynie* de Linnée, et de la famille des PITTOSPORÉES de Jussieu.) Calice très-petit, divisé en cinq parties profondes; une corolle à cinq pétales linéaires; cinq étamines; un ovaire supérieur, surmonté d'un style court, à stigmate simple; une capsule cordiforme, comprimée, à une seule loge disperme, s'ouvrant en deux parties, chacune bivalve et bicorne.

BURSAIRE ÉPINEUSE. *Bursaria spinosa;* CAV. ♄. De la Nouvelle-Hollande. Arbrisseau à feuilles alternes, courtement pétiolées, cunéiformes, obtuses et émarginées; épines axillaires, très-longues; fleurs rougeâtres, disposées en grappes axillaires. Serre tempérée; terre légère ou de bruyère; multiplication de marcottes et boutures,

BUTÉE. *Butea;* ROXB. (De la *diadelphie-décandrie* de Linnée, et de la famille des LÉGUMINEUSES de Jussieu.) Calice un peu bilabié; corolle papilionacée, à étendard très-long; légume comprimé, membranacé, renfermant à son sommet une seule graine.

BUTÉE MONOSPERME. *Butea frondosa;* WILLD. *Erythrina*

monosperma; Lam. ♄. De la côte de Coromandel. Arbrisseau à rameaux pubescens; feuilles ailées, à folioles un peu arrondies, émarginées; fleurs grandes, écarlates, en grappes. Serre chaude; terre légère, substantielle; multiplication de marcottes et de boutures étouffées.

Butée superbe. *Butea superba;* Willd. ♄. De la côte de Coromandel. Arbrisseau grimpant, à rameaux glabres; feuilles ailées, à folioles obovales-arrondies, obtuses; fleurs en grappes, grandes, d'une très-belle couleur écarlate. Serre chaude, et même culture.

CACALIE. *Cacalia;* Lin. (*Voyez,* pour la description du genre, le tome IV, page 40.)

Cacalie étalée. *Cacalia pendula;* Vahl. ♄. De l'Arabie Heureuse. Plante grasse, à tiges et rameaux charnus, sans feuilles, mais portant des écailles ordinairement rapprochées en spirale sur la tige; fleurs pourpres, sur des pédoncules uniflores. Serre tempérée, sèche et éclairée; terre franche et légère, sablonneuse, laissant un écoulement facile aux eaux des arrosemens; multiplication de boutures sur couche tiède en été, ou par la séparation des drageons; arrosemens très-modérés en hiver, et du reste même culture que pour les autres plantes grasses.

Cacalie a feuilles cunéiformes. *C. cuneifolia;* Lin. ♄. Du Cap. Tige de deux à trois pieds, frutiqueuse; feuilles cunéiformes, charnues. Serre tempérée, et même culture.

Cacalie rampante. *C. repens;* Lin. ♄. Du Cap. Tige frutiqueuse; feuilles déprimées, charnues, glauques. Serre tempérée, et même culture.

Cacalie charnue. *C. carnosa.* Ait. ♄. Du Cap. Tige frutiqueuse; feuilles presque cylindriques, charnues, incourbées; fleurs sur des pédoncules nus, uniflores et terminaux. Serre tempérée, et même culture.

Cacalie raide. *C. rigida;* Thunb. ♄. Du Cap. Tige frutiqueuse; feuilles ovales, obtuses, planes. Serre tempérée, et même culture.

Cacalie arbuste. *C. arbuscula;* Thunb. ♄. Du Cap. Tige frutiqueuse; feuilles lancéolées, planes, glabres. Serre tempérée, et même culture.

Cacalie asclépiade. *C. asclepiadea;* Lin. ♄. De l'Amérique méridionale. Tige frutiqueuse, cotonneuse; feuilles pétiolées, ovales-lancéolées, très-entières, parfaitement glabres en dessus, cotonneuses en dessous, à bords roulés; fleurs en panicules terminales. Même culture, mais serre chaude.

CACALIE APPENDICULÉE. *Cacalia appendiculata*; LIN. ♄. De Ténériffe. Tige frutiqueuse, cotonneuse; feuilles cordiformes, ovales, aiguës, angulées, cotonneuses en dessous, à pétioles ayant des appendices feuillées; fleurs jaunes. Serre chaude, et même culture.

CACALIE RÉTICULÉE. *C. reticulata*; VAHL. ♄. De l'île Bourbon. Tige frutiqueuse; feuilles cordiformes, un peu arrondies, amplexicaules, denticulées; fleurs en corymbe. Serre chaude, et même culture.

CADABA. *Stromeia*; VAHL. (De la *pentandrie-monogynie* de Linnée, et de la famille des CAPPARIDÉES de Jussieu.) Calice de quatre folioles caduques; quatre pétales à onglets filiformes; une production tubuleuse, terminée par une languette plane, située entre la division supérieure du calice et le réceptacle; cinq étamines inégales, qui s'insèrent sur le pédicule du pistil; un ovaire supérieur, cylindrique, porté sur un pédicule plus long que les étamines, dépourvu du style, et terminé par un stigmate velu et obtus; une silique pédiculée, uniloculaire, à deux valves, contenant plusieurs semences disposées sur trois rangs dans une espèce de pulpe.

CADABA FARINEUX. *Stroemia farinosa*; VAHL. *Cadaba farinosa*; FORSK. ♄. De l'Arabie Heureuse. Arbrisseau à feuilles ovales-oblongues, farineuses; fleurs pétaloïdes, à cinq étamines. Serre chaude; terre légère, substantielle; multiplication de drageons, marcottes, et boutures étouffées.

CADABA FRUTIQUEUX. *S. tetrandra*; VAHL. *Cleome fruticosa*; LIN. ♄. De l'Inde. Arbrisseau à feuilles oblongues, mucronées, nues; fleurs pétaloïdes, à quatre étamines, dont deux inférieures sont souvent réunies par la base. Serre chaude, et même culture.

CAÏMITIER. *Chrysophyllum*; LIN. (*Voyez*, pour les caractères du genre, le tome III, page 545.)

CAÏMITIER OLIVAIRE. *Chrysophyllum oliviforme*; LAM. ♄. De la Martinique. Arbre de la troisième grandeur, à bois jaunâtre; feuilles ovales-oblongues, cotonneuses et blanchâtres en dessous; fruit deux fois gros comme une olive, en ayant la forme, d'un violet noirâtre quand il est mûr, ne renfermant qu'un seul noyau, et ayant une saveur vineuse assez agréable. Serre chaude et tannée; terre franche et substantielle; arrosemens modérés en hiver; vases étroits; multiplication de marcottes et de boutures.

CAÏMITIER PYRIFORME. *Crysophyllum pyriforme*; WILLD. *Chrysophyllum maccoucou*; AUBL. ♄. De la Guyane. Arbre très-élevé, à bois blanc, dur et cassant; feuilles oblongues, acuminées, glabres des deux côtés. Il porte, dans toute la longueur de ses branches, des fruits d'un jaune orangé, lisses, pyriformes, et d'un goût très-agréable. Serre chaude, et même culture.

CALABA. *Colophyllum*; LIN. (*Voyez*, pour les caractères du genre, le tome IV, page 260.)

CALABA A FRUITS RONDS. *Colophyllum inophyllum*; LIN. ♄. De l'Inde. Grand arbre à feuilles ovales, luisantes, coriaces; fleurs portées trois à trois sur des pédoncules opposés. Lorsqu'on entame son écorce, il laisse couler une liqueur visqueuse, jaunâtre, qui s'épaissit à l'air, et qui est connue dans le commerce sous les noms de *résine catamaque* et *de beaume vert*. Serre chaude; terre franche légère, substantielle; multiplication de marcottes, et boutures étouffées sur couche chaude.

CALBOA. *Macrostema*; PERS. (De la *pentandrie-monogynie* de Linnée, et de la famille des LISERONS de Jussieu.) Calice à cinq divisions aiguës et persistantes; corolle monopétale, à tube ventru, et à limbe divisé en cinq parties lancéolées : cinq étamines très-longues; un ovaire supérieur, ovale, à style recourbé, plus long que les étamines, et à stigmate globuleux; une capsule à quatre loges, à quatre valves, auxquelles les cloisons sont parallèles, et contenant quatre semences convexes et sillonnées d'un côté.

CALBOA A FEUILLES DE VIGNE. *Macrostema vitifolia*; PERS. ♃. De la Floride. Tige grimpante, de huit à dix pieds de longueur; feuilles alternes, pétiolées, en cœur, glabres, à cinq lobes aigus et très-profonds; fleurs grandes, jaunes en dehors et rouges en dedans, disposées en corymbes sur des

pédoncules communs axillaires. Serre tempérée, où au moins
bonne orangerie éclairée ; terre légère , substantielle ; multiplication de boutures, de marcottes, et de graines semées
sur couche tiède.

CALODENDRON. *Calodendrum ;* Thunb. (De la *pentandrie-monogynie* de Linnée, et de la famille des Zanthoxylées
de Jussieu.) Calice monophylle , persistant, velu en dehors,
à cinq dents; corolle à cinq pétales lancéolés, carénés et
velus à l'extérieur ; cinq productions pétaliformes, linéaires,
aussi longues que les pétales, mais plus étroites, insérées sur
le réceptacle entre les pétales ; cinq étamines, dont une est
stérile ; ovaire hérissé, supérieur, pediculé, en tête, ayant
un style filiforme qui s'insère latéralement, et dont le stigmate est obtus.

Calodendron du Cap. *Calodendrum capense ;* Thunb. ♄.
d'Afrique. Arbre élevé, à tronc épais ; feuilles opposées , pétiolées, ovales, rapprochées aux extrémités des rameaux ;
fleurs très-belles, à pétales glanduleux, en panicules terminales. Serre tempérée, ou bonne orangerie éclairée ; terre
légère , substantielle ; multiplication de marcottes, et de
graines venues de son pays natal et semées en terrine sur
couche chaude aussitôt leur arrivée.

CAMELLIA. *Camellia.* (*Voyez,* pour les caractères du
genre, le tome IV, page 287). Il existe plusieurs nouvelles
variétés de ce charmant végétal parmi lesquelles nous citerons:

1. Camellia de Chandler, *camellia Chandlerii ;* semblable
au camellia panaché , n° 4 du *Manuel,* mais fleurs un peu
plus petites; panachures d'un rouge bien plus vif; pétales du
centre réunis en forme de pompon, à limbe un peu frangé.
Sous-variété à fleurs moins panachées, mais dont le rouge
est plus éclatant, à feuillage d'un vert plus prononcé, et
comme vernissé.

2. Camellia d'Aiton, *C. aitonia ;* fleurs simples , très-
grandes, d'un rose tendre.

3. Camellia à fleur d'althéa, *C. altheæflora ;* fleurs d'un
rouge très - vif, à pétales striés, ceux du centre rapprochés et
redressés.

4. Camellia corallin, *C. corallina ;* fleurs ayant un peu la
forme du camellia warata, d'un rouge de corail.

5. Camellia remarquable, *Camellia insignis;* fleurs moyennes, rouges, à pétales grands à la circonférence et courts au centre, quelques étamines qui sont mêlées à travers les pétales produisent un assez bel effet.

6. Camellia à fleurs nombreuses, *C. florida;* fleurs d'un rose lilacé, à pétales striés, ceux du centre réunis et droits.

7. Camellia mucroné, *C. mucronata;* fleurs petites, régulières, à pétales étroits, mucronés, d'un rouge clair, ressemblant un peu à celle du myrtifolia; arbuste à rameaux nombreux, grêles, droits; tiges violettes; feuilles petites, cordiformes, d'un vert luisant, teintes de rose dans leur jeunesse. Celui-ci et les suivans sont de mes semis, et ont fleuri pour la première fois en 1827.

8. Camellia à feuilles cordiformes, *C. cordifolia;* fleurs de moyenne grandeur, d'un rouge marbré de pourpre; les pétales de la circonférence réguliers et plans, ceux du centre irréguliers et presque droits; arbuste vigoureux; feuilles larges, cordiformes, à bords un peu renversés.

9. Camellia à très-grandes feuilles, *C. macrophylla;* fleurs d'un rouge pâle, simples, pas très-grandes; arbuste vigoureux, à très-larges feuilles, arrondies, dentées, d'un vert luisant.

10. Camellia bombé, *C. convexa;* fleurs doubles, moyennes, d'un rouge clair, bien faites; arbuste vigoureux, à feuilles larges, allongées, dentées profondément, bombées au centre, ce qui leur fait paraître une forme presque ronde.

11. Camellia écarlate, *C. rubrissima;* fleurs moyennes, bien faites, d'un rouge brillant, doubles, à pétales du centre irréguliers, quelquefois mêlés d'étamines. Cette espèce est d'un effet admirable par son éclat.

J'ai reçu de la Flandre, dernièrement, plusieurs camellia dont voici les noms: camellia *Woodsi, Dorselli, princeps, paradoxa, elegans,* et belle rosalie. Je n'ai pas encore vu la fleur.

CAMÉRIER. *Cameraria;* LIN. *Voyez,* pour les caractères du genre, le tome III, page 530.

CAMÉRIER A FLEURS JAUNES. *Cameraria lutea;* WILLD. *Cameraria tamaquarina;* AUBL. ♃. De la Guyane. Arbrisseau à feuilles ovales-oblongues, opposées, acuminées, réticulées-veinées; fleurs grandes, jaunes, très-odorantes, en ombelles pédonculées et pauciflores. Serre chaude et tannée; arrosemens fréquens en été ; multiplication de graines , et de boutures étouffées sur couche chaude.

CAMÉRIER DE CEYLAN. *Cameraria zeylanica;* WILLD. ♄. De Ceylan. Cet arbrisseau ressemble beaucoup au CAMÉRIER A LARGES FEUILLES, avec lequel il a été long-temps confondu par les botanistes. Feuilles ovales-oblongues, acuminées, à côtes parallèles ; fleurs blanches, plus petites, en corymbes terminaux et axillaires. Serre chaude, et même culture.

CAMÉRIER A FEUILLES ÉTROITES. *C. angustifolia;* LIN. ♄. Amérique méridionale. Cette espèce diffère des précédentes par ses feuilles linéaires. Du reste, serre chaude et même culture.

CANARI. *Canarium;* WILLD. (De la *diœcie-pentandrie* de Linnée.) Calice de deux ou cinq folioles ovales, concaves, persistantes ; trois pétales oblongs ; les mâles ayant cinq étamines ; les femelles un ovaire supérieur , ovale , dépourvu de style et chargé d'un stigmate en tête trigone ; noix ovale, acuminée, entourée à sa base d'une membrane crénelée qui renferme un noyau trigone, pointu, à trois loges et à trois semences.

CANARI COMMUN. *Canarium commune;* WILLD. ♄. Des Moluques. Arbre à feuilles alternes, ailées avec impaire, à folioles oblongues, aiguës, très-entières ; fleurs blanches, en panicules terminales. Les Indiens tirent de son fruit une partie de leur nourriture, soit en le mangeant, soit en exprimant une huile qui sert à l'assaisonnement de leurs autres alimens ; les vieux pieds donnent une résine blanche dont on fait des espèces de chandelles. Serre chaude et tannée; terre franche légère, substantielle ; multiplication de marcottes.

CANARI OLÉIFÈRE. *C. balsamiferum;* WILLD. ♄. De l'Inde. Arbre à feuilles pinnées, les folioles ovales, acuminées, glabres, très-entières; fleurs en grappes axillaires, raccourcies, ordinairement composées de huit fleurs. Ses drupes sont mangeables et fournissent une huile comestible; des entailles faites à son écorce, il découle une résine huileuse, jaunâtre, odorante, semblable au copal, vulnéraire et résolutive, et dont on fait un vernis pour les meubles. Serre chaude, et même culture.

CARISSE ou CALAC. *Carissa.* (De la *pentandrie-monogynie* de Linnée, et de la famille des APOCINÉES de Jussieu.) Calice fort petit, persistant, à cinq divisions droites et pointues;

corolle monopétale, à tube cylindrique, à cinq divisions; cinq étamines; un ovaire supérieur, oblong, surmonté d'un style filiforme dont le stigmate est légèrement bifide; une baie ovoïde, divisée en deux loges contenant une à quatre semences nichées dans une pulpe.

CARISSE A FEUILLES OBTUSES. *Carissa carandas;* WILLD. ♄. De l'Inde. Arbre épineux, à feuilles ovales, obtuses, mucronées, réticulées-veineuses; fleurs à divisions de la corolle lancéolées; fruits acides, dont on fait de fort bonnes confitures dans les Indes. Serre chaude et tannée; terre franche légère, substantielle; multiplication de marcottes, de graines venues de son pays natal, et semées sur couche chaude aussitôt leur arrivée, ou de boutures étouffées.

CARISSE ÉPINEUX. *C. spinosum;* VAHL. ♄. De l'Inde. Arbrisseau épineux, à feuilles ovales-aiguës, veinées; fleurs ayant les divisions de la corolle lancéolées-oblongues. Serre chaude, et même culture.

CARISSE SALICINE. *C. salicina;* LAM. ♄. De l'Inde. Arbrisseau à feuilles lancéolées-oblongues, mucronées, veinées, rétrécies vers le pétiole, beaucoup plus étroites que dans la première espèce, dont celle-ci n'est peut-être qu'une variété; fleurs plus petites, en petits faisceaux corymbeux. Serre chaude, et même culture.

CARISSE ARDUINE. *C. arduina;* LAM. *Arduina bispinosa;* LIN. ♄. Du Cap. Arbrisseau à feuilles ovales-cordiformes, mucronées, presque sessiles; rameaux munis d'épines bifides au sommet; fleurs blanches; baie à deux semences. Même culture, mais serre tempérée et terre légère.

CARISSE COMESTIBLE. *C. edulis;* VAHL. ♄. De l'Arabie Heureuse. Arbrisseau épineux, à feuilles ovales-aiguës, sans veines; rameaux velus au sommet; fleurs à divisions de la corolle lancéolées-linéaires. Serre chaude, et même culture.

CARISSE SANS ÉPINES. *C. inermis.* VAHL. ♄. De l'Inde. Arbrisseau sans épines, à feuilles ovales-cordiformes, mucronées, sans veines. Serre chaude, et même culture.

CARAPE. *Carapa.* LAM. (De l'*octandrie-monogynie* de Linnée, et de la famille des SAPINDÉES de Jussieu.) Calice divisé en quatre parties; quatre pétales; nectaire cylindrique, à huit dents, portant les anthères; capsule uniloculaire, qua-

drivalve, remplie d'amandes irrégulières, anguleuses, nombreuses.

CARAPE DE LA GUYANE. *Carapa gujanensis*; LAM. ♄. De la
Guyane. Arbre élevé; feuilles alternes, ailées sans impaire,
à folioles oblongues, acuminées; fruit très-gros, contenant
des amandes dont les habitans tirent une huile connue dans
le commerce sous le nom d'*huile de carapa*. Serre chaude;
terre franche, légère et substantielle; multiplication de marcottes, et de boutures étouffées.

CARAPE DES MOLUQUES. *C. moluccensis*; LAM. ♄. Des Moluques. Arbre plus élevé que le précédent; feuilles ordinairement trijuguées, à folioles ovales – aiguës. Son tronc sert à
faire des mâts de navire. Serre chaude, et même culture.

CATESBÉE. *Catesbæa;* SWARTZ. (De la *tétrandrie-monogynie* de Linnée, et de la famille des RUBIACÉES de Jussieu.)
Calice très-petit, supérieur, persistant, à quatre dents pointues; corolle monopétale, infondibuliforme, à tube long,
grêle vers sa base, et divisé en quatre parties à son sommet;
quatre étamines égales; un ovaire inférieur, arrondi, chargé
d'un style filiforme de la longueur de la corolle, et à stigmate
simple.

CATESBÉE ÉPINEUSE. *Catesbæa spinosa*; PERS. *Catesbæa longiflora;* SWARTZ. ♄. De l'île de la Providence. Arbrisseau épineux; feuilles opposées, petites, ovales, et sortant par bouquets de dessus le vieux bois; épines opposées, droites et
ouvertes; fleurs jaunâtres, très-longues, pendantes, solitaires
dans l'aisselle des feuilles supérieures. Serre chaude; terre
légère ou de bruyère; multiplication de marcottes et boutures
étouffées. Son fruit, de la grosseur d'un œuf de poule, est
d'une saveur légèrement acide et fort agréable.

CATESBÉE A PETITES FLEURS. *C. parviflora;* SWARTZ. ♄. De la
Jamaïque. Cet arbrisseau diffère du précédent par le tube de
sa corolle, qui est raccourci, tétragone, et par son fruit qui
est arrondi. Serre chaude, et même culture.

CÉDREL. *Cedrela;* WILLD. (De la *pentandrie-monogynie*
de Linnée, et de la famille des MÉLIACÉES de Jussieu.) Calice
très-petit, monophylle; cinq pétales ovales, oblongs, obtus
et droits; cinq étamines; un ovaire supérieur, globuleux,
porté sur un réceptacle un peu élevé dans la fleur, et à cinq

angles : un style allongé et terminé par un stigmate obtus ; capsule ligneuse, ovale, à cinq lobes, s'ouvrant en cinq valves, et ayant dans son milieu un placenta ligneux, libre et à cinq angles, auxquels sont attachées plusieurs semences, munies latéralement d'une aile membraneuse.

CÉDREL ODORANT. Cédre acajou, acajou à planches. *Cedrela odorata ;* WILLD. ♄. De l'Amérique méridionale. Très-grand et très-bel arbre, répandant, dans les temps chauds, une odeur désagréable, et laissant couler, quand on l'incise, une gomme transparente ; feuilles alternes, ailées sans impaire, à folioles ovales, lancéolées et entières ; fleurs en grappes nombreuses et paniculées. Serre chaude ; terre franche légère, substantielle ; multiplication de marcottes et de boutures étouffées.

CÉROPÉGE. *Ceropegia ;* WILLD. (De la *pentandrie digynie* de Linnée, et de la famille des APOCINÉES de Jussieu.) Calice très-petit, persistant, à cinq dents pointues ; corolle monopétale, tubuleuse, renflée à la base, à cinq divisions à son limbe ; cinq étamines ; un ovaire supérieur, dont le style, à peine apparent, soutient deux stigmates ; deux follicules longues, droites, pointues, uniloculaires, s'ouvrant d'un côté longitudinalement, et renfermant des semences couronnées d'une aigrette plumeuse.

CÉROPÉGE SAGITTÉ. *Ceropegia sagittata ;* LIN. ♃. Du Cap. Plante volubile, à feuilles opposées, sagittées ; fleurs écarlates, en ombelles presque sessiles ; corolle un peu cylindrique, légèrement ventrue à la base. Orangerie éclairée ; terre de bruyère ; multiplication de boutures, d'éclat des touffes, de rejetons, et de graines sur couche tiède.

CHAPTALIE. *Chaptalia ;* VENT. (De la *syngénésie-polygamie-nécessaire* de Linnée, et de la famille des CORYMBIFÈRES de Jussieu.) Calice commun oblong, imbriqué de folioles lancéolées, membraneuses en leurs bords et à l'extrémité ; un réceptacle nu, plane, ponctué, portant dans son disque des fleurons mâles, bilabiés, à lèvre inférieure ouverte, ovale, tridentée, à lèvre supérieure courte, recourbée, divisée en deux parties linéaires ; les demi-fleurons de la circonférence femelles fertiles, sur deux rangs : les extérieurs ligulés, tridentés : les intérieurs très-petits : graines coniques,

glàbres, surmontées d'une aigrette sessile, capillaire, iné-
gale et annelée à sa base.

CHAPTALIE COTONNEUSE. *Chaptalia tomentosa;* VENT. *Chaptalia integrifolia;* MICH. ♃. De la Caroline. Feuilles radicales, oblongues, disposées sur deux ou trois rangées, amin-
cies en pétioles à leur base, un peu obtuses à leur sommet,
d'un vert foncé en dessus, blanches et cotonneuses en dessous; trois ou quatre hampes hautes d'un demi-pied, velues,
portant chacune une seule fleur blanchâtre dans le disque,
d'un violet tendre à la circonférence. Orangerie; terre légère; arrosemens soutenus pendant la végétation; multiplication par l'éclat des touffes, et de graines semées en terrine
et terre de bruyère.

CHIGOMIER. *Combretum;* LAM. (De l'*octandrie-monogynie* de Linnée, et de la famille des MYRTACÉES de Jussieu.)
Calice monophylle, caduc, à quatre ou cinq dents; corolle
à quatre ou cinq pétales ovales, attachés entre chaque dent
du calice; huit ou dix étamines dont les filamens sont très-
longs; un ovaire inférieur linéaire, duquel s'élève un style
aussi long que les étamines, et à stigmate simple; capsule
oblongue, munie de quatre ou cinq ailes très-minces, membraneuses, demi-circulaires; elle renferme une semence
linéaire, menue, à quatre ou cinq angles.

CHIGOMIER POURPRE. *Combretum coccineum;* LAM. ♄. De
Madagascar. Arbrisseau sarmenteux, à feuilles ovales-oblongues, nues, ainsi que les calices; rameaux florifères tournés
d'un seul côté; bractées plus courtes que les pédoncules;
fleurs à dix étamines, rouges, belles, en panicules spiciformes. Serre chaude; terre légère ou de bruyère; arrosemens
soutenus, modérés en hiver; multiplication de marcottes et
boutures.

CHIGOMIER A ÉPIS SIMPLES. *C. laxum;* LAM. ♃. De l'Amérique Méridionale. Plante vivace, un peu ligneuse; feuilles
opposées; fleurs en grappes lisses, sans bractées, à calice
velu antérieurement. Serre chaude, et même culture; multiplication de drageons et d'éclats.

CHRYSANTHÈME. *Chrysanthemum.* (*Voyez,* pour les
caractères du genre, la page 54 du tome IV).

CHRYSANTHÈME DES INDES. *Chrysanthemum indicum;* CURT.

Voyez la page 55 du même volume. On possède quelques variétés nouvelles de cette charmante plante, savoir :

1° L'astre lumineux. *Chrysanthemum indicum luminosum*, à fleurs grandes, presque doubles, composées de fleurons tubuleux.

2° Le versicolore. *C. I. versicolor*, à feuilles peu laciniées ; fleurs semi-doubles, d'un rouge pourpre, à fleurons tubuleux.

3° A fleurs de trollius. *C. I. trolliiflorum*. Fleurs petites, d'un jaune tendre.

4° Le rose tendre. *C. I. roseo-pallidum*, à fleurs semidoubles, ayant leurs fleurons larges et non tubulés.

5° Le pompon rose. *C. I. gibbo-roseum*, à fleurs d'un rose tendre, ayant la même forme que les précédentes, mais plus petites.

Les variétés se cultivent comme les autres, c'est-à-dire, en pleine terre légère. On les multiplie par rejetons et par éclats des pieds.

CHOMEL. *Chomelia ;* Jacq. (De la *tétrandrie-monogynie* de Linnée, et de la famille de Rubiacées de Jussieu.) Calice tubuleux, très-petit et quadrifide ; corolle infondibuliforme, à tube cylindracé, grêle, à limbe ouvert et quadrifide ; quatre étamines à filets extrêmement courts ; ovaire inférieur, surmonté d'un style à deux stigmates épais ; drupe couronnée, renfermant un noyau biloculaire et bisperme.

Chomel épineux. *Chomelia spinosa ;* Jacq. ♄. Du Mexique. Arbrisseau très-rameux, à rameaux horizontaux ; épines très-nombreuses, éparses sur les branches, et axillaires sur les rameaux ; feuilles opposées, situées à l'extrémité des rameaux ; fleurs monopétales, en entonnoir. Serre chaude ; terre franche légère ; multiplication de marcottes et boutures étouffées sur couche chaude.

CIMICAIRE. *Cimicifuga ;* Lin. (De la *polyandrie-pentagynie* de Linnée, et de la famille des Renonculacées de Jussieu.) Calice de quatre à cinq folioles arrondies, concaves, caduques ; quatre petits cornets pétaliformes et coriaces ; une vingtaine d'étamines saillantes hors de la fleur ; deux à quatre ovaires, munis chacun d'un style ouvert ou recourbé, auquel le stigmate est adné latéralement et longitudinalement; deux ou quatre capsules qui s'ouvrent latéralement, et contiennent plusieurs semences couvertes de petites écailles.

CIMICAIRE PALMÉE. *Cimicifuga palmata;* MICH. ♃. De la Caroline. Tiges de quatre à cinq pieds; feuilles simplement palmées, à folioles ovales, dentées en scie et incisées; fleurs dichotomes, en panicule terminale; douze pistils au moins.

CIMICAIRE SERPENTAIRE. *Cimicaria serpentaria,* originaire de la Sibérie, en diffère par l'insupportable odeur de punaise qu'elle exhale; ses feuilles sont ailées. Toutes deux sont de pleine terre, à exposition abritée; on les multiplie de drageons et d'éclats.

CORNARET. *Martinia;* LIN. *Voyez,* pour les caractères du genre, le tome III, page 520. Nous cultivons, sous les noms de *gloxinia speciosa alba,* et de *gloxinia speciosa pallida,* deux charmantes variétés du CORNARET BRILLANT, même volume, n° 4. L'une a les fleurs entièrement blanches, l'autre d'un bleu très-pâle. Elles sont de serre chaude, et se traitent de la même manière.

CURCULIGINE. *Curculigo;* ROXB. (De l'*hexandrie-mono-gynie* de Linnée, et de la famille des NARCISSÉES de Jussieu.) Spathe univalve; corolle inférieure, à six pétales plans; un style court, à trois stigmates divergens; une capsule spongieuse, en forme de bec, uniloculaire ēt à quatre semences.

CURCULIGINE ORCHIOÏDE. *Curculigo orchioïdes;* ROXB. ♃. De l'Inde. Feuilles linéaires, ensiformes; fleurs jaunes, longuement pédiculées. Serre chaude; terre de bruyère; arrosemens modérés, et seulement pendant la végétation; multiplication par la séparation des bulbes. Nous cultivons de même les espèces *C. sinensis, latifolia, sumatrana.*

CURTISIE. *Curtisia.* (De la *tétrandrie-monogynie* de Linnée.) Calice à quatre divisions; corolle à quatre pétales ovales, obtus; quatre étamines; un ovaire supérieur, ovale, à style subulé et stigmate quadrifide; baie renfermant un noyau à quatre ou cinq loges, qui contient des amandes solitaires et oblongues.

CURTISIE HÊTRE. *Curtisia faginea;* HORT. ANGL. ♄. Du cap de Bonne-Espérance. Arbre moyen, à feuilles simples, opposées, pétiolées, dentées; fleurs disposées en panicules terminales dont les principaux rameaux sont opposés. Serre tempérée, ou bonne orangerie éclairée; terre légère ou de bruyère; multiplication de marcottes ou boutures étouffées.

DAHLIA. *Dahlia. Voyez,* pour les caractères du genre et la culture, le tome IV, page 98. On en possède aujourd'hui un assez grand nombre de nouvelles variétés, parmi lesquelles nous citerons les suivantes :

1. La *candeur*. Fleurs doubles, d'un blanc pur, produisant un bel effet; tige de troisième grandeur.

2. La *girafe*. Fleurs très-grandes, à pétales arrondis et plans, disposés comme dans la fleur d'un camellia double; tiges de première grandeur.

3. La *capucine*. Fleurs d'un brillant effet, ayant les mêmes couleurs qu'une capucine des jardins; tige de deuxième grandeur.

4. *Arlequin*. Fleurs très-curieuses, panachées de rouge et de jaune, assez grandes; tige de deuxième grandeur.

5. *Sabine*. Fleurs très – grandes, planes, d'un pourpre violacé sur les bords, à demi-fleurons extérieurs larges et sans ordre; tige de première et deuxième grandeur.

6. *Moutan*. Fleurs très-grandes, planes, d'un rose vif au centre, plus tendre à la circonférence, à pétales plans, mais conservant de la liberté; tige de deuxième grandeur. Superbe variété.

7. *Thouin*. Fleurs d'un pourpre foncé, veloutées, très-grandes, bombées, parfaitement bien faites, à pétales régulièrement imbriqués : ceux du centre creusés en cuiller, ceux de la circonférence renversés; tige de deuxième grandeur.

8. *Blanc panaché*. Fleurs petites, très – doubles, bien faites, à demi-fleurons plans, lavés et fouettés de rose violacé sur un fond blanc; tige de deuxième grandeur.

9. *Vénus*. Fleurs très-grandes, d'un blanc jaunâtre au centre, roses à la circonférence, portées sur des pédoncules très-longs et s'élevant au-dessus des feuilles; tige de deuxième grandeur.

10. *Ponceau éclatant*. Fleurs d'un ponceau très-vif; tige de première grandeur.

11. *Grenade*. Fleurs doubles, d'un rouge vif; tige de troisième grandeur.

12. *Lutea variabilis grandiflora.* D'un bel effet.

13. *Rubra grandiflora.* Cœur frisé.

14. *Camelliæflora.* Demi-fleurons réfléchis. D'un bel effet par la quantité de ses fleurs qui viennent couronner la plante, qui est une des plus belles espèces du genre.

15. La *cocarde.* Tiges de deuxième grandeur ; fleurs très-grandes, aux trois quarts doubles, planes, à pétales larges, aigus, un peu pliés et en désordre. Cette fleur est remarquable par sa largeur et par sa disposition aplatie.

16. *Poiteau.* Tige de deuxième grandeur ; fleurs d'une couleur de feu ardent, veloutées, moyennes et nombreuses.

17. *Turpin.* Tige de troisième grandeur, verte ou un peu glauque ; feuilles inférieures surcomposées ; fleurs de deuxième grandeur, très-doubles et bien faites.

18. *Couleur de rose panaché.*

19. *Violet à cœur vert.* Tige de troisième grandeur ; fleurs petites, très-doubles, d'un beau violet.

20. *Rose marbré à cœur frisé.* Tige de deuxième grandeur ; fleurs petites, très-doubles, bien faites, à pétales assez plans, lavés et fouettés de rose violacé, sur un fond blanc.

21. *Marie-Antoinette.* Tige de deuxième grandeur ; fleurs moyennes, très-doubles, régulières, d'un rose violacé foncé.

22. *Grand violet à pétales divisés.* Tige de quatrième grandeur, un peu velue ; fleurs très-grandes, d'un beau violet, très-doubles, à pétales longs, assez profondément fendus au sommet.

23. *Grand rose violet.* Tige de première grandeur ; fleurs d'un beau rose vif, un peu violacé, très-doubles, à pétales assez plans.

24. *Blanc soufré.* Tige de première grandeur, verte ou lavée de violâtre ; fleurs doubles, à pétales tourmentés, lavés de rose à la circonférence ; les plus extérieurs sont même violacés en dehors.

25. *Blanc à pétales cannelés.* Tige de deuxième grandeur ; fleurs blanches, petites, aux trois quarts doubles ; pétales étendus, assez larges, marqués de deux sillons profonds ; quelques-uns du centre contournés.

26. *Pourpre à pétales subulés.* Tige de troisième grandeur ;

fleurs d'un pourpre violacé, à pétales très en désordre ; les intérieurs ont un long tube entier à la base.

27. *Jaune odorant.*

28. *Jaune à feuilles de sureau.* Fleurs très-doubles ; plante de deuxième grandeur.

29. *Hardy.* Tige de deuxième grandeur ; fleurs très-grandes, doubles, très-bien faites, ayant tous les pétales creusés en cuillère, d'un violet clair, rosé, panaché de blanc, et même tout blanc sur les bords.

30. *Jaune à onglet et à pétales marqués de points violets.* Fleurs doubles, nombreuses, de moyenne grandeur ; tige de troisième grandeur.

31. *Violet pompon.* Fleurs petites, très-doubles, d'un très-joli effet.

32. *Violet à petites fleurs très-doubles.* Le limbe des pétales découpé, frangé ; ces découpures blanches tranchent agréablement sur un beau violet.

33. *Renoncule pivoine.* Tige de première grandeur, glabre, d'un vert violacé ; feuilles composées de trois à cinq folioles arrondies, dentées assez profondément ; fleurs petites, d'un jaune fouetté de rouge en dessus : tout-à-fait rouges en dessous.

34. *Jaune géant.* Tige de dix pieds de hauteur, d'un vert glauque, légèrement violacé ; feuilles composées de cinq folioles allongées, dentées profondément ; fleurs grandes, très-doubles, à demi-fleurons ouverts et d'un beau jaune.

DALIBARDE. *Dalibarda ;* Mich. (De l'*icosandrie-polygynie* de Linnée, famille des Rosacées de Jussieu.) Calice à cinq divisions ; cinq pétales ; de cinq à huit styles longs et décidus ; étamines nombreuses ; baie sèche.

Dalibarde violette. *Dalibarda violœoïdes ;* Mich. *Rubus dalibarda ;* Liv. *Dalibarda repens ;* Poir. ♃. Du Canada. Plante velue, à stolons rampans ; feuilles simples, cordiformes ; fleurs solitaires sur chaque pédoncule. Pleine terre légère ou sablonneuse, médiocrement humide, à bonne exposition ; multiplication aisée de drageons ou d'éclats.

Dalibarde fraisier. *D. fragarioïdes ;* Mich. ♃. Amérique Septentrionale. Feuilles ternées, crénelées, lobées ; fleurs portées sur des pédoncules multiflores. Pleine terre, et même culture.

DALIBARDE BENOÎTE. *Dalibarda geoïdes ;* SMITH. ♃ . Des terres Magellaniques. Feuilles simples et ternées, obtuses, dentées en scie, nues, l'impaire très-grande ; fleurs portées sur des pédoncules courts et épaissis. Orangerie, et du reste même culture.

DATISQUE ou CANNABINE ; LIN. (De la *diœcie-dodécandrie* de Linnée, et de la famille des URTICÉES de Jussieu.) Fleurs mâles ayant un calice de cinq à six folioles linéaires, pointues, inégales, et environ quinze étamines. Feuilles ayant un calice très-petit, persistant et à deux dents ; un ovaire inférieur, oblong, chargé de trois styles fourchus, dont les stigmates sont longs et velus. Capsule oblongue, triangulaire, uniloculaire, à trois petites cornes, s'ouvrant par trois valves, et contenant des semences menues et nombreuses.

DATISQUE CHANVRE. *Datisca cannabina ;* LAM. ♃ . De Candie. Tige lisse ; feuilles alternes, ailées avec impaire, composées de neuf à onze folioles lancéolées, aiguës et dentées ; fleurs petites, jaunâtres, disposées aux sommités des tiges, et munies d'une bractée. Pleine terre légère et chaude ; multiplication d'éclats, de rejetons et de graines.

DIPHYLLÉE. *Diphylleia ;* MICH. (De l'*hexandrie-monogynie* de Linnée, et de la famille des BERBERIDÉES de Jussieu.) Calice de trois folioles ovales, concaves, caduques ; six pétales ; six étamines hypogynes ; un ovaire ovale, à style court et à stigmate en tête ; une baie sessile, à une loge, contenant deux ou trois semences arrondies.

DIPHYLLÉE A FLEURS EN CIME. *Diphylleia cymosa ;* MICH. ♃ . Amérique Septentrionale. Plante glabre ; deux feuilles alternes, palmées, lobées, dentées, peltées, longuement pédonculées ; fleurs disposées en cime terminale, paraissant en mai. Pleine terre tourbeuse constamment humide ; multiplication par drageons.

DIPLAZION. *Diplazium.* (De la division des *cryptogames* de Linnée, et de la famille des FOUGÈRES de Jussieu.) Fructification composée de capsules disposées en lignes éparses, géminées, simples ou rameuses ; enveloppe double, s'ouvrant de dedans en dehors.

Les douze plantes qui composent ce genre, toutes originaires de l'Inde ou des contrées les plus chaudes de l'Amérique, sont encore fort rares, même dans les herbiers. Cependant nous en cultivons trois espèces, qui sont : *diplazium arboreum*, *plantagineum*, et *seramporense*. Toutes les trois font un fort joli effet par la diversité de leur feuillage. Terre de bruyère ; multiplication d'éclats.

DORYCNION. *Dorycnium ;* Willd. (De la *diadelphie-décandrie* de Linnée, et de la famille des Légumineuses de Jussieu.) Calice à cinq dents, bilabié ; filamens des étamines subulés ; corolle papillonacée ; stigmate en tête ; légume un peu plus long que le calice, enflé, renfermant une à deux graines.

Dorycnion herbacé. *Dorycnium herbaceum ;* Willd. ♃. France Méridionale. Petite plante assez jolie, ayant beaucoup d'analogie avec les lotiers ; tige herbacée ; folioles obovales, obtuses ; dents calicinales ovales. Pleine terre sablonneuse, à exposition chaude ; multiplication de graines et drageons.

ÉCHITE. *Echites ;* Lin. (De la *pentandrie-monogynie* de Linnée, et de la famille des Apocinées de Jussieu.) Calice divisé en cinq parties ; corolle monopétale, infondibuliforme, beaucoup plus longue que le calice, à limbe divisé en cinq découpures très-ouvertes ; cinq glandes environnant les ovaires ; cinq étamines non saillantes ; deux ovaires supérieurs, de chacun desquels naît un seul style, terminé par un stigmate à deux lobes ; deux follicules longs, communément grêles, droits, uniloculaires, univalves, contenant des semences couronnées d'une longue aigrette, et imbriquées autour d'un placenta libre et longitudinal.

Échite biflore. *Echites biflora ;* Jacq. ♄. Saint-Domingue. Arbrisseau à tiges sarmenteuses ; feuilles opposées, oblongues, aiguës, grisâtres en dessous ; fleurs blanches, à gorge élargie et jaune, ordinairement au nombre de deux sur chaque pédoncule. Serre chaude ; terre légère et substantielle ; multiplication de drageons, marcottes, et boutures étouffées.

Échite campanulée. *E. suberecta ;* Swartz. ♄. De la Jamaïque. Arbrisseau à tiges à peine volubiles ; feuilles presque ovales, mucronées, pubescentes en dessous ; pédoncules rameux ; fleurs grandes, jaunes, à corolle cylindracée et velue en dehors. Son suc laiteux passe pour un poison. Serre chaude, et même culture.

ÉCHITE TORULEUSE. *Echites torulosa;* JACQ. ♄. De la Jamaïque. Arbrisseau grimpant, à feuilles lancéolées, acuminées ; fleurs sur des pédoncules un peu en grappes ; follicules très-longs, toruleux. Serre chaude, et même culture.

ÉCHITE DIFFORME. *E. difformis;* WALT. ♄. De la Caroline. Arbrisseau grimpant, répandant, le soir, une odeur agréable ; feuilles ovales-lancéolées, rétrécies à la base, un peu poilues en dessous ; fleurs petites, en corymbes fasciculés. Serre chaude, et même culture.

ÉCHITE A CINQ ANGLES. *E. quinquangularis;* JACQ. ♄. Amérique Méridionale. Arbrisseau à feuilles obovales, acuminées ; fleurs d'un jaune verdâtre, en grappes. Cette espèce n'est pas lactescente. Serre chaude, et même culture.

ÉCHITE DES ÉCOLIERS. *E. scholaris;* LIN. ♄. De l'Inde. Arbre de moyenne grandeur, à tronc et rameaux droits ; feuilles un peu verticillées, oblongues ; fleurs en ombelles composées ; follicules filiformes et extrêmement longs. Serre chaude, et même culture. Le bois de cette espèce sert, aux Indes, à faire différens ustensiles, et, entre autres, les tablettes polies sur lesquelles les enfans apprennent à écrire dans les écoles.

ÉCHITE DE SAINT-DOMINGUE. *E. domingensis;* SWARTZ. ♄. Des Antilles. Tiges volubiles ; feuilles ovales-cordiformes, un peu raides, d'une couleur différente en dessous ; fleurs en grappes. Serre chaude, et même culture.

ÉCHITE AGGLUTINÉE. *E. agglutinata;* JACQ. ♃. De Saint-Domingue. Plante herbacée ; feuilles ovales, émarginées, acuminées ; fleurs petites, blanches, en grappes. Serre chaude, et même culture.

ÉCHITE OMBELLÉE. *E. umbellata;* JACQ. ♄. De la Jamaïque. Arbrisseau à tiges volubiles ; feuilles ovales, obtuses, mucronées ; fleurs grandes, blanches, à tube très-long et verdâtre ; pédoncules en ombelle. Serre chaude, et même culture.

ÉCHITE TRIFIDE. *E. trifida;* JACQ. ♄. Amérique Méridionale. Arbrisseau à feuilles ovales-oblongues, acuminées ; fleurs à tube long et pourpré, à limbe d'un vert sale ; pédoncules trifides, multiflores. Serre chaude, et même culture.

ÉCHITE ACUMINÉE. *E. acuminata.* PERS. ♄. Du Pérou.

Arbrisseau glabre ; feuilles ovales, oblongues, acuminées, ayant cinq glandes à la base ; fleurs blanches, pourprées en dehors, en grappes courtes ; pédicelles géminés. Serre chaude, et même culture.

Nous cultivons de même les espèces : *echium caryophyllata, elastica, grandiflora, nutans, paniculata.*

EKEBERG. *Ekebergia ;* Thunb. (De la *décandrie-monogynie* de Linnée, et de la famille des Méliacées de Jussieu.) Calice monophylle, campanulé, à quatre divisions obtuses ; quatre pétales oblongs, obtus et cotonneux en dehors, avec un anneau en couronne autour de l'ovaire ; dix étamines pubescentes ; un ovaire supérieur, chargé d'un style court, à stigmate en tête ; baie globuleuse, de la grosseur d'une noisette, contenant cinq semences oblongues.

Ekeberg du Cap. *E. capensis ;* Thunb. ♄. Du Cap. Arbre élevé ; feuilles éparses, ramassées à l'extrémité des rameaux, pétiolées, ailées avec impaire, composées de trois paires de folioles sessiles, oblongues, acuminées et glabres ; fleurs blanches, paniculées, axillaires ou terminales. Orangerie sèche et éclairée ; terre franche légère, mélangée avec moitié de terre de bruyère ; multiplication de marcottes, ou de boutures étouffées.

EMBRYOPTÈRE. *Embryopteris ;* Gærtn. (De la *diœcie-octandrie* de Linnée, et de la famille des Plaqueminiers de Jussieu.) Fleurs mâles : calice à quatre ou six divisions, dilaté ; corolle urcéolée, à quatre ou six divisions ; vingt étamines. Fleurs femelles : comme dans les mâles ; stigmate sessile, à quatre divisions cruciées ; baie à huit semences. Ce genre diffère fort peu de celui des plaqueminiers.

Embryoptère glutinifère. *Embryopteris glutinifera ;* Roxb. *Cavanillea philippensis ;* Lam. *Diospyros embryopteris ;* Pers. *Embryopteris peregrina ;* Gærtn. ♄. De l'Inde. Arbre de moyenne grandeur, à feuilles lancéolées oblongues ; fleurs jaunâtres, axillaires. Serre chaude ; terre franche, substantielle ; multiplication de graines venues de son pays natal, ou, mais avec assez de difficultés, de marcottes et de boutures étouffées. Nous cultivons de même l'espèce *embryopteris adianthifolia.*

ENKIANTHE. *Enkianthus ;* Loureiro. (De la *décandrie-*

monogynie de Linnée, et de la famille des Nyctaginées de Jussieu.) Calice commun de six folioles presque rondes, colorées ; une corolle commune de huit pétales oblongs, contenant cinq fleurons pédonculés et recourbés ; un calice propre de cinq folioles colorées, petites, persistantes ; une corolle propre monopétale, campanulée, à limbe divisé en cinq parties arrondies ; dix étamines velues, attachées au fond de la corolle ; un ovaire supérieur, à cinq angles, à style épais et à stigmate simple ; une baie ovale, oblongue, à cinq côtes, à cinq angles et à cinq loges polyspermes.

Enkianthe a cinq fleurs. *Enkianthus quinqueflora* ; Loureiro. ♃. De la Chine. Arbre de moyenne grandeur, à feuilles ramassées, oblongues, aiguës, très-entières, glabres ; fleurs agrégées, rouges, bordées d'une frange blanche. Serre chaude ; terre franche légère ; multiplication de marcottes et de boutures étouffées sur couche chaude.

ERIOSTEMON. *Eriostemum* ; Smith. (De la *décandrie-monogynie* de Linnée, et de la famille des Rutacées de Jussieu.) Calice divisé en cinq parties ; corolle de cinq pétales sessiles ; dix étamines à filets aplatis et ciliés, et à anthères pédicellées ; style inséré à la base du germe ; cinq capsules réunies, attachées à un réceptacle, et renfermant des semences arillées.

Eriostemon de la Nouvelle-Hollande. *Eriostemum australasium* ; Smith. ♃. De l'Australasie. Arbrisseau à feuilles alternes, lancéolées, rugueuses ; fleurs solitaires. Serre tempérée ; terre de bruyère ; multiplication de graines semées en terrine aussitôt leur maturité, sur couche tiède, de boutures et de marcottes. Du reste même culture que pour les diosma.

Eriostemon du Cap. *E. capense* ; Pers. *Diosma multiflora* ; Lin. ♃. Du Cap. Cet arbrisseau diffère du précédent par ses feuilles ovales-linéaires, glanduleuses en dessous. Il se cultive de la même manière, ainsi que l'*eriostemum dentatum*.

EXCÆCARIA. *Excæcaria* ; Lin. (De la *diœcie-monadelphie* de Linnée, et de la famille des Amentacées de Jussieu.) Fleurs mâles en chaton cylindrique, à calice écailleux, et à filamens des étamines tripartis ; fleurs femelles à calice composé de trois écailles ; capsule à trois coques.

EXCÆCARIA ACALLOCHE. *Excæcaria agallocha ;* WILLD. ♄. De l'Inde. Arbre dioïque ; feuilles ovales-oblongues, acuminées, un peu dentées en scie ; fleurs mâles sessiles, à filamens des étamines divisés en trois parties ; fleurs femelles en grappes. Serre chaude et tannée ; terre légère, substantielle ; multiplication de marcottes, et de boutures étouffées.

FERRÉOLE. *Ferreola ;* ROXB. (De la *diœcie-triandrie* de Linnée.) Calice à trois dents ; corolle tubuleuse, à trois divisions ; dans les fleurs mâles, six étamines insérées sur un réceptacle ; dans les fleurs femelles, un ovaire surmonté d'un style ; fruit consistant en une baie à deux semences.

FERRÉOLE À FEUILLES DE BUIS. *Ferreola buxifolia ;* ROXB. *Maba buxifolia ;* PERS. De l'Inde. Arbre à feuilles alternes, pétiolées, elliptiques, coriaces, luisantes ; fleurs jaunes, axillaires, sessiles, à six étamines. Serre chaude ; terre franche légère, substantielle ; multiplication de marcottes, et de boutures étouffées.

FLEMMINGIE. *Flemmingia ;* ROXB. (De la *diadelphie-décandrie* de Linnée, et de la famille des LÉGUMINEUSES de Jussieu.) Calice à cinq divisions ; corolle papillonacée ; étendard strié ; légume sessile, ovale, renflé, bivalve et à deux graines ; semences sphériques.

FLEMMINGIE STROBILIFÈRE. *Flemmingia strobilifera ;* ROXB. *Zornia strobilifera ;* PERS. *Hedysarum strobiliferum ;* LIN. ♃. De l'Inde. Plante herbacée, à feuilles simples ; fleurs imbriquées en forme de strobile, à bractées réticulées-veinées, enflées, cordiformes, obtuses. Serre chaude ; terre sablonneuse et substantielle ; multiplication par éclats, et de graines semées sur couche chaude. Nous cultivons de même l'espèce *flemmingia congesta.*

FARSÉTIE. *Farsetia ;* CLITON. (De la *tétradynamie-siliculeuse* de LINNÉE, et de la famille des CRUCIFÈRES de Jussieu.) Filamens des étamines pourvus d'une dent ; silicule ovale, oblongue, sessile, polysperme, à valves planes ou, au plus, légèrement convexes ; semences entourées d'un rebord.

FARSÉTIE DELTOÏDE. *F. deltoïdea ;* CLIT. ♄. De l'Orient. Arbuste à tiges sous-frutiqueuses, filiformes, diffuses, un peu couchées ; feuilles lancéolées, deltoïdes ; fleurs grandes, purpurescentes ; silicules velues et enflées. Pleine terre légère et chaude , à l'exposition du midi; multiplication de graines, de marcottes, de rejetons, et de boutures sur couche tiède en mai.

GÆRTNÈRE. *Gærtnera;* Schreb. (De la *décandrie-monogynie* de Linnée, et de la famille des Malpighiacées de Jussieu.) Calice à cinq divisions profondes, munies à la base d'une seule glande ; cinq pétales; ovaire simple, à un seul style ; capsule munie de quatre ailes inégales. Du reste, mêmes caractères que ceux des banistéries.

Gærtnère a grappes. *Gærtnera racemosa ;* Roxb. *Molina racemosa ;* Cavan. *Hiptage madablota ;* Gærtn. *Banisteria benghalensis ;* Lin. *Banisteria unicapsularis ;* Lam. ♄. De l'Inde. Arbre de moyenne grandeur, velu dans toutes ses parties ; feuilles opposées, ovales, lancéolées; fleurs très-belles, en grappes terminales. Serre chaude ; terre légère, substantielle, mélangée à moitié de terre de bruyère ou de terreau de feuilles; multiplication de marcottes, ou de boutures étouffées sur couche chaude.

GARUGA. *Garuga;* Roxb. (De la *décandrie-monogynie* de Linnée.) Calice campanulé , à cinq divisions staminifères; cinq pétales égaux , insérés au calice ; stigmate à cinq lobes ; de deux à cinq noix monospermes.

Garuga pinné. *Garuga pinnata ;* Roxb. ♄. De l'Inde. Arbre de moyenne grandeur, très-rameux ; feuilles pinnées. Serre chaude ; terre franche légère, substantielle; multiplication de marcottes.

GASTON. *Gastonia ;* Juss. (De la *décandrie-décagynie* de Linnée, et de la famille des Araliacées de Jussieu.) Calice monophylle , à bord entier; cinq ou six pétales lancéolés, attachés au bord intérieur du calice, à sommet concave et nectarifère ; dix à douze étamines ; un ovaire inférieur, surmonté de dix à douze styles très-petits et réunis ensemble. Capsule, ou baie, couronnée par le calice, et divisée intérieurement en douze loges.

Gaston bois d'éponge. *Gastonia spongiosa ;* Juss. ♄. Ile-de-France. Arbre élevé, à écorce spongieuse ou subéreuse ; feuilles ailées avec impaire , éparses aux extrémités des rameaux, à trois ou cinq folioles ovales, sessiles, entières et épaisses ; fleurs ferrugineuses , en grappes ombellées au-dessous des touffes de feuilles. Serre chaude ; terre légère substantielle ; multiplication de marcottes, et de boutures étouffées. Même culture pour l'espèce *gastonia palmata*.

GAZANIE. *Gazania;* Gærtn. (De la *syngénésie-frustranée* de Linnée, et de la famille des Radiées de Jussieu.) Calice monophylle, imbriqué d'écailles, ventru à la base ; demi-fleurons ligulés ; réceptacle alvéolé-velu ; aigrettes capillaires, caduques ; graines tétragones.

Gazanie a feuilles entières. *Gazania integrifolia;* Gærtn. ♄. Du cap de Bonne-Espérance. Tige frutiqueuse, droite, rameuse ; feuilles linéaires-lancéolées, velues, très-entières, cotonneuses en dessous ; fleurs terminales, solitaires, sessiles, à rayons jaunes en dessus, pourpres en dessous. On peut, si on veut, rapporter à ce genre, qui néanmoins ne nous paraît pas suffisamment caractérisé, les gortéries *rigens* et *pavonia*, du tome IV, page 65 et 66. Orangerie sèche et éclairée, ou, mieux, serre tempérée ; terre légère, substantielle ; exposition chaude pendant l'été, et arrosemens fréquens ; multiplication de graines semées sur couche au printemps, de marcottes et de boutures. Même culture pour les *gazania subulata* et *uniflora*.

GÉODORE. *Geodora;* Andr. (De la *gynandrie-monandrie* de Linnée, et de la famille des Orchidées de Jussieu.) Cinq pétales presque égaux, ouverts ; labelle en voûte peu saillante, terminée par deux anthères à opercule caduque, contenant chacune une masse de pollen.

Géodore recourbée. *Geodara recurva;* Andr. ♃. De Van-Diemen. Feuilles lancéolées, engaînantes ; hampe écailleuse, réfléchie à son sommet ; fleurs jaunes. Serre chaude ; terre de bruyère ; arrosemens modérés ; multiplication par la séparation des bulbes. Même culture pour l'espèce *geodora purpurea*.

GOMPHOLOBE. *Gompholobium;* Smith. (De la *décandrie-monogynie* de Linnée, et de la famille des Légumineuses de Jussieu.) Calice campanulé, simple, divisé en cinq parties ; corolle papillonacée ; un stigmate simple, aigu ; un légume ventru uniloculaire et polysperme.

Gompholobe a grandes fleurs. *Gompholobium grandi-florum;* Smith. ♄. De la Nouvelle-Hollande. Arbrisseau à feuilles pinnées avec impaire ; fleurs grandes, jaunes, d'un assez bel effet. Serre tempérée ou bonne orangerie sèche et éclairée ; terre légère, substantielle ; multiplication de marcottes, et boutures étouffées. On cultive de même les espèces *gompholobium celsianum, polymorphon.*

GOMPHOCARPE. *Gomphocarpus ;* Brown. (De la *pentandrie-monogynie* de Linnée, et de la famille des Apocynées de Jussieu.) Corolle réfléchie ; couronne des étamines simple à cinq folioles en capuchon et pourvues d'une dent de chaque côté ; dix masses de pollen pendantes, unies ; follicules garnies de pointes non piquantes. Du reste, mêmes caractères que les asclépiades.

Gomphocarpe en arbre. *Gomphocarpus arboreus ;* Brown. ♄. Du cap de Bonne-Espérance. Arbrisseau à tige frutiqueuse, un peu velue ; feuilles latérales, roulées, ovales ; fleurs blanches. Serre tempérée ; terre légère ou de bruyère ; multiplication de graines en terrine et sur couche chaude, de boutures étouffées, et par l'éclat des pieds.

GMELIN. *Gmelina ;* Gærtn. (De la *didynamie-angiospermie* de Linnée, et de la famille des Pyrénacées de Jussieu.) Calice fort court, monophylle, persistant, à quatre dents fort petites ; corolle monopétale, campanulée, ventrue supérieurement, à limbe presque labié ou divisé en quatre découpures inégales, un peu pointues, dont la supérieure est plus grande et un peu en voûte ; quatre étamines à anthères à deux lobes, dont deux plus courtes ; un ovaire supérieur, arrondi, chargé d'un style linéaire, courbé et à stigmate simple ; une baie ovoïde, contenant un noyau biloculaire, raboteux, comme épineux vers son sommet, dans les loges duquel se trouve une amande blanche, à chair fongueuse.

Gmelin d'Asie. *Gmelina asiatica ;* Lam. ♄. De l'Inde. Arbre épineux, à épines opposées ; feuilles opposées, ovales, entières, blanchâtres en dessous ; fleurs jaunes, placées au sommet des jeunes rameaux, irrégulières, en grappes. Serre chaude ; terre franche légère ; multiplication de marcottes.

Gmelin a petites fleurs. *G. parviflora.* Roxb. ♄. De Coromandel. Arbre épineux, à aiguillons presque droits, les caulinaires alternes ; feuilles obovales, simples ou un peu trifides ; fleurs petites, en grappes. Serre chaude, et même culture.

GONOLOBE. *Gonolobus ;* Mich. (De la *pentandrie-mono-gynie* de Linnée, et de la famille des Apocynées de Jussieu.) Corolle en roue, à cinq parties ; nectaire très-court, inclus ; style discoïde, à cinq pans ; follicules anguleuses. Du reste, mêmes caractères que les cynanques.

Gonolobe velu. *Gonolobus hirsutus ;* Mich. *Vincetoxicum acanthocarpos ;* Walt. ♃. De la Caroline. Tiges sarmenteuses, très-velues, ainsi que les pétioles ; feuilles peu à peu acuminées, pubescentes en dessus et en dessous ; fleurs à corolle ayant ses divisions ovales-obtuses ; follicules oblongues, çà et là muriquées. Pleine terre légère et chaude, avec couverture de litière sèche pendant l'hiver ; multiplication de drageons et de graines.

GOODYÈRE. *Goodyera ;* Brown. (De la *gynandrie-diandrie* de Linnée, et de la famille des Orchidées de Jussieu.) Corolle en masque ; pétales extérieurs inférieurement bossus, supérieurement entiers ; colonne staminifère libre ; masse de pollen anguleuse.

Goodyère pubescente. *Goodyera pubescens ;* Willd. *Satyrium repens ;* Mich. ♃. Amérique Septentrionale. Feuilles radicales, ovales, pétiolées, réticulées ; hampe vaginée, pubescente ainsi que les fleurs ; pétales ovales ; labelle ovale, acuminée. Les fleurs ne sont pas tournées du même côté. Pleine terre légère et un peu sèche ; multiplication par la séparation des drageons munis de leurs tubercules. On cultive de même, mais en serre tempérée, le *goodyera discolor.*

GOMÈSE. *Gomesia ;* Curt. (De la *gynandrie-monandrie* de Linnée, et de la famille des Orchidées de Jussieu.) Nectaire entier, sans éperon, sessile, à double crête, libre à sa base ; les deux pétales antérieurs soudés et supportant le nectaire ; deux masses de pollen obliquement sillonnées.

Gomèse recourbée. *Gomesia recurva ;* Curt. ♃. Du Brésil. Feuilles lancéolées, sillonnées, engaînantes ; fleurs portées sur de longues grappes axillaires et recourbées. Serre chaude ; terre légère ; multiplication de drageons munis de leurs bulbes.

GOMPHIE. *Gomphia ;* Vahl. (De la *décandrie-monogynie* de Linnée, et de la famille des Magnoliers de Jussieu.) Calice de cinq folioles ; cinq pétales ; dix étamines à anthères presque sessiles ; un ovaire supérieur, terminé par un style simple ; un drupe à deux ou à cinq loges, inséré dans le réceptacle, devenant charnu et rond.

GOMPHIE JABOTAPITE. *Gomphia jabotapita ;* WILLD. *Ochna jabotapita ;* LIN. ♄. Amérique Méridionale. Arbre à feuilles ovales-lancéolées, dentées en scie, alternes, entières ; fleurs en grappes terminales, à pétales trois fois plus longs que le calice ; drupes enfoncés dans le réceptacle. Serre chaude ; terre franche légère ; multiplication de marcottes et boutures.

GOMPHIE LISSE. *G. lœvigata ;* VAHL. ♄. Amérique Méridionale. Arbrisseau à feuilles lancéolées, très-entières, obtuses, émarginées ; fleurs en panicules terminales. Serre chaude, et même culture.

GOMPHIE LUISANTE. *G. nitida ;* VAHL. ♄. Arbrisseau à feuilles ovales-lancéolées, acuminées, dentées en scie ; fleurs en panicules terminales ; calice égal à la corolle. Serre chaude, et même culture.

GREVILLÉE. *Grevillea ;* BROWN. (De la *tétrandrie-monogynie* de Linnée, et de la famille des PROTÉACÉES de Jussieu.) Corolle à quatre découpures irrégulières, renfermant chacune une étamine dans la cavité de leur sommet ; une glande placée sous le pistil ; un ovaire à style et stigmate obliques ; une follicule à une seule loge contenant deux semences ailées.

GREVILLÉE LINÉAIRE. *Grevillea linearis ;* BROWN. ♄. De la Nouvelle-Hollande. Arbrisseau à feuilles ternées, linéaires-lancéolées, très-entières, soyeuses en dessous ; fleurs d'un pourpre clair ou lilas, en grappes serrées et terminales. Variété à fleurs blanches. Orangerie ; terre légère ou de bruyère ; exposition chaude quand l'arbrisseau est à l'air libre ; multiplication de graines semées en terrine sur couche tiède et sous châssis : repiquer le jeune plant de la même manière en le privant d'air et de lumière jusqu'à la reprise. On peut encore multiplier de marcottes, ou de boutures étouffées sur couche chaude. Même culture pour les espèces *grevillea juniperina, mucronulata, punicea.*

GRIAS. *Grias ;* LIN. (De la *polyandrie-monogynie* de Linnée, et de la famille des GUTTIFÈRES de Jussieu.) Calice monophylle, découpé en quatre parties ; corolle de quatre pétales arrondis, concaves, coriaces ; beaucoup d'étamines insérées au réceptacle ; un ovaire supérieur, enfoncé dans le calice, un peu aplati en dessus, dépourvu de style, à stigmate épais, tétragone, creusé en croix ; un drupe globuleux, gros, acuminé à sa base et au sommet, uniloculaire, contenant un noyau à huit sillons et monosperme.

GRIAS POIRE D'ANCHOIS. *Grias cauliflora* ; LIN. ♄. Des Antilles. Arbre s'élevant quelquefois jusqu'à cinquante pieds de hauteur, très-droit, garni, seulement au sommet et dans l'étendue de deux à trois pieds, de feuilles presque sessiles, lancéolées, longues de près de deux pieds, glabres et luisantes, au-dessous desquelles sortent, du tronc, quelques paquets de fleurs à corolles grandes et blanchâtres ou jaunâtres. Les fruits de cet arbre se mangent et se confisent sous le nom de *poires d'anchois*. Serre chaude et tannée ; terre franche légère, substantielle ; multiplication de marcottes, et de boutures étouffées sur couche chaude.

GRISLÉ. *Grislea* ; HORT. ANGL. (De l'*octandrie-monogynie* de Linnée, et de la famille des SALICAIRES de Jussieu.) Calice monophylle, tubuleux, persistant, à quatre découpures ; corolle de quatre pétales extrêmement petits, insérés entre les divisions du calice ; huit étamines fort longues ; un ovaire supérieur, globuleux, un peu pédicellé, chargé d'un style à stigmate simple ; une capsule globuleuse renfermée dans le calice, uniloculaire et polysperme.

GRISLÉ COTONNEUX. *Grislea tomentosa* ; HORT. ANGL. *Lythrum fruticosum* ; LIN. ♄. De l'Inde. Arbuste à feuilles opposées, sessiles, velues en dessous ; fleurs en grappes. Serre chaude ; terre de bruyère, constamment humide ; multiplication d'éclats, drageons, boutures et marcottes.

GRISLÉ UNILATÉRAL. *G. unilateralis* ; HORT. ANGL. ♄. De l'Amérique Méridionale. Arbrisseau à feuilles opposées, pétiolées, glabres ; fleurs en grappes. Serre chaude, et même culture.

GUNNÈRE. *Gunnera* ; LIN. (De la *diandrie-digynie* de Linnée, et de la famille des URTICÉES de Jussieu.) Fleurs dépourvues de calice et de corolle, mais accompagnées de deux petites écailles dans les mâles, et de deux dents dans les femelles ; deux étamines ; un ovaire ovale, inférieur, chargé de deux styles filiformes et caducs ; des drupes monospermes, formés par les écailles qui ont cru, et qui ressemblent à de petites graines nues.

GUNNÈRE CABARET. *Gunnera perpensa* ; LIN. *Perpensum blitispermum* ; BURM. ♃. Du Cap. Feuilles radicales, cordiformes, lisses, dentées-crénées ; hampe nue, terminée par un bouquet de fleurs unisexuelles. Orangerie éclairée ; terre légère ou de bruyère ; multiplication par éclats.

GUZMANNIE. *Guzmannia* ; PERS. (De l'*hexandrie-mono-gynie* de Linnée, et de la famille des COMMÉLINÉES de Jussieu.) Ce genre a beaucoup d'analogie avec celui des *pourretia*, et ne devrait peut-être pas en être séparé. Ses caractères sont : calice infère, triparti, à divisions convolutées ; trois pétales roulés dans le tube ; anthères réunies en cylindre ; capsule triloculaire, trivalve ; graines nombreuses, oblongues, nues.

GUSMANNIE TRICOLORE. *Gusmannia tricolor* ; PERS. ♃. Du Pérou. Plante parasite, vivant sur les troncs d'arbre ; feuilles inermes ; fleurs blanches, éphémères, portées sur une hampe tricolore. Serre chaude ; terre de bruyère, mieux terreau de feuilles très-consommé ; multiplication par rejetons.

GYMNANDÈNE. *Gymnandenia* ; BROWN. (De la *gynandrie-diandrie* de Linnée, et de la famille des ORCHIDÉES de Jussieu.) Corolle en masque ; ovaire pourvu d'un éperon sortant au-dessus de sa base ; glandes pédicellées dans le voisinage des masses de pollen. Du reste, mêmes caractères que les orchis.

GYMNANDÈNE CONOPSÉE. *Gymnandenia conopsea* ; BROWN. ♃. De la Suisse. Feuilles lancéolées ; fleurs éparses, en épis cylindriques : labelle trifide, presque égale et entière ; éperon sétacé, plus long que l'ovaire ; pétales latéraux et extérieurs très-étalés. Pleine terre légère, à exposition élevée ou au moins aérée ; multiplication par drageons munis de leurs tubercules.

HÉMIMÉRIDE. *Hemimeris* ; LIN. (De la *didynamie-angiospermie* de Linnée, et de la famille des SOLANÉES de Jussieu.) Calice de cinq folioles lancéolées et persistantes ; corolle monopétale, en roue, légèrement irrégulière, ayant une seule découpure plus grande, en forme de cœur : les autres obtuses, ayant chacune une fossette nectarifère dans leur milieu ; deux ou quatre étamines ; un ovaire supérieur, chargé d'un style filiforme, à stigmate simple ; une capsule ovale, biloculaire, ayant une loge plus renflée que l'autre, et contenant dans chaque loge plusieurs semences globuleuses et presque diaphanes.

HÉMIMÉRIDE A FEUILLES INCISÉES. *Hemimeris incisifolia;* PERS. ♃. Du Pérou. Tiges d'un ou deux pieds ; feuilles ovales, aiguës, incisées, dentées en scie ; fleurs axillaires, pédonculées. Serre tempérée ; terre franche légère ; multiplication de graines et d'éclats. Pour les autres espèces cultivées, *voyez* le genre HÉMITOME, tome III, page 477.

HAMEL. *Hamelia;* LIN. (De la *pentandrie-monogynie* de Linnée, et de la famille des RENONCULACÉES de Jussieu.) Calice persistant, à cinq dents très-courtes ; corolle monopétale, tubuleuse, à cinq angles, à limbe petit, droit, ayant cinq découpures courtes et pointues ; cinq étamines ; un ovaire inférieur, ovale, conique, chargé d'un style filiforme à stigmate obtus ; une baie ovale, oblongue, couronnée, divisée intérieurement en cinq loges par des cloisons membraneuses ; chaque loge contenant des semences nombreuses, arrondies et comprimées.

HAMEL A FEUILLES VELUES. *Hamelia patens;* LIN. ♄. Saint-Domingue. Arbrisseau à rameaux sillonnés, colorés à l'extrémité ; feuilles simples, ternées ou quaternées, oblongues-lancéolées, cotonneuses en dessous ; fleurs rouges, en cime terminale, unilatérale. Serre chaude ; terre légère, substantielle ; multiplication de marcottes ou boutures étouffées.

HAMEL AXILLAIRE. *Hamelia axillaris;* SWARTZ. ♃. Des Antilles. Plante un peu herbacée, à feuilles ovales-lancéolées ; fleurs en grappes axillaires, presque unilatérales, sessiles. Même culture, mais terre sablonneuse et multiplication par drageons.

HAMEL VENTRU. *H. ventricosa;* SWARTZ. *H. grandiflora;* L'HÉR. ♄. De la Jamaïque. Arbrisseau à feuilles ternées ; fleurs en grappes terminales et axillaires ; corolle campanulée, ventrue. Serre chaude, et culture du premier.

HALLIE. *Hallia;* THUNB. (De la *diadelphie-décandrie* de Linnée, et de la famille des LÉGUMINEUSES de Jussieu.) Calice divisé en cinq parties régulières ; légume monosperme, bivalve ; feuilles simples.

Hallie imbriquée. *Hallia imbricata;* Thunb. ♄. Du cap de Bonne-Espérance. Arbuste à tiges diffuses ; stipules grandes, lancéolées ; feuilles ovales-cordiformes, convolutées, imbriquées ; fleurs axillaires, sessiles. Orangerie éclairée ; terre légère ou de bruyère ; multiplication de graines, marcottes, et boutures étouffées à une température modérée.

HALORAGIS. *Haloragis;* Ait. (De l'*octandrie-tétragynie* de Linnée, et de la famille des Onagrées de Jussieu.) Calice quadrifide, supère ; quatre pétales caducs ; drupe sec, contenant une noix quadriloculaire.

Haloragis couché. *Haloragis prostrata;* l'Hérit. ♃. De la nouvelle Calédonie. Rameaux glabres ; feuilles très-entières ; fleurs solitaires, axillaires ; fruits globuleux. Orangerie ; terre de bruyère ; arrosemens fréquens pendant la végétation ; multiplication de rejetons et d'éclats.

HASTINGIE. *Hastingia;* Smith. (De la *didynamie-angiospermie* de Linnée, et de la famille des Personnées de Jussieu.) Calice coloré, très-grand, campanulé, ouvert, à limbe presque entier, un peu plus grand que la corolle ; celle-ci en masque ; capsule à une loge polysperme.

Hastingie écarlate. *Hastingia coccinea;* Smith. *Holmskioldia rubra;* Pers. *Platanium rubrum;* Juss. *Holmskioldia sanguinea;* Retz. ♄. De l'Inde. Arbre de première grandeur, à feuilles opposées, pétiolées, cordiformes, crénelées, glabres ; fleurs axillaires, rouges ; corolle à deux lèvres, dont l'inférieure trilobée. Serre chaude ; terre franche légère, substantielle ; multiplication de marcottes et de boutures.

HÉLIOPSIDE. *Heliopsis;* Pers. (De la *syngénésie-polygamie-superflue* de Linnée, et de la famille des Radiées de Jussieu.) Calice imbriqué d'écailles ovales et sillonnées ; rayons de la corolle longs et linéaires ; réceptacle conique, couvert de paillettes lancéolées ; semences tétragones, non aigrettées.

Héliopside lisse. *Heliopsis lævis;* Pers. *Buphthalmum helianthoïdes;* l'Hérit. *Helianthus lævis;* Lin. *Rudbeckia oppositifolia;* ejusdem. *Silphium solidaginoïdes;* ejusdem. ♃. De l'Amérique Septentrionale. Tige élevée ; feuilles opposées, ovales, triplinervées, dentées en scie ; fleurs jaunes.

Pleine terre à exposition chaude, légère ; multiplication par la séparation du pied, en automne. Même culture pour l'*Heliopsis scaber.*

HIPPOCRÉPIDE. *Hippocrepis ;* Lin. (De la *diadelphie-décandrie* de Linnée, et de la famille des Légumineuses de Jussieu.) Calice à cinq dents inégales ; corolle papilionacée, à étendart porté sur un onglet saillant, à ailes rapprochées, ovales - oblongues, et à carène lunulée ; dix étamines, dont neuf réunies à la base ; un ovaire supérieur, oblong, à style en alène montante, et à stigmate épais et velouté ; gousse oblongue, comprimée, courbée en faucille ou en fer à cheval, obscurément articulée, et ayant en l'un de ses bords des sinuosités ou des échancrures profondes, arrondies et très - remarquables , contenant à chaque articulation une semence oblongue et courbée.

Hippocrépide des îles Baléares. *Hippocrepis balearica ;* Lin. ♄. De Minorque. Arbrisseau à tiges ancipitées ; feuilles poilues , ainsi que les calices ; légumes pédonculés, serrés, glabres, à bord extérieur lobé. Orangerie ; terre légère ou de bruyère ; multiplication de marcottes, boutures et graines.

Hippocrépide chevelue. *H. comosa ;* Ait. ♃. De la France Méridionale. Plante herbacée ; gousses pédonculées, serrées, arquées, glabres, à bords sinués. Pleine terre sablonneuse ; multiplication de graines et d'éclats.

HIPPOMANE ou Mancenillier. *Hippomane ;* Lin. (De la *monœcie-monadelphie* de Linnée, et de la famille des Euphorbiacées de Jussieu.) Monoïque. Fleurs mâles : calice très-petit, à deux dents ; corolle nulle ; filament grêle, chargé de quatre anthères , disposées en croix sur les parties latérales de son sommet. Fleurs femelles : calice à trois folioles ; style très - court qui, en se divisant, offre ordinairement sept stigmates ; ovaire arrondi, se changeant en un drupe gros et charnu , dont la noix renferme plusieurs loges monospermes.

Hippomane mancenillier. *Hippomane mancinella ;* Lin. ♄. Amérique Méridionale. Arbre élevé, très-rameux, ayant un peu le port et le feuillage d'un grand poirier ; feuilles longuement pétiolées, caduques, alternes, ovales, dentées sur leur bord et pointues , d'un vert luisant et foncé en dessus, pâle en dessous ; fleurs petites, d'un pourpre foncé ; fruit ressemblant assez à une pomme d'api. Serre chaude et tannée; terre franche légère; multiplication de marcottes et boutures.

Le suc de cet arbre passe pour être un poison violent. Les Indiens y trempent le bout de leurs flèches quand ils veulent en rendre la blessure mortelle. Bomare dit qu'il a vu, à l'arsenal de Bruxelles, une de ces flèches dont la piqûre fit mourir un chien, quoiqu'elle fût empoisonnée depuis cent quarante ans. Du reste, nous pensons que les effets pernicieux du mancenillier ont été beaucoup exagérés par les auteurs qui en ont parlé.

HIRÉE. *Hiræa;* Jacq. (De la *décandrie-trigynie* de Linnée, et de la famille des Malpighiacées de Jussieu.) Calice de cinq folioles, sans pores mellifères; cinq pétales onguiculés, presque ronds; dix étamines réunies par leur base; un ovaire surmonté de trois styles; trois samares monospermes, à aile membraneuse.

Hirée odorante. *Hiræa odorata;* Willd. ♃. Des côtes de Guinée. Arbuste sous-frutiqueux, à feuilles simples, ovales, aiguës, glabres en dessus, cotonneuses en dessous; fleurs odorantes. Serre chaude; terre de bruyère; multiplication d'éclats, marcottes et boutures. Même culture pour l'*Hiræa glaucescens.*

HOVÈNE. *Hovenia;* Thunb. (De la *pentandrie-monogynie* de Linnée, et de la famille des Rhamnées de Jussieu.) Calice monophylle, velu intérieurement à sa base, et partagé en cinq découpures ovales, réfléchies et caduques; cinq pétales ovoïdes, obtus, roulés en dedans et attachés au calice; cinq étamines attachées au calice; un ovaire supérieur, convexe, glabre, chargé d'un style court, à stigmate trifide; une capsule globuleuse, trivalve, triloculaire, contenant dans chaque loge une seule semence lenticulaire et rouge.

Hovène doux. *Hovenia dulcis;* Thunb. ♃. Du Japon. Tige de quinze pieds, épaisse; rameaux cylindriques; feuilles alternes, pétiolées, presqu'en cœur, ovales, acuminées, dentées et pendantes; fleurs en panicules dichotomes; pédoncules cylindriques, s'épaississant et devenant charnus et rougeâtres après la floraison, à saveur douce, agréable, approchant presque de celle d'une poire. Les Japonais les mangent et en font grand cas. Orangerie; terre légère mêlée à moitié terreau de feuilles ou de bruyère ; multiplication de rejetons, marcottes et boutures.

JACARANDE. *Jacaranda ;* Juss. (De la *didynamie-angiospermie* de Linnée, et de la famille des Bignonées de Jussieu.) Calice à cinq dents ; corolle tubuleuse à sa base, dilatée à son orifice, divisée à son limbe en cinq lobes inégaux ; quatre étamines fertiles, dont deux plus courtes, et une cinquième stérile, plus longue et velue à son sommet ; un ovaire supérieur, surmonté d'un style à stigmate bilamellé ; une capsule comprimée, orbiculaire, ligneuse, s'ouvrant sur les bords en deux valves, à cloisons charnues et opposées aux valves, et à semences nombreuses, membraneuses sur les bords.

Jacarande de la Caroline. *Jacaranda caroliniana ;* Juss. *Bignonia cœrulea ;* Willd. ♄. De la Caroline. Arbre à feuilles bipinnées avec impaire, à folioles lancéolées-aiguës ; fleurs bleues, en panicules terminales, à pédoncules nus ; capsules émarginées. Serre chaude ; terre franche légère ; multiplication de marcottes et boutures.

Jacarande du Brésil. *J. brasiliana ;* Juss. ♄. Arbre à feuilles bipinnées avec impaire, à folioles oblongues-aiguës ; fleurs jaunes, en panicules axillaires ; silique ondulée. Serre chaude, et même culture. Nous cultivons de la même manière les *Jacaranda filicifolia* et *ovalifolia.*

JAMBOLIER. *Jambolifera ;* Lin. (De l'*octandrie-monogynie* de Linnée, et de la famille des Zantoxylées de Jussieu.) Calice à quatre dents, persistant et très-court ; quatre pétales lancéolés, courbés en dehors ; huit étamines à filamens aplatis ; un ovaire inférieur, ovale, velu supérieurement, chargé d'un style filiforme, à stigmate simple ; une baie ovale, oblongue, renfermant une seule semence.

Jambolier pédonculé. *Jambolifera pedunculata ;* Vahl. ♄. De l'Inde. Arbre à feuilles opposées, pétiolées, ovales, aiguës, très-entières et veincuses ; fleurs en panicules ; fruits noirs, mangeables. Serre chaude ; terre franche légère, substantielle ; multiplication de marcottes, et de boutures étouffées sur couche chaude. Les habitans de Macao donnent à cet arbre le nom de *jamboloens,* et à ses fruits celui de *prunes d'Inde.*

JONÈSE. *Jonesia ;* Roxb. (De l'*heptandrie-monogynie* de Linnée.) Calice de deux folioles ; corolle infondibuliforme, à tube charnu, fermé, et à limbe à quatre divisions ; un godet à la gorge du tube, sur lequel sont implantées sept étamines ; un ovaire supérieur, pédicellé, terminé par un style simple ; légume recourbé, contenant sept à huit semences.

JONÈSE A FEUILLES PINNÉES. *Jonesia pinnata ;* Roxb. ♄. De l'Inde. Arbre de moyenne grandeur ; feuilles alternes, pinnées avec impaire ; quatre à six paires de folioles oblongues ; fleurs d'un jaune orangé, disposées en panicules terminales et axillaires. Serre chaude ; terre légère, substantielle ; multiplication de marcottes, et de boutures étouffées sur couche chaude.

JUANULLE. *Juanulla ;* Juss. (De la *pentandrie-monogynie* de Linnée, et de la famille des SOLANÉES de Jussieu.) Calice grand, ovale, enflé, coloré, persistant, divisé en cinq parties lancéolées ; corolle tubuleuse, rétrécie à son ouverture, et divisée en cinq lobes arrondis ; cinq étamines insérées à leur base ; un ovaire supérieur, à style filiforme et à stigmate émarginé ; baie ovale, recouverte par le calice, biloculaire, et contenant plusieurs semences réniformes.

JUANULLE PARASITE. *Juanulla parasitica ;* FLOR. PÉRUV. ♃. Du Pérou. Arbuste frutiqueux, parasite, à racines fibreuses et à rameaux pendans ; feuilles pétiolées, oblongues, aiguës, très-entières, épaisses, blanchâtres en dessous, et sortant plusieurs du même point ; fleurs rougeâtres, en panicules dichotomes et pendantes. Serre chaude et tannée ; terre de bruyère, ou mieux terreau de feuilles ; multiplication d'éclats et de marcottes.

LAPEYROUSIE JONCÉE. *Lapeyrousia juncea ;* KER. *Anomatheca juncea ;* AIT. *Voyez* Glayeul joncé, tome III, page 249.

LAUGÉRIE. *Laugeria ;* VAHL. (De la *pentandrie-monogynie* de Linnée, et de la famille des RUBIACÉES de Jussieu.) Calice à limbe presque entier ; corolle monopétale, à long tube, et à limbe à cinq lobes plans, obtus et frangés ; cinq étamines à anthères presque sessiles et non saillantes ; ovaire inférieur, ovoïde, chargé d'un style filiforme, à stigmate en tête ; drupe arrondi, ombiliqué à son sommet, très-noir dans sa maturité, et contenant un noyau à cinq sillons, à cinq loges et à cinq semences.

LAUGÉRIE LUISANTE. *Laugeria lucida ;* VAHL. ♄.Des Antilles.
Arbrisseau à feuilles oblongues, obtuses, très-entières, membraneuses et luisantes ; fleurs en grappes dichotomes ; drupe
à noix biloculaires. Serre chaude ; terre légère ; multiplication de marcottes et de boutures étouffées.

LAUGÉRIE ODORANTE. *L. odorata ;* JACQ. *Guettarda odorata ;*
PERS. ♄. De la Havane. Arbuste à branches tantôt épineuses,
tantôt inermes ; feuilles serrées, petites, un peu ovales,
aiguës , glabres ; fleurs presqu'en grappes , latérales , très-
odorantes pendant la nuit. Serre chaude, et même culture.

LEBECKIE. *Lebeckia ;* THUNB. (De la *diadelphie-décandrie* de Linnée, et de la famille des LÉGUMINEUSES de Jussieu.)
Calice divisé en cinq parties aiguës , à sinus arrondis ; corolle
papilionacée ; dix étamines diadelphes ; un ovaire supérieur ;
légume cylindrique , polysperme.

LEBECKIE CYTISOÏDE. *Lebeckia cytisoïdes ;* THUNB. *Spartium
cytisoïdes ;* LIN. *Ebenus capensis ;* EJUSDEM. ♃. Du cap de
Bonne-Espérance. Arbuste à feuilles ternées, velues ; fleurs
en grappes longues et terminales ; étendart grand, ayant
deux callosités à sa base. Orangerie ; terre légère ; multiplication de graines, de marcottes et boutures. Même culture
pour le *lebeckia nuda.*

LECYTHIS ou QUATÉLÉ. *Lecythis ;* LOEFLING. (De la *polyandrie-monogynie* de Linnée.) Calice supère, à six folioles ;
corolle à six pétales, dont deux plus grands ; nectaire lin-
gulé, staminifère ; capsule en forme d'urne, s'ouvrant trans-
versalement, polysperme.

LECYTHIS MARMITE DE SINGE. *Lecythis ollaria ;* LIN. ♄. Du
Brésil. Arbre à feuilles alternes, sessiles, ovales, cordiformes,
presque entières ; fleurs en épis ligneux et pendans ; capsule
grosse, en forme de marmite, dure, ligneuse, épaisse, convexe à son sommet, bordée par les restes du calice, qui s'ouvre
par la chute du couvercle, et contenant plusieurs grosses
amandes excellentes à manger. Serre chaude ; terre franche,
substantielle ; multiplication de marcottes et boutures.

LECYTHIS A BRACTÉES. *L. bracteata ;* WILLD. *Couroupita
guyanensis ;* AUBL. ♄. De Cayenne. Arbre à feuilles pétiolées, elliptiques-obovales, acuminées, très-entières ; fleurs

rouges à nervures blanches, en grappes latérales, à calice muni de bractées ; écorce du fruit double ; c'est un des plus beaux arbres de nos serres. Serre chaude, et même culture.

LÉE. *Leea* ; WILLD. *Voyez*, pour les caractères du genre, le tome III, page 548.

LÉE SAMBUCINE. *Leea sambucina* ; WILLD. *Aquilicia sambucina* ; CAVAN. *Staphylea indica* ; BURN. ♄. De l'Inde. Arbrisseau ayant le port du sureau ; tige sillonnée, angulée, glabre ; feuilles alternes, pétiolées, une ou deux fois ailées ; fleurs en corymbes, paraissant deux fois l'année. Serre chaude ; terre légère ; multiplication de marcottes et boutures.

LEONTICE. *Leontice* ; WILLD. (De l'*hexandrie-monogynie* de Linnée, et de la famille des BERBÉRIDÉES de Jussieu.) Calice de six folioles caduques, alternativement grandes et petites ; six pétales opposés aux folioles calicinales, munis d'une petite écaille pédicellée à leur onglet ; six étamines à anthères biloculaires ; un ovaire supérieur, ovale-oblong, chargé d'un style court, inséré obliquement sur l'ovaire, et à stigmate simple ; une capsule bacciforme, vésiculeuse, globuleuse, acuminée, uniloculaire, contenant trois ou quatre semences sphériques.

LÉONTICE THALICTROÏDE. *Leontice thalictroïdes* ; WILLD. *Caulophyllum thalictroïdes* ; MICH. ♃. Amérique Septentrionale. Racines tubéreuses ; feuilles alternes, ternées, pinnées-lobées, à pétioles communs dilatés à leur base, et à demi engaînantes. Tige de près d'un pied ; fleurs paniculées ; fruits consistant en une baie. Pleine terre légère ou de bruyère ; multiplication de graines et d'éclats.

LÉONTICE COMMUNE. *L. leontopetalum* ; WILLD. ♃. De la Crète. Feuilles radicales biternées, les caulinaires ternées ; pétioles communs trifides ; fleurs en grappes terminales, munies de bractées ; fruit ovale. On se sert de ses racines tubéreuses pour enlever les taches des habits. Pleine terre légère, à exposition chaude, et quelques pieds en orangerie par prudence ; multiplication de graines et d'éclats. Couverture pendant l'hiver.

LÉONTICE PINNÉE. *L. chrysogonum* ; WILLD. ♃. De la Grèce. Feuilles pinnées, à folioles verticillées, lancéolées, aiguës, tricuspidées ; pétiole commun simple ; fleurs en grappes terminales , accompagnées de bractées. Pleine terre, et culture de la précédente.

LEONTODON ou Pissenlit. *Leontodon ;* Lin. (De la *syngénésie-égale* de Linnée, et de la famille des Semi-Flosculeuses de Jussieu.) Calice ou involucre double ; réceptacle nu, ponctué ; graines stipitées, plumeuses.

Léontodon lisse. *Leontodon lævigatum ;* Willd. ♃. De l'Espagne. Feuilles roncinées, pinnatifides, dentées, glabres ; hampe uniflore ; calice extérieur droit, appliqué, à écailles ovales. Pleine terre légère, chaude, substantielle ; multiplication d'éclats, plus facilement de graines. On cultive encore, comme plantes d'agrément, les *Leontodon aureum* et *hirtum.*

LETTSOME. *Lettsomia ;* Flor. Peruv. (De la *polyandrie-monogynie* de Jussieu, et de la famille des Tiliacées de Jussieu.) Calice de sept folioles imbriquées, arrondies, concaves et persistantes ; une corolle de cinq ou six pétales oblongs, aigus, concaves ; un grand nombre d'étamines courtes et courbées ; un ovaire supérieur, à style court, et à trois ou cinq stigmates aigus ; une baie globuleuse, pointue, à trois ou cinq loges, et renfermant plusieurs semences osseuses, trigones, attachées à trois ou à cinq réceptacles adnés aux cloisons.

Lettsome cotonneux. *Lettsomia tomentosa ;* Flor. peruv. ♄. Du Pérou. Arbrisseau à feuilles lancéolées, très-entières, soyeuses et cotonneuses en dessous ; fleurs assez grandes ; baie très-longue, à cinq loges. Serre chaude ; terre sablonneuse ou légère ; multiplication de marcottes, ou de boutures étouffées sur couche chaude. Même culture pour les espèces *Lettsomia nervosa , splendens.*

LEUCOPOGON. *Leucopogon ;* Brown. (De la *pentandrie-monogynie* de Linnée , et de la famille des Bicornes de Jussieu.) Calice accompagné de deux bractées ; corolle infondibuliforme, à limbe droit et barbu ; ovaire à deux ou cinq loges ; drupe sec, ou baie presque crustacée.

Leucopogon a petites feuilles. *Leucopogon microphyllum ;* Brown. *Perojoa microphylla ;* Cavan. ♄. De la Nouvelle-Hollande. Arbuste de deux pieds de hauteur ; feuilles nombreuses, très-petites, ovales, imbriquées sur la tige ; fleurs rougeâtres, en têtes terminales. Serre tempérée ; terre de bruyère ; multiplication de marcottes et boutures.

Leucopogon juniperin. *Leucopogon juniperinum;* Brown. ♄.
Nouvelle-Hollande. Arbrisseau plus élevé que le précédent;
feuilles éparses, linéaires, cuspidées, dentées en scie; fleurs
sessiles, terminales et solitaires. Serre tempérée, et même
culture.

Leucopogon lancéolé. *Leucopogon lanceolatum ;* Brown.
♄. De la Nouvelle-Hollande. Arbrisseau à feuilles linéaires-
lancéolées; fleurs en grappes agrégées et terminales; corolle
à limbe roulé et velu. Serre tempérée, et même culture. On
traite de la même manière le *leucopogon ovatum.*

LIPARE. *Liparia ;* Lin. (De la *diadelphie-décandrie* de
Linnée, et de la famille des Légumineuses de Jussieu.) Calice
monophylle, urcéolé, bilabié, à lèvre supérieure trifide, à
lèvre inférieure plus. longue, bidentée ou entière; corolle
papilionacée, à carène de deux folioles conniventes au sommet; dix étamines, dont neuf réunies à leur base, et desquelles trois sont plus courtes que les autres; un ovaire supérieur, surmonté d'un style à stigmate simple; un légume
ovoïde, oligosperme.

Lipare sphérique. *Liparia sphærica ;* Willd. ♄. Du Cap.
Arbrisseau à feuilles simples, lancéolées, glabres, nerveuses,
piquantes; fleurs jaunâtres, très-belles, en têtes. Orangerie
éclairée; terre légère; arrosemens modérés; multiplication
de marcottes, de drageons et de boutures.

Lipare hérissé. *L. hirsuta ;* Thunb. ♄. Du Cap. Arbrisseau
à tige velue; feuilles obovales-oblongues, glabres; fleurs en
grappes velues. Orangerie, et même culture.

Lipare cotonneux. *L. tomentosa ;* Thunb. ♄. Du Cap. Arbrisseau à feuilles lancéolées, cotonneuses; fleurs en têtes.
Orangerie, et même culture.

Lipare velu. *Li villosa ;* Lin. ♄. Du Cap. Arbrisseau à
feuilles ovales, velues, cotonneuses, sans stipules; fleurs
fasciculées. Orangerie, et même culture. On traite de même
le *liparia lanceolata.*

LISTÈRE. *Listera ;* Brown. (De la *gynandrie-diandrie* de
Linnée, et de la famille des Orchidées de Jussieu.) Corolle
irrégulière; nectaire bilobé; étamines insérées à la base de
la colonne; pollen farineux.

Listère cordiforme. *Listera cordata ;* Brown. *Ophris cor-*

data; Lin. *Epipactis cordata*; Pers. ♃. Indigène. Petite plante à tige portant deux feuilles cordiformes; fleurs à labelle unidentée de chaque côté à la base. Pleine terre franche, un peu humide, ombragée; multiplication de drageons munis de leurs bulbes et séparés en automne.

LITTÉE. *Littæa*; Thaliab. (De l'*hexandrie-monogynie* de Linnée, et de la famille des Liliacées de Jussieu.) Corolle de six parties relevées; étamines à filamens érigés, plus longs que la corolle, et à anthères versatiles. Du reste, mêmes caractères que les agavés.

Littée a fleurs géminées. *Littæa geminiflora*; Thaliab. *Yucca Boscii*; Desf. *Dracæna filamentosa*; Hort. ital. ♄. Du Brésil. Feuilles très-nombreuses, étroites, longues, pendantes, roulées, filamenteuses; hampe de huit à dix pieds; fleurs géminées, vertes en dehors, violettes en dedans, avec les filets des étamines de la même couleur. Serre chaude; multiplication par la séparation des œilletons. Du reste, même culture que les agavés. Variété sans filamens, et à feuilles plus longues.

LISIANTHE. *Lisianthus*; Willd. (De la *pentandrie-monogynie* de Linnée, et de la famille des Gentianées de Jussieu.) Calice court persistant, à cinq découpures carénées et membraneuses sur les bords; corolle monopétale, infondibuliforme, à tube très-long, renflé supérieurement, et à limbe divisé en cinq parties ouvertes; cinq étamines; un ovaire supérieur, oblong, acuminé, surmonté d'un style à stigmate capité et bilobé; une capsule ovale, acuminée, biloculaire, bivalve et à loges polyspermes.

Lisianthe a longues feuilles. *Lisianthus longifolius*; Willd. ♄. De la Jamaïque. Arbuste rameux, à tiges cylindriques; feuilles lancéolées, aiguës, pubescentes; fleurs ayant les découpures de la corolle ovales, lancéolées et ouvertes. Serre chaude; terre sablonneuse, substantielle; multiplication de boutures, d'éclats et de marcottes.

Lisianthe a feuilles glauques. *L. glaucifolius*; Jacq. ♃. Lieu? Plante herbacée, à feuilles oblongues, sessiles, sans veines, glauques en dessous; pédoncules allongés, portant chacun une seule fleur bleuâtre. Serre chaude, et même culture.

Lisianthe a larges feuilles. *L. latifolius*; Swartz. ♄. De

la Jamaïque. Arbrisseau à feuilles ovales-lancéolées, acuminées; pédoncules trichotomes; fleurs à corolle ayant leurs
divisions droites; organes de la fécondation renfermés dans
la corolle. Serre chaude, et même culture.

LISIANTHE OMBELLÉ. *Lisianthus umbellatus*; SWARTZ. ♄. De
la Jamaïque. Arbuste à feuilles allongées, obovales; fleurs
terminales, en ombelles; divisions de la corolle très-courtes,
obtuses, droites. Serre chaude, et même culture.

LISIANTHE EN CORYMBE. *L. corymbosus*; PAV. ♃. Du Pérou.
Tige cylindrique, striée; feuilles ovales-lancéolées, un peu
pétiolées; fleurs jaunes, en corymbe terminal. Serre chaude,
et même culture.

LISIANTHE CALYGON. *L. calygonus*; PAV. ♄. Du Pérou.
Arbuste à feuilles ovales-lancéolées, courtement pétiolées;
tige légèrement tétragone; fleurs un peu labiées, d'un rose
rouge, à calice pentagone; pédoncules uniflores. Serre tempérée, et même culture.

LISIANTHE OVALE. *L. ovalis*; PAV. ♄. Du Pérou. Arbuste à
tige cylindrique, grêle, en baguette; feuilles ovales, sans
veines, courtement pétiolées; fleurs d'un jaune verdâtre,
en corymbes, sur des pédoncules dichotomes; capsules pendantes. Serre chaude, et même culture.

LODDIGÉSIE. *Loddigesia*; CURTIS. (De la *diadelphie-
décandrie* de Linnée, et de la famille des LÉGUMINEUSES de
Jussieu.) Corolle papilionacée, à étendart beaucoup plus
petit que la carène et les ailes; style oblique. Ce genre est
très-voisin des crotalaires.

LODDIGÉSIE A FEUILLES D'OXALIDE. *Loddigesia oxalidifolia*;
CURTIS. ♄. Du Cap. Arbrisseau à feuilles ternées, ovales-
cunéiformes. Serre tempérée; terre légère ou de bruyère;
multiplication de marcottes.

LOGANIE. *Logania*; SCOPOLI. (De la *pentandrie-monogynie* de Linnée.) Calice de cinq écailles jaunes, dures et
arrondies; une corolle de cinq pétales réunis à leur base, et
se recourbant au sommet; cinq étamines; un ovaire supérieur, ovoïde, à cinq sillons, à style court, à stigmate aplati
et rayonnant; une baie à plusieurs semences.

LOGANIE SOUROUBÉE. *Logania souroubea*; WILLD. *Ruyschia
surubea*; PERS. *Souroubea gujanensis*; AUBL. *Logania pen-

tacrina; Scopoli. ♄. De la Guyane. Arbrisseau à feuilles obovales, obtuses, mucronées, veinées, denticulées au sommet; bractées à trois divisions, dont une est cylindrique, creuse et fermée par le bout, et les deux autres en forme de languette concave, toutes d'un rouge de corail; fleur placée dans l'angle formé par les deux languettes. Serre tempérée; terreau de feuilles mélangé à moitié de terre légère; multiplication de marcottes, et de boutures étouffées sur couche chaude. Même culture pour le *Logania floribunda.*

LYCOPODE. *Lycopodium;* Lin. (De la *cryptogamie* de Linnée, et de la famille des Mousses de Jussieu; de celle des Fougères de Palissot-Beauvois; de celle des Lycopodiennes de Mirbel.) Fleurs dioïques ou hermaphrodites : les fleurs *mâles* à anthères uniloculaires, sessiles ou pédonculées, à deux ou trois valves, solitaires ou géminées, rondes ou anguleuses, remplies d'une poussière jaune inflammable, naissant le long des tiges dans l'aisselle des feuilles, ou sur des épis distincts et recouverts de bractées. Les fleurs *femelles* à ovaire arrondi, nu ou enveloppé dans des folioles calicinales, se changeant en une capsule uniloculaire, à deux, trois ou quatre valves placées à la base de l'épi anthérifère, et contenant une ou plusieurs graines lisses ou chagrinées.

Lycopode a massue. *Lycopodium clavatum;* Lin. ♃. Indigène dans les pays montagneux de la France. Tige rameuse, rampante, quelquefois longue de trois à quatre pieds; feuilles éparses, très-rapprochées, presque imbriquées, étroites, aiguës, terminées par un poil assez long; pédoncules terminaux, presque nus, bifurqués au sommet, chaque bifurcation terminée par une massue écailleuse et d'un blanc jaunâtre. Pleine terre de bruyère fraîche, ombragée et rocailleuse; multiplication de graines semées au printemps en terrine et terre de bruyère, abritée de la pluie jusqu'à ce que les plantes soient levées; ou par la séparation de ses drageons enracinés.

Les urnes de cette plante renferment une poussière jaune, abondante, qui s'enflamme facilement, et fulmine presque comme la poudre à canon. Cette singulière substance est connue dans le commerce sous le nom de *soufre végétal.* On l'emploie à l'Opéra pour figurer des éclairs, les feux de l'enfer, etc.

LYCOPODE APLATI. *Lycopodium complanatum ;* LIN. ♃ . Indigène. Souche rampante, émettant çà et là des jets droits, rameux, à rameaux plusieurs fois bifurqués ; feuilles imbriquées quatre à quatre, soudées par le bas avec la tige, qui paraît comprimée ; deux ou quatre épis droits, pédicellés, terminaux. Pleine terre de bruyère, et même culture.

LYCOPODE HELVÉTIQUE. *L. helveticum ;* LIN. ♃ . Du Dauphiné. Tiges grêles, couchées, entrelacées ; feuilles sur quatre rangs : deux d'entre elles petites et appliquées contre la tige : les deux autres plus grandes et ouvertes ; épis terminaux, géminés et pédonculés. Pleine terre de bruyère, et même culture.

LYCOPODE DENTELÉ. *L. denticulatum ;* LIN. ♃ . Du midi de la France. Tige rampante, très – rameuse ; feuilles ovales, imbriquées, terminées par une pointe particulière, ce qui la différencie très - bien de la précédente, à laquelle, du reste, elle ressemble beaucoup. Même culture, mais orangerie. On cultive de la même manière, mais en serre chaude, le *lycopodium nudum,* et en pleine terre les *Lycopodium alopecuroïdes* et *dendroïdeum.*

MACROLOBE. *Macrolobium ;* SCHREB. (De la *triandrie-monogynie* de Linnée.) Calice double, l'extérieur de deux folioles, et l'intérieur turbiné, obliquement tronqué, et à cinq dents ; cinq pétales réunis par leur base, dont le supérieur est très-grand ; trois étamines très-longues ; un ovaire supérieur, pédicellé, surmonté d'un long style à stigmate obtus ; une gousse large, comprimée et monosperme.

MACROLOBE A FRUITS RONDS. *Macrolobium sphœrocarpum ;* WILLD. *Vouapa simira ;* AUBL. *Vouapa violacea ;* LAM. ♄ . De la Guyane. Arbre à feuilles binées, les folioles ovales, acuminées, réticulées ; fleurs en grappes axillaires ; légume un peu arrondi, comprimé. Serre chaude ; terre franche légère, substantielle ; arrosemens soutenus ; multiplication de marcottes et boutures.

MACROLOBE A DEUX FEUILLES. *M. bifolium ;* WILLD. *Vouapa bifolia ;* AUBL. ♄ . De la Guyane. Arbre à feuilles binées, les folioles ovales, acuminées, obliques ; fleurs en grappes axillaires ; légume oblong, tricaréné à la base. Serre chaude, et même culture.

Macrolobe outay. *Macrolobium pinnatum;* Willd. *Outea guianensis;* Aubl. ♄. De la Guyane. Arbre à feuilles pinnées avec impaire; fleurs en grappes spiciformes; quatre étamines très-longues, dont une stérile. Serre chaude, et même culture. On cultive de même le *Macrolobium orientale.*

MANTISIE. *Mantisia;* Curt. (De la *monandrie-monogynie* de Linnée, et de la famille des Balisiers de Jussieu.) Calice à trois divisions; une corolle à trois lobes; un filament très-long, accompagné de deux appendices subulées et portant une double anthère; un style aigu.

Mantisie saltimbanque. *Mantisia saltatoria;* Curt. ♃. De l'Inde. Cette belle plante vivace, à feuilles longues et ensiformes, a beaucoup d'analogie avec les globba et les amomes. Serre chaude; terre de bruyère; multiplication par la séparation des drageons enracinés.

MELASPHOERULE. *Melasphærula;* Curt. (De la *triandrie-monogynie* de Linnée, et de la famille des Iridées de Jussieu.) Mêmes caractères que les glayeuls, mais corolle dépourvue de tube, et caduque; capsule déprimée, à trois angles divergens, et dont les loges s'ouvrent à la face supérieure.

Melasphoerule graminée. *Melasphræula graminea;* Curt. *Diasia graminea;* Decand. *Gladiolus gramineus;* Lin. ♃. Du Cap. Feuilles étroites, longues; hampe paniculé; fleurs pédonculées, géminées; corolle à divisions lancéolées, presque égales, aristées. Serre tempérée, ou bonne orangerie éclairée, mieux, châssis des ixia; terre de bruyère; multiplication par la séparation des caïeux, tous les deux ou trois ans.

MÉLODIN. *Melodinus;* Lin. (De la *pentandrie-monogynie* de Linnée, et de la famille des Apocynées de Jussieu.) Calice persistant, à cinq divisions pointues et conniventes; corolle monopétale, en forme de soucoupe, à tube cylindrique, surmonté de deux limbes, dont l'extérieur est divisé en cinq découpures ouvertes en roue, falciformes et crénelées : l'intérieur, beaucoup plus court, composé de cinq appendices laciniées; cinq étamines; un ovaire supérieur, presque globuleux, surmonté d'un style qui se fend par le milieu, ainsi que le stigmate conique qui le termine; une baie globuleuse, qui renferme un grand nombre de semences.

Mélodin grimpant. *Melodinus scandens;* Lin. ♄. De la

Nouvelle-Écosse. Arbrisseau à tiges volubiles, grimpant sur les autres arbres ; feuilles opposées, ovales-oblongues, veineuses, entières. Serre chaude ; terre légère et substantielle ; multiplication de marcottes et boutures. Même culture pour le *Melodinus monogynus.*

MONÉTIE. *Monetia.* Voyez *Azima*, tome IV, page 720.

MONNIÈRE. *Monniera ;* Mich. (De la *didynamie-angiospermie* de Linnée, et de la famille des Scrofulaires de Jussieu.) Calice à deux bractées ; corolle à cinq divisions presque égales ; capsule à cloison parallèle aux valves ; étamines toutes fertiles. Les plantes de ce genre sont presque toutes rampantes, et leurs fleurs sont portées par des pédoncules axillaires et uniflores.

Monnière amplexicaule. *Monniera amplexicaulis ;* Mich. ♃. De la Caroline. Plante à tiges laineuses ; feuilles ovales-cordiformes, amplexicaules, entières ; fleurs placées sur des pédoncules plus courts que les feuilles. Serre chaude ; terre tourbeuse ou de bruyère, entretenue constamment humide ; multiplication par éclat, ou par la séparation des drageons.

Monnière cunéiforme. *M. cuneifolia ;* Mich. ♃. De la Caroline Inférieure. Tige très-glabre ; feuilles cunéiformes, oblongues, obscurément crénelées vers le sommet ; fleurs sur des pédoncules presque de la longueur des feuilles, munies de bractées linéaires et assez larges. Serre chaude, et même culture.

Monnière a feuilles rondes. *M. rotundifolia ;* Mich. ♃. Du pays des Illinois. Tige pubescente ; feuilles ovales-orbiculées, multinervées ; fleurs portées par des pédoncules presque de la même longueur que les feuilles, un peu opposées. Serre chaude, et même culture.

MUSSENDE. *Mussænda ;* Lin. (De la *pentandrie-monogynie* de Linnée, et de la famille des Rubiacées de Jussieu.) Corolle infondibuliforme ; étamines insérées dans le tube ; deux stigmates un peu épais ; baie oblongue, à deux loges, polysperme : les graines disposées sur quatre rangs.

Mussende appendiculée. *Mussænda frondosa ;* Vahl. ♄. De l'Inde. Arbrisseau de six à neuf pieds de hauteur, à rameaux velus et moelleux ; feuilles opposées, ovales, velues, pétiolées ; fleurs rougeâtres, disposées en cime terminale ;

calice à cinq découpures étroites et en alène, dont une s'accroît et se métamorphose en une grande feuille pétiolée, ovale, colorée. Serre chaude ; terre légère et substantielle ; arrosemens modérés ; multiplication de marcottes.

MUSSENDE GLABRE. *Mussænda glabra ;* VAHL. ♄. De l'Inde. Cet arbrisseau se distingue des autres espèces du même genre par ses rameaux et ses feuilles raméales très-glabres, ainsi que ses panicules de fleurs. Il se cultive comme le précédent, ainsi que les *Mussænda latifolia* et *pubescens.*

MOEHRINGIE. *Mœhringia ;* LIN. (De l'*octandrie-digynie* de Linnée, et de la famille des JOUBARBES de Jussieu.) Calice à quatre divisions ; corolle composée de quatre pétales ; capsule à une seule loge, s'ouvrant en quatre valves.

MOEHRINGIE MOUSSEUSE. *Mœhringia muscosa ;* LIN. ♄. Des Alpes. Jolie petite plante à feuilles linéaires, connées, formant des touffes agréables, propres à la décoration des rocailles humides et ombragées, des fontaines, etc. Terre de bruyère.

MODÈQUE. *Modecca ;* HORT. ANGL. (De la *monadelphie-pentandrie* de Linnée, et de la famille des PASSIFLORES de Jussieu.) Ce genre ne diffère de celui des grenadilles, que par ses fleurs en grappes paniculées, composées d'un calice monophylle, campanulé, à cinq divisions ovales et pointues ; d'une corolle à cinq pétales alternes.

MODÈQUE A FEUILLES ENTIÈRES. *Modecca integrifolia ;* HORT. ANGL. ♄. De l'Inde. Arbrisseau sarmenteux, grimpant ; feuilles alternes, entières ; fleurs axillaires, en grappes un peu paniculées. Serre chaude ; terre légère et substantielle ; multiplication de rejetons, de marcottes, et de boutures étouffées sur couche chaude ; arrosemens soutenus pendant l'été. Même culture pour le *Modecca lobata.*

NAGÉE. *Nageia ;* WILLD. (De la *diœcie-pentandrie* de Linnée, et de la famille des AMENTACÉES de Jussieu.) Fleurs dioïques. *Mâles :* calice à quatre divisions ; corolle nulle ; cinq étamines. *Femelles :* calice comme dans les mâles ; corolle nulle ; style bifide ; drupe monosperme.

NAGÉE DU JAPON. *Nageia japonica ;* WILLD. *Myrica nagi ;* THUNB. ♄. Du Japon. Arbrisseau de quatre à cinq pieds dans nos serres, à feuilles oblongues-lancéolées, très-entières.

Serre chaude ; terre de bruyère mélangée à moitié de terre légère et substantielle ; multiplication de marcottes et rejetons au printemps.

Nagée d'Arabie. *Nageia arabica* ; Willd. ♄. De l'Arabie-Heureuse. Cet arbrisseau diffère des précédens par ses feuilles lancéolées, dentées en scie. Serre chaude, et même culture.

NÉPENTHE. *Nepenthes* ; Willd. (De la *diœcie - monadelphie* de Linnée, et de la famille des Myristicées de Decandolle. Nous le rapportons à celle des laurinées de Jussieu, quoiqu'il n'en ait que quelques caractères.) Fleurs dioïques. *Mâles :* calice à quatre divisions ouvertes, colorées intérieurement ; corolle nulle ; filamens des étamines réunis en colonne ; quinze à dix - sept anthères connées. *Femelles :* calice et corolle comme dans les mâles ; stigmate sessile, en forme de bouclier ; capsule à quatre loges, polysperme.

Népenthe distillateur. *Nepenthes distillatoria* ; Willd. ♃. De l'Inde. Tiges simples, feuillées à la base ; feuilles alternes, sessiles, lancéolées, surmontées par la nervure du milieu qui s'allonge en forme de vrille, et qui porte une urne membraneuse, oblongue, creuse, fermée à son orifice par une valve en forme d'opercule. Cette urne se remplit chaque nuit d'une eau douce et limpide qui s'échappe pendant le jour, parce que l'opercule se lève et lui laisse alors un facile écoulement ; fleurs paniculées. Serre chaude ; terre légère ou de bruyère ; multiplication de rejetons.

NÉPHÉLION. *Nephelium* ; Lin. (De la *monœcie-pentandrie* de Linnée, et de la famille des Urticées de Jussieu.) Fleurs monoïques. *Mâles :* calice à cinq dents ; cinq étamines ; corolle nulle. *Femelles :* calice à cinq divisions ; corolle nulle ; deux ovaires portant chacun deux styles ; drupes secs, au nombre de deux, muriqués, renfermant chacun une semence.

Néphélion lappacé. *Nephelium lappaceum* ; Lam. ♄. De l'Inde. Arbrisseau à feuilles alternes, pinnées sans impaire, à quatre folioles opposées, ovales, aiguës, entières et lisses ; fleurs en grappes courtes. Serre chaude ; terre légère ou de bruyère ; multiplication de marcottes.

NISSOLE. *Nissolia* ; Gærtn. (De la *diadelphie-décandrie* de Linnée, et de la famille des Légumineuses de Jussieu.)

Calice à cinq dents inégales ; corolle papilionacée, à étendard onguiculé, ouvert, plus grand que les ailes qui sont oblongues, et que la carène qui est fermée ; légume à articulations monospermes, se terminant en une aile ligulée et coriace ; plusieurs graines ; embryon courbé.

NISSOLE EN ARBRE. *Nissolia arborea;* WILLD. ♄. Du Mexique. Arbrisseau de dix à douze pieds, à tige droite et arborescente ; feuilles pinnées, à folioles oblongues, acuminées, un peu pubescentes en dessous ; rameaux reclinés ; fleurs paraissant avant les feuilles. Serre chaude ; terre légère ou de bruyère ; multiplication de marcottes.

NISSOLE FRUTIQUEUSE. *N. fruticosa;* GÆRTN. ♄. Du Mexique. Arbuste à tige frutiqueuse, volubile ; feuilles pinnées, ovales-aiguës, presque glabres. Serre chaude, et même culture, ainsi que pour l'espèce *nissolia spinosa.*

NYCTANTHE. *Nyctanthes;* LAM. (De la *diandrie-monogynie* de Linnée, et de la famille des JASMINÉES de Jussieu.) Corolle hypocratériforme, à divisions émarginées ; capsule biloculaire, marginée, bipartible. Du reste, mêmes caractères que les *mogoris.*

NYCTANTHE ARBRE-TRISTE. *Nyctanthes arbor-tristis;* LAM. *Scabrita scabra;* RHEED. ♃. De l'Inde. Plante herbacée, vivace, à tige tétragone ; feuilles ovales, acuminées ; fleurs semblables à celles d'un jasmin ; semences renfermées dans un péricarpe membranacé et comprimé. Serre chaude ; terre légère, substantielle ; multiplication de drageons et d'éclats.

OLAX. *Olax;* LAM. (De la *triandrie-monogynie* de Linnée.) Calice monophylle et entier ; corolle monopétale, infondibuliforme, à trois divisions obtuses, l'une desquelles est plus profonde ; nectaire composé de quatre appendices pétaliformes, onguiculées, arrondies, situées à l'orifice de la corolle.

OLAX DE CEYLAN. *Olax zeylanica;* VAHL. ♄. De Ceylan. Arbre à rameaux flasques, rugueux, visqueux ; feuilles alternes, ovales, entières ; fleurs en grappes axillaires. Serre chaude ; terre légère, substantielle ; multiplication de marcottes, et de boutures sur couche chaude.

OMPHALIER. *Omphalea;* WILLD. (De la *monœcie-monadelphie* de Linnée, et de la famille des EUPHORBIACÉES de Jussieu.) Fleurs monoïques. *Mâles :* calice à quatre divisions ;

corolle nulle ; nectaire en forme d'anneau charnu ; filamens réunis en colonne; deux ou trois anthères. *Femelles :* comme dans les mâles ; style très−court ; stigmate trifide ; capsule triloculaire ; chaque loge renfermant une noix solitaire.

OMPHALIER NOISETTIER. *Omphalea triandra;* WILLD. ♄. De la Jamaïque. Très-grand arbre à feuilles éparses, oblongues, cordiformes, obtuses, très-glabres ; fleurs en grappes termi-nales et composées ; il leur succède une capsule renfermant trois amandes qui ont le goût des meilleures noisettes, mais qui rancissent facilement. Serre chaude ; terre franche, substantielle; multiplication de marcottes, et de boutures étouffées sur couche chaude.

OPHIOPOGON DU JAPON. Voyez *Muguet du Japon,* tome III, page 88. On cultive quelquefois cette plante en pleine terre et à bonne exposition, avec une couverture de feuilles sèches et de litière ; mais elle périt ordinairement s'il survient de très-fortes gelées.

OSBECKIE. *Osbeckia;* LIN. (De l'*octandrie-monogynie* de Linnée, et de la famille des MÉLASTOMES de Jussieu.) Calice à quatre divisions, ses lobes ayant entre eux une écaille ciliée ; corolle à quatre ou cinq pétales ; anthères éperonnées ; huit à dix étamines ; capsule à quatre ou cinq loges, entourée par le tube tronqué du calice; réceptacle comprimé, semi−ovale.

OSBECKIE DE LA CHINE. *Osbeckia sinensis ;* WILLD. ♃. De la Chine. Feuilles sessiles, étroites, lancéolées, à trois ner-vures ; tige brachiée ; fleurs munies de bractées, ordinaire-ment au nombre de trois sur chaque pédoncule; calice glabre. Serre chaude ; terre légère ; multiplication de dra-geons, marcottes et boutures.

OSBECKIE DE CEYLAN. *O. zeylanica;* WILLD. ♃. De Ceylan. Cette plante diffère de la précédente par ses feuilles pétiolées, linéaires-lancéolées, par ses pédoncules nus et uniflores, et par ses calices hispides. Serre chaude, et même culture.

OSTRYA COMMUN. *Ostrya vulgaris.* Voyez *Charme à fruits de houblon,* tome IV, page 702. *Ostrya virginiana.* Voyez le même tome, page 703, au mot *Charme de Virginie.*

PAVETTE. *Pavetta ;* LIN. (De la *tétrandrie-monogynie* de Linnée, et de la famille des RUBIACÉES de Jussieu.) Calice à quatre dents ; corolle infondibuliforme ; stigmate épaissi, courbé; baie monoloculaire, à une ou deux loges. Du reste, ce genre diffère fort peu de celui des *Ixora*, auquel plusieurs botanistes l'ont réuni.

PAVETTE DE L'INDE. *Pavetta indica;* WILLD. *Ixora paniculata;* LAM. ♄. De l'Inde. Arbrisseau glabre, à feuilles amplexicaules, obovales, formant un peu l'épi; fleurs ramassées en têtes, odorantes; divisions de la corolle arrondies. Le bois de son tronc et celui de sa racine sont connus dans le commerce sous le nom de *bois de cranganar*, et employés en médecine. Serre chaude; terre franche légère; arrosemens en été; multiplication de marcottes, rejetons, et boutures étouffées sur couche chaude.

PAVETTE VELUE. *P. villosa;* VAHL. ♄. De l'Arabie-Heureuse. Arbrisseau à rameaux et calices velus et blanchâtres; feuilles lancéolées-elliptiques; fleurs fasciculées. Serre chaude, et même culture.

PAVETTE AMPLEXICAULE. *P. amplexicaulis;* PERS. ♄. De l'Inde. Il ressemble beaucoup à la première espèce, avec laquelle on l'a souvent confondu. Arbrisseau glabre, à feuilles amplexicaules, ovales; divisions de la corolle aiguës et lancéolées. Serre chaude, et même culture.

PAVETTE A LONGUES FLEURS. *P. longiflora;* VAHL. *Ixora occidentalis;* FORSK. ♄. De l'Arabie-Heureuse. Arbrisseau à rameaux glabres; feuilles lancéolées-elliptiques; stipules poilues en dessous; fleurs fasciculées, à calice quadrifide. Serre chaude, et même culture.

PAVETTE CAFRE. *P. cafra;* THUNB. *Crinita capensis;* HOUTT. Du cap de Bonne-Espérance. Arbrisseau à feuilles obovales; fleurs formant un peu l'ombelle; calice sétacé-aristé. Serre tempérée; terre de bruyère, et du reste même culture.

PAVETTE A CINQ ÉTAMINES. *P. pentandra;* WILLD. ♄. Des Indes Occidentales. Arbrisseau à feuilles oblongues-lancéolées, acuminées; fleurs odorantes, à cinq étamines, en panicule trichotome et axillaire. Serre chaude; terre franche légère, et même culture.

PELIOSANTHE. *Peliosanthes;* ANDREW. (De l'*hexandrie-monogynie* de Linnée, et de la famille des LILIACÉES de Jussieu.) Corolle monopétale, à six divisions, dont trois intérieures plus longues, et à tube fermé par un diaphragme percé au centre; six anthères adnées au limbe du trou du diaphragme; un ovaire inférieur, à style court et strié.

PÉLIOSANTHE TECTA. *Peliosanthes tecta*; ANDREW. ♃. De l'Inde. Racines fusiformes; feuilles pétiolées, ovales, aiguës, engaînantes; hampe haute de six pouces, terminée par une grappe de fleurs vertes et rouges. Serre chaude; terre légère, sablonneuse; multiplication par la séparation des racines.

PERGULAIRE. *Pergularia;* LIN. (De la *pentandrie-monogynie* de Linnée, et de la famille des APOCINÉES de Jussieu.) Calice à cinq divisions persistantes; corolle hypocratériforme, à tube cylindrique et à limbe à cinq découpures obtuses et planes; cinq petites écailles demi-sagittées, mucronées à leur sommet, dentées à leur base; cinq étamines à anthères sessiles; ovaire supérieur, oblong, à stigmate grand, tronqué et sans style; deux follicules droits, ventrus, amincis vers le sommet, renfermant un grand nombre de semences imbriquées et chevelues.

PERGULAIRE GLABRE. *Pergularia glabra;* WILLD. ♄. De l'Inde. Arbuste à tiges frutescentes et volubiles; feuilles ovales-aiguës, glabres; fleurs exhalant une odeur trèsagréable. Serre chaude; terre légère, substantielle : multiplication de marcottes, drageons, et boutures étouffées sur couche chaude.

PERGULAIRE ODORANTE. *P. odoratissima;* HORT. ANGL. ♄. De la Chine. Arbrisseau à tige volubile; feuilles cordiformes, velues; fleurs très-odorantes, vertes, à corolle linéaire et contournée. Serre chaude, et même culture.

PERGULAIRE COMESTIBLE. *P. edulis;* THUNB. ♃. Du cap de Bonne-Espérance. Plante herbacée, à tiges volubiles; feuilles obovales, entières, aiguës, glabres; fleurs en corymbes axillaires. Au Cap, cette plante sert à la nourriture des habitans. Serre tempérée, et même culture.

PERGULAIRE POURPRE. *P. purpurea;* VAHL. *Asclepias cordata;* BURN. ♄. De l'Inde. Arbrisseau à feuilles glabres; fleurs en ombelles; corolle à divisions linéaires-oblongues, glabres. Serre chaude, et même culture.

PERGULAIRE COTONNEUSE. *P. tomentosa;* VAHL. *Asclepias cordata;* FORSK. ♄. De l'Arabie. Arbrisseau à feuilles cordiformes, cotonneuses. Serre chaude, et même culture.

PERGULAIRE DU JAPON. *Pergularia japonica;* THUNB. ♄. Du Japon. Arbrisseau à feuilles cordiformes, glabres; fleurs en ombelles simples; corolle à divisions ovales, velues intérieurement. Serre chaude, et même culture.

PÉTALOME. *Petaloma;* SWARTZ. (De la *décandrie-monogynie* de Linnée, et de la famille des ONAGRES de Jussieu.) Calice urcéolé, à cinq dents; cinq pétales insérés sur le calice; étamines placés sur les bords du calice; baie uniloculaire, couronnée.

PÉTALOME MYRTILLOÏDE. *Petaloma myrtilloïdes;* SWARTZ. ♄. De la Jamaïque. Arbrisseau à feuilles presque sessiles, ovales, atténuées, obliques à la base; fleurs placées sur des pédoncules uniflores. Serre chaude; terre de bruyère; multiplication de marcottes et de drageons.

PÉTALOME MURIRI. *P. muriri;* SWARTZ. *Mouriria guyanensis;* AUBL. ♄. De la Guyane. Arbuste à feuilles pétiolées, ovales, acuminées; fleurs portées par des pédoncules rapprochés et axillaires; baie tétrasperme. Serre chaude, et même culture.

PÉTROPHILE. *Petrophila;* HORT. ANGL. (De la *tétrandrie-monogynie* de Linnée, et de la famille des PROTÉACÉES de Jussieu.) Ce nouveau genre a été établi aux dépens de celui des protées. En voici les caractères : fleurs en cône ovale; calice caduc, à quatre divisions; style persistant; stigmate fusiforme; point d'écailles sur le réceptacle; noix lenticulaire et barbue à sa base. On doit rapporter à ce genre le PROTÉE AGRÉABLE, *protea pulchella,* tome III, page 324, n° 5.

PÉTROCALE. *Petrocalis;* AIT. (De la *tétradynamie-siliculeuse* de Linnée, et de la famille des CRUCIFÈRES de Jussieu.) Ce genre a été établi pour placer la DRAVE DES PYRÉNÉES, tome IV, page 230, qui diffère des autres par une silicule ovale, entière; par des valves presque planes; par des loges à deux semences, non bordées, adhérentes à la cloison; enfin par l'absence des dents aux filamens.

PHRYNION. *Phrynium;* WILLD. (De la *monandrie-monogynie* de Linnée, et de la famille des SCITAMINÉES de Jussieu.) Calice à trois folioles; trois pétales égaux, adnés au tube du nectaire : ce dernier monophylle, à tube filiforme, et à limbe à quatre divisions; capsule à trois loges; trois noix.

PHRYNION A TÊTE. *Phrynium capitatum;* WILLD. ♃. Du Malabar. Plante herbacée, à feuilles ovales ; fleurs réunies en tête. Serre chaude ; terre de bruyère ; arrosemens soutenus ; multiplication de drageons. Même culture pour les espèces, *Phrynium parviflorum, spicatum.*

PSYCHOTRIE. *Psychotria;* LIN. *Voyez,* pour les caractères du genre, le tome IV, page 142.

PSYCHOTRIE AXILLAIRE. *Psychotria axillaris;* WILLD. *Ronabea latifolia;* AUBLET. ♄. De la Guyane. Arbre à feuilles ovales, aiguës, souvent panachées de vert et de bleu ; stipules aiguës, entières ; fleurs axillaires ; fruit strié de noir. Serre chaude et tannée ; terre franche légère, substantielle ; arrosemens fréquens pendant la végétation ; multiplication de graines sur couche chaude, de boutures étouffées sur la même couche, de marcottes et de rejetons.

PSYCHOTRIE A PETITES FLEURS. *P. parviflora;* WILLD. *Simira tinctoria;* AUBL. ♄. De la Guyane, où l'on emploie son écorce pour teindre en rouge la soie et le coton. Arbre à feuilles ovales–elliptiques, acuminées, veinées parallèlement ; stipules ovales, cuspidées et caduques ; fleurs en panicule droite ; baies ovales. Serre chaude, et même culture.

PSYCHOTRIE FÉTIDE. *P. fetens;* SWARTZ. ♄. De la Jamaïque. Arbre à feuilles lancéolées–ovales, aiguës, glabres ; stipules acuminées, entières, décidues ; fleurs en panicules très-ouvertes ; rameaux réfléchis, filiformes. Lorsqu'on casse ses branches ou qu'on froisse ses feuilles, il exhale une odeur acide fort désagréable. Serre chaude, et même culture.

PSYCHOTRIE LUISANTE. *P. nitida;* WILLD. *Mapouria guyanensis;* AUBL. ♄. De la Guyane. Arbre à feuilles ovales, un peu arrondies, acuminées ; stipules presque rondes, décidues ; fleurs en panicules terminales ; corolle à limbe plus long que le tube. Serre chaude, et même culture.

PSYCHOTRIE PARASITE. *P. parasitica;* SWARTZ. *Viscoïdes pendulum;* JACQ. ♄. Des Antilles. Arbuste parasite, croissant sur le tronc des autres arbres. Feuilles ovales, acuminées, sans veines, un peu charnues ; stipules amplexicaules, rétuses ; fleurs en grappes terminales, ou axillaires et composées. Serre chaude, et même culture.

PSYCHOTRIE VIOLETTE. *P. violacea;* WILLD. *Nonatelia vio-*

lacea ; Aubl. ♄ . De la Guyane. Arbrisseau à feuilles oblongues , acuminées ; stipules oblongues , obtuses , décidues ; fleurs en panicule corymbiforme, involucrée. Serre chaude, et même culture.

Psychotrie herbacée. *Psychotria herbacea ;* Willd. ♃ . Amérique Méridionale. Plante vivace, à tiges herbacées et rampantes ; feuilles cordiformes, pétiolées ; fleurs réunies au nombre de trois à quatre sur des pédoncules axillaires. Ses baies rouges, traitées à la manière du café, fournissent une boisson que les Américains trouvent aussi agréable que ce dernier. Serre chaude ; terre légère, substantielle ; multiplication aisée par la séparation de ses stolons enracinés. On cultive encore, comme les premières espèces, le *Psychotria elliptica.*

PROSTANTHÈRE. *Prostanthera ;* Labill. (De la *didynamie-gymnospermie* de Linnée, et de la famille des Labiées de Jussieu.) Calice à deux lèvres qui se ferment après la floraison ; corolle monopétale, à quatre divisions inégales, la supérieure plus grande, et l'inférieure cordiforme ; quatre étamines, dont deux plus courtes, toutes ayant une appendice à leurs anthères ; ovaire supérieur, surmonté d'un style bifide ; quatre baies monospermes.

Prostanthère lazianthos. *Prostanthera lazianthos ;* Labill. ♄ . De la Nouvelle-Hollande. Arbuste à feuilles opposées, légèrement pétiolées, ovales-oblongues, largement dentées ; fleurs en panicules terminales. Serre tempérée ; terre de bruyère ; multiplication de marcottes.

PTÉROSPERME. *Pterospermum ;* Willd. (De la *monadelphie-décandrie* de Linnée, et de la famille des Malvacées de Jussieu.) Calice simple, coriace, oblong, à cinq divisions ; une corolle de cinq pétales oblongs, de la longueur du calice ; quinze à vingt étamines réunies à leur base, et séparées de trois en trois par un filament stérile plus long ; un ovaire supérieur, arrondi, surmonté d'un style cylindrique à stigmate épais ; une capsule ligneuse, ovale, ou presque en massue, à cinq loges bivalves, et contenant chacune plusieurs semences oblongues, comprimées, terminées par une aile membraneuse.

Ptérosperme a feuilles de liége. *Pterospermum suberifo-*

lium; WILLD. *Pentapetes suberifolia;* CAV. ♄. De l'Inde. Arbre à feuilles simples, oblongues, acuminées, un peu dentées au sommet; fleurs axillaires ou terminales. Serre chaude; terre franche légère, substantielle; multiplication de marcottes et boutures étouffées.

PTÉROSPERME A FEUILLES D'ÉRABLE. *Pterospermum acerifolium;* WILLD. *Pentapetes acerifolia;* CAV. ♄. De l'Inde. Arbre à feuilles cordiformes, obtuses, oblongues, presque entières; fleurs axillaires et terminales. Serre chaude, et même culture. Même culture pour le *Pterospermum platanifolium.*

QUIVISIE. *Quivisia;* CAV. (De la *décandrie-monogynie* de Linnée, et de la famille des AZÉDARACS de Jussieu.) Calice à quatre ou cinq dents; corolle de quatre ou cinq pétales; tube cylindrique, tronqué, supportant les étamines; huit ou dix étamines insérées sur le tube, sessiles; un ovaire supérieur, profondément strié, surmonté d'un style à stigmate en tête; capsule à quatre loges, le plus souvent monosperme.

QUIVISIE HÉTÉROPHYLLE. *Quivisia heterophylla;* CAV. ♄. De l'Ile-de-France. Arbuste à feuilles alternes, ovales, entières ou sinuées-pinnatifides, variant de forme sur chaque rameau; fleurs solitaires ou binées, sur des pédoncules axillaires; fruit glabre. Serre chaude; terre légère, substantielle; multiplication de marcottes, et boutures étouffées.

QUIVISIE A GRAPPE. *Q. racemosa;* PERS. *Gilibertia decandra;* WILLD. ♄. De l'Ile-de-France. Arbuste à feuilles alternes, oblongues, entières, atténuées à la base et au sommet; fleurs en grappes axillaires. Serre chaude, et même culture.

QUIVISIE OVALE. *Q. ovata;* WILLD. ♄. De l'île Bourbon. Arbuste à feuilles alternes, obovales, obtuses, entières; fleurs solitaires sur chaque pédoncule, et ceux-ci axillaires; fruits cotonneux. Serre chaude, et même culture.

QUIVISIE A FEUILLES OPPOSÉES. *Q. oppositifolia;* CAV. ♄. De l'Ile-de-France. Arbuste à feuilles opposées, ovales, très-entières, glabres; fleurs au nombre de trois sur des pédoncules axillaires. Serre chaude, et même culture.

QUISQUALE. *Quisqualis;* LAM. (De la *décandrie-monogynie* de Linnée, et de la famille des THYMÉLÉES de Jussieu.) Calice à cinq divisions filiformes; corolle de cinq pétales arrondis ; dix étamines courtes ; un ovaire supérieur, surmonté d'un seul style ; un drupe à cinq angles.

QUISQUALE DE L'INDE. *Quisqualis indica* ; LAM. ♄. De l'Inde. Arbuste à feuilles opposées, pétiolées, ovales, très-entières ; fleurs blanches au moment de l'épanouissement, rouges peu d'heures après, opposées, sur des épis axillaires ou terminaux garnis de bractées ; fruits très-estimés dans l'Inde, comme d'excellens vermifuges. Serre chaude ; terre légère, substantielle ; arrosemens modérés ; multiplication de marcottes, et boutures étouffées.

QUISQUALE PUBESCENT. *Q. pubescens* ; BURM. ♄. De l'Inde. Cet arbuste, regardé par quelques botanistes comme une simple variété du précédent, et par d'autres comme une espèce distincte, n'en diffère guère que par ses feuilles pubescentes et légèrement cordiformes. Serre chaude, et même culture.

RADIOLE. *Radiola* ; SMITH. (De la *tétrandrie-tétragynie* de Linnée, et de la famille des CARYOPHYLLÉES de Jussieu.) Calice de quatre folioles ; corolle de quatre pétales ; quatre étamines ; un ovaire supérieur, surmonté de quatre styles ; capsule globuleuse, à quatre valves et à huit loges, contenant chacune une seule semence.

RADIOLE LINOÏDE. *Radiola linoïdes* ; ROTH. *Radiola millegrana* ; SMITH. *Linum radiola* ; LIN. *Linum multiflorum* ; LAM. ⊙. Europe Septentrionale. Jolie petite plante ne s'élevant pas à plus d'un à deux pouces ; tige très-rameuse, paniculée, remarquable par ses nombreuses bifurcations, ne surpassant pas l'épaisseur d'un fil ordinaire ; feuilles ovales, glabres, très-petites ; fleurs blanches, très-petites, très-nombreuses, au sommet des rameaux.

RESTIO. *Restio* ; THUNB. (De la *diœcie-triandrie* de Linnée, et de la famille des JONCS de Jussieu.) Un chaton formé d'écailles qui servent, chacune, de calice à une fleur dont la corolle est de six pétales. *Fleurs mâles* : trois étamines. *Fleurs femelles* : un ovaire surmonté de deux ou trois styles sessiles, à stigmates velus ; une capsule à trois loges, plissées, et renfermant plusieurs semences.

RESTIO SCARIEUX. *Restio scariosus* ; THUNB. *Thamnochortus fruticosus*, BERG. ♄. Du Cap. Arbuste à tiges graminiformes,

simples, feuillées ; fleurs en panicule étalée, à écailles lancéolées, scarieuses sur les bords. Serre tempérée ; terre légère,
sablonneuse ; multiplication de graines semées sur couche
chaude, et de rejetons. Même culture pour l'espèce *Restio
australasia*.

RHIZOPHORE ou Manglier. *Rizophora* ; Lin. (De la
décandrie-monogynie de Linnée, et de la famille des Chèvrefeuilles de Jussieu.) Calice à quatre divisions, muni, le plus
souvent, de dix bractées à sa base ; corolle de quatre pétales
plans ou pliés en deux, alternes avec les divisions du calice,
et velus intérieurement ; un nombre égal ou double d'étamines insérées sur les onglets des pétales ; un ovaire inférieur, surmonté d'un style à deux stigmates ; capsule uniloculaire et monosperme.

Rhizophore manglier. *Rhizophora mangle* ; Lin. ♄. De
l'Inde et de l'Amérique Méridionale. Arbre peu élevé, très-
rameux, à rameaux presque toujours opposés , allongés,
pendans ; feuilles entières, coriaces, aiguës, ordinairement
opposées , roulées et enveloppées de stipules caduques dans
leur jeunesse ; fruits subulés, en massue. Serre chaude ;
terre franche, marécageuse, entretenue constamment humide ; multiplication de marcottes.

Cet arbre singulier croît naturellement sur les bords de la
mer, à la Jamaïque, à la Guyane, etc. Ses rameaux pendans
s'enfoncent dans la terre, y prennent racine, et forment
ainsi de nouveaux arbres qui se multiplient à leur tour de
la même manière. Leur disposition et leur entrelacement
forment ainsi, sur le rivage, une barrière impénétrable qui
le défend, et sert en même temps de retraite aux animaux
aquatiques et aux poissons. Les huîtres déposent leurs frais
sur les tiges des mangliers, y croissent et y vivent, de sorte
qu'à la marée montante et descendante elles sont alternativement plongées dans l'eau et suspendues en l'air.

Mais la germination de cet arbre est sans contredit un des
phénomènes les plus extraordinaires qu'offre la végétation.
Le fruit ne se détache pas de son pédoncule lors de la maturité, mais il s'ouvre dans sa partie supérieure. La semence
germe dans son enveloppe , la radicule croît, s'allonge,
passe par l'ouverture de la capsule, et s'élève verticalement

en forme de massue renversée. Bientôt elle acquiert à l'extrêmité une certaine pesanteur qui rompt l'équilibre ; elle se renverse, se détache du fruit, et entraîne avec elle la plumule. Il résulte de cette chute et de ce changement de position que la radicule tombe dans la vase, s'y implante, et que la plantule se trouve aussi convenablement plantée, pour se développer, que si elle l'eût été par la main du jardinier.

RICARDIE. *Ricardia* ; Lin. (De l'*hexandrie - monogynie* de Linnée, et de la famille des Rubiacées de Jussieu.) Calice de six à huit parties, persistant, supère ; corolle infondibuliforme, cylindracée, à six ou huit divisions ; six à huit étamines ; un ovaire, surmonté d'un style terminé par trois stigmates en tête ; fruit tripartible, renfermant cinq semences oblongues, arillées, tronquées et couronnées.

Ricardie rude. *Ricardia scabra* ; Lin. ♃. Du Mexique. Tige élevée, droite, tétragone, presque articulée, hispide ; feuilles lancéolées, nerveuses, très-entières, un peu pétiolées, très-rudes ; fleurs disposées en grappes terminales, formées de verticilles, et accompagnées de folioles inégales. Serre tempérée ; terre légère, substantielle ; multiplication d'éclats et de drageons.

Ricardie poilue. *R. pilosa* ; Pav. ♃. De Lima. Tige couchée, à rameaux inférieurs brachiés ; feuilles oblongues-lancéolées, les florales géminées et quaternées ; toute l'année, fleurs en têtes ombelliformes, à anthères et stigmates poilus. Serre chaude, et même culture. On cultive en pleine terre, et de la même manière, le *Ricardia glabra*.

RODRIGUEZIE. *Rodriguezia* ; Hort. angl. (De la *gynandrie - diandrie* de Linnée, et de la famille des Orchidées de Jussieu.) Corolle renversée, de quatre pétales lancéolés, dont deux extérieurs carénés, et l'inférieur plus grand et concave ; un nectaire de la longueur des pétales, à lèvre inférieure trifide et à moitié canaliculée, inférieurement cornue, à découpures latérales petites, les intermédiaires grandes, bifides, rugueuses dans leur milieu ; lèvre supérieure cunéiforme, armée de deux dents ; un opercule concave, presque biloculaire, couvrant une seule étamine très-courte, qui porte deux anthères ovales ; un ovaire inférieur, oblong, plus gros supérieurement, à style adné à la lèvre supérieure du nectaire, à stigmate concave ; une capsule ovale-oblongue, obtusément trigone, uniloculaire et trivalve, renfermant un grand nombre de semences.

RODRIGUEZIE LANCÉOLÉE. *Rodriguezia lanceolata ;* HORTUL. ♃. Du Pérou. Racine à bulbe comprimée ; feuilles lancéolées, droites, de cinq à six pouces ; en octobre, fleurs d'un beau rose, unilatérales, en épi, sur une hampe de huit à neuf pouces. Serre chaude ; terre de bruyère mélangée à moitié de terreau de feuilles ; multiplication par la séparation des œilletons munis de leurs bulbes.

ROSIER. *Rosa ;* LIN. (*Voyez,* pour les caractères du genre et sa culture, la page 491 du tome IV.)

Les roses, plus que jamais, font l'admiration des amateurs qui les cultivent. On dirait que ce genre superbe se prête plus que tout autre à récompenser les soins laborieux du cultivateur, par les nombreuses et belles variétés que l'on en obtient tous les jours. Depuis la publication du dernier volume de notre *Manuel,* on en possède un grand nombre de nouvelles, parmi lesquelles nous citerons toutes celles qui sont vraiment intéressantes.

ROSIER DE PROVINS. (Tome IV, page 507.)

Belle-mode. Fleurs moyennes, en forme de pompon, d'un rouge pourpré au centre, lilas à la circonférence.

Bouclier d'Astolphe. Fleurs grandes, d'un carmin éblouissant ; variété bien faite, double, superbe.

Catherine de Médicis. Fleurs rouges, grandes, très-doubles, souvent prolifères, de forme singulière.

Colette. Fleurs moyennes, très-doubles, d'un rouge carmin velouté et brillant, superbe, en bouquets de trois ensemble. De mes semis.

Cora. Fleurs moyennes, très-doubles, d'un pourpre velouté, un peu bombées au centre, et affectant à peu près la forme d'une renoncule.

Changeante. Fleurs rouges, souvent ponctuées de blanc, grandes et très-doubles.

Desfontaines. Fleurs presque doubles, d'un beau carmin clair et vif, moyennes et bien faites.

Dominante. Fleurs pleines, grandes, d'un rose tendre, de très-belle forme, à pétales réfléchis.

Feu turc. Fleurs moyennes, bien faites, d'une couleur de feu tirant sur le pourpre.

Gassendi. Fleurs superbes, de quatre à cinq pouces de diamètre, très-doubles, bien faites, d'un rose foncé.

Georgina Mars. Très-jolies petites fleurs d'un rose clair et brillant, très-doubles, à pétales bien rangés, souvent avec des lignes blanches.

Grandeur triomphante. Fleurs très-grandes, pleines, bien faites, d'un rouge vif au centre, plus pâle à la circonférence.

Laomédon. Fleurs pleines, grandes, d'un rose lilas au centre, presque blanches à la circonférence.

Philéas. Fleurs grandes, nombreuses, doubles, au nombre de trois par bouquets; pédoncules courts; pétales à limbe échancré, d'un pourpre vif. De mes semis.

Provins à fleurs bombées. Fleurs très-doubles, grandes, à pétales très-grands et arrondis à la circonférence, roses; pédoncules biflores, assez longs. De mes semis.

Salomon. Fleurs grandes, doubles, d'un rose tendre et ponctué de blanc, très-jolies.

Sœur hospitalière. Fleurs moyennes, très-doubles, d'un violet bleuâtre; feuilles d'un vert foncé. Cette superbe fleur est une de celles qui rapprochent le plus de la couleur bleue.

Clotilde. Arbuste vigoureux, de moyenne grandeur; tiges garnies d'aiguillons nombreux, menus, arrondis et droits; feuilles composées de cinq folioles ovales, dentées peu profondément; fleurs semi-doubles, d'un rouge velouté. De mes semis.

Bambolina. Arbuste petit; tiges épineuses, à aiguillons menus; feuilles composées de cinq folioles lancéolées; fleurs moyennes, doubles, d'un rouge pourpre, belles. De mes semis.

Pétronille. Arbuste bas; tiges épineuses; feuilles composées de cinq folioles ovales-allongées; fleurs doubles, de moyenne grandeur, d'un rouge pourpre velouté. De mes semis.

Élise Voïart. Arbuste moyen, à aiguillons courts; feuilles composées de sept folioles ; fleurs moyennes , ressemblant beaucoup à celles de la rose du roi. De mes semis.

Maxime. Arbuste petit ; aiguillons menus ; feuilles composées de cinq folioles ovales ; fleurs moyennes, de belle forme, d'un rouge pourpre. De mes semis.

Balbise. Arbuste vigoureux, peu élevé, à rameaux tourmentés ; tiges garnies d'aiguillons courts ; feuilles composées de cinq folioles allongées ; fleurs curieuses, semi-doubles, d'un rouge tendre, à pétales larges, arrondis, ponctués de blanc. De mes semis.

Rose Mollevaut. Arbuste de moyenne grandeur ; tiges droites, peu rameuses, à aiguillons courts et menus ; feuilles à folioles ovales allongées, d'un vert gai ; fleurs moyennes, très-pleines, à pétales échancrés, d'un beau rouge. De mes semis.

Hildegarde. Arbuste moyen, assez vigoureux ; feuilles à folioles larges, nerveuses ; fleurs d'un très-bel effet, grandes, semi-doubles, d'un rouge nuancé de bleu. De mes semis.

Elphége. Arbuste peu élevé, à tiges droites ; aiguillons nombreux et menus ; feuilles à cinq folioles larges, ovales, d'un vert clair ; fleurs très-doubles, d'un beau rouge. De mes semis.

Euphrasie. Arbuste touffu, à tiges peu élevées ; feuilles composées de cinq à sept folioles allongées, dentées peu profondément ; fleurs très-grandes, semi-doubles, d'un rouge éclatant, en bouquets de trois. De mes semis.

Eutaxie. Arbuste peu élevé, très-rameux ; tiges peu épineuses ; feuilles composées de trois à cinq folioles allongées, d'un vert gai ; fleurs semi-doubles, très-grandes, d'un beau rouge. De mes semis.

Nisiéda. Arbuste élevé, de quatre à cinq pieds ; tiges à aiguillons nombreux, courts, glanduleux sur les pédoncules ; feuilles à cinq folioles distantes, longues, un peu fermées et tombantes ; fleurs doubles, de moyenne dimension, d'un rouge nuancé, portées, au nombre de trois à cinq, sur de longs rameaux. De mes semis.

Gertrude Benard. Arbuste bas ; tige hérissée d'aiguillons menus ; feuilles composées de folioles ovales, d'un vert pâle ;

fleurs d'un beau rouge, grandes, à pétales chiffonnés, marqués d'une ligne blanche au centre. De mes semis.

Lydia de Forbin. Arbuste petit ; feuilles composées de cinq folioles ovales ; fleurs doubles, d'un rouge pur, bien faites, moyennes. De mes semis.

Valentine de Marcellus. Arbuste rameux, élevé de trois à quatre pieds ; feuilles composées de cinq folioles ovales ; fleurs réunies au nombre de trois, en bouquets, d'un rouge violacé. De mes semis.

Ildephonse. Arbuste très-vigoureux, de trois pieds, à rameaux nombreux, munis d'aiguillons multipliés, glanduleux et très-courts ; feuilles composées de cinq folioles longues, distantes, à demi fermées, d'un beau vert ; fleurs très-grandes, bien pleines, d'un rose violacé, superbes ; pédoncules très-longs, souvent uniflores. De mes semis.

Général Foy, qu'il ne faut pas confondre avec la variété qui porte ce nom depuis plusieurs années, ni avec la rose appelée *Comte Foy*. Arbuste d'une végétation vigoureuse, à tiges érigées, presque dépourvues d'aiguillons, et munies de poils rudes et noirâtres ; feuilles ordinairement composées de sept folioles, rarement de cinq, dont les unes ovales et les autres oblongues, simplement dentées ; fleurs d'une très-grande dimension, pleines, bien faites, d'une forme aplatie, réunies en corymbes ; pétales du centre d'un rouge de lie de vin, ceux de la circonférence plus clairs, irrégulièrement incisés au sommet, très-serrés et régulièrement rangés dans l'intérieur.

A fleurs de rose trémière de la Chine. Rameaux droits, à écorce d'un vert clair ; aiguillons rares, gris, entremêlés de quelques petits poils parsemés sur les branches ; feuilles à cinq ou sept folioles, oblongues, pointues, finement dentées ; fleurs très-doubles, de moyenne grandeur, en forme de coupe lors de l'épanouissement, et imitant alors assez bien la rose trémière de la Chine, mais prenant ensuite une forme légèrement bombée : du reste, elles sont bien faites et disposées en corymbes. Pétales d'un rose tendre, mélangés de blanc à la circonférence, serrés, crispés, échancrés irrégulièrement au sommet.

Jenni Delacharme. Rameaux étalés horizontalement, aiguillons fins et rougeâtres dans leur jeunesse, disséminés sur les branches; feuilles distantes, composées de folioles ovales, d'un vert tendre, simplement dentées. Fleurs nombreuses, de grandeur moyenne, très-doubles, d'une forme parfaite, plates, bien arrondies, régulières et en corymbes; pétales légers, d'un beau rose, plissés et rangés avec symétrie dans l'intérieur, roulés en petite couronne au centre, incisés finement au sommet.

Aphrodite. Arbuste peu élevé, très-rameux, à tiges peu garnies d'aiguillons; feuilles composées de cinq folioles assez rapprochées, arrondies et dentées peu profondément; fleurs très-doubles, réunies au nombre de trois par bouquets; pétales un peu frangés, d'un beau rouge nuancé de violet. De mes semis.

Dositée. Arbuste très-vigoureux, de quatre à cinq pieds, à tiges diffuses, armées d'aiguillons crochus, d'un jaune roux; feuilles composées de cinq folioles allongées, tourmentées, très-distantes; fleurs pleines, de moyenne grandeur, à pétales marbrés, d'un rouge foncé. De mes semis.

Amiral de Rigny. Arbuste vigoureux; tiges de trois à quatre pieds de hauteur, peu aiguillonnées; feuilles composées de cinq folioles ovales, d'un vert foncé; fleurs très-doubles, à pédoncules très-longs, souvent uniflores, d'un blanc violacé, très-curieuses. De mes semis.

Rosier de Provence. (Tome IV, page 5o5.)

Agnès Sorel. Fleurs superbes, d'un bel effet, très-grandes, doubles, d'un rose vif au centre, blanchâtres à la circonférence.

Azelia. Fleurs très-petites, de même forme et de même couleur que le pompon bazard, très-jolies. De mes semis.

Belle Hortense. Fleurs grandes, très-doubles, roses, plus foncées au centre.

Cásimir Perrier. Fleurs superbes, très-pleines, de quatre pouces de diamètre, bien faites, à pétales réguliers, d'un rouge de feu dans l'intérieur, et roses à la circonférence. De mes semis.

Cléodoxe. Charmantes fleurs, moyennes, de belle forme, légèrement bombées au centre, d'un rose foncé.

Comte Foy. Il ne faut pas confondre cette variété avec

6

celle que l'on a nommée *Général Foy*. Fleurs de quatre à cinq pouces de diamètre, très-pleines, d'un rose tendre, ayant la forme de la cent-feuilles ordinaire.

Duchesse. Fleurs très-grandes et très-doubles, bien faites, d'un rose clair et brillant.

Hortensia. Fleurs superbes, très-grandes, pleines, très-bien faites, d'une couleur d'hortensia.

Nouvelle rose-pavot. Fleurs grandes, doubles, belles, rouges au centre, roses à la circonférence.

Samson. Fleurs grandes, pleines, bien faites, d'un rose éclatant.

Séraphine. Fleurs très-belles, grandes, bien faites, blanches et légèrement carnées au centre ; bois dépourvu d'aiguillons.

Stéphanie Chevrier. Fleurs superbes, grandes, très-doubles, bien faites, couleur de chair.

Vauban. Fleurs moyennes, très-doubles, couleur de chair.

* Les Agates.

Anatole. Fleurs moyennes, très-pleines, d'un rouge vif, formant des bouquets de trois à cinq, d'un fort joli effet. De mes semis.

Amélie d'Orléans. Fleurs grandes, très-doubles, bien faites, d'un rose tendre, jolies.

Félicie Boitard. Fleurs grandes, à pédoncules longs, deux à trois ensemble, très-doubles, à pétales groupés en divers sens, d'un rose tendre et d'un bel effet. Arbuste assez élevé ; tiges tourmentées, grêles ; épines courtes et peu nombreuses ; feuilles à cinq folioles, dentées, ovales, d'un vert tendre. De mes semis.

Lady Fildgerald. Fleurs grandes, très-doubles, blanches, légèrement rosées, réunies en bouquets de trois. De mes semis.

Mademoiselle Boursault. Fleurs moyennes, très-doubles, à pétales frangés, d'un blanc légèrement teint de rose, fort jolies. De mes semis.

Manon. Fleurs moyennes, assez régulières, d'un rose lilas.

Anaïs. Arbuste de trois à quatre pieds de hauteur ; tiges garnies d'aiguillons nombreux, minces et réclinés ; feuilles composées de cinq à sept folioles arrondies, dentées peu profondément, tourmentées, canaliculées; fleurs roses, doubles, de moyenne grandeur. De mes semis.

Thaïs. Arbuste de trois à quatre pieds; aiguillons menus, peu nombreux; feuilles composées de cinq folioles arrondies, tourmentées, un peu creusées en spatule, d'un vert tendre; fleurs nombreuses, très-doubles, bombées au centre, d'un rouge vif nuancé de violet, réunies en bouquets au nombre de trois à cinq. De mes semis.

ROSIER PIMPRENELLE. (Tome IV, page 500.)

Célinette. Charmantes petites fleurs, bien faites, assez nombreuses, d'un rose tendre à la circonférence, et vif au centre.

Mignonne. Fleurs d'un rose vif, très-doubles, petites et bien faites, nombreuses et charmantes.

Rose à grandes fleurs. Fleurs très-grandes, de trois pouces au moins de diamètre, doubles, roses, d'un bel effet, les plus grandes de toutes les variétés appartenant à cette espèce. De mes semis.

Unique. Fleurs blanches, grandes, très-doubles, bien faites, ayant le bouton de la rose unique ordinaire.

Lise Deville. Arbuste de cinq à six pieds de hauteur, très-vigoureux; feuilles de sept à neuf folioles ovales allongées; fleurs d'un très-bel effet, de trois pouces de diamètre, très-nombreuses, d'un rose tendre. De mes semis.

* Hybrides de Pimprenelle.

Pimprenelle gracieuse. Arbuste touffu, formant un épais buisson, assez vigoureux, à tiges diffuses et rougeâtres; aiguillons assez nombreux, inégaux, les plus gros comprimés à leur base, peu courbés; feuilles ordinairement à neuf folioles petites, les unes ovales, les autres presque rondes et fortement dentées; fleurs moyennes, très-doubles, nombreuses, affectant la forme d'une coupe régulière, naissant ordinairement plusieurs ensemble sur le même rameau, quelquefois solitaires; pétales d'un beau rose carné vers le centre, blancs à la circonférence, cordiformes, crispés, admirablement rangés dans l'intérieur.

ROSIER DE DAMAS. (Tome IV, page 502.)

Déesse Flore. Fleurs moyennes, pleines, presque blanches, fort jolies.

Délicatesse. Fleurs moyennes, très-doubles, carnées, très-bien faites et superbes.

Faustine. Fleurs très-pleines, de moyenne grandeur, d'un rouge vif, portées sur des pédoncules longs et uniflores. De mes semis.

Pallas. Fleurs petites, en bouquets, carnées, très-doubles.

Rosalie. Fleurs grandes, très-doubles, d'un très-beau rose brillant, plus foncé au centre.

Aménaïde. Arbuste assez élevé; feuilles d'un vert tendre, composées de sept folioles; aiguillons courts, nombreux et menus; fleurs pleines, d'un rose tendre. De mes semis.

Montano. Arbuste fort; tiges garnies d'aiguillons nombreux et menus; fleurs composées de cinq folioles ovales et inclinées; fleurs doubles, d'une belle forme, roses. De mes semis.

Damas superbe. Arbuste petit, à tiges droites, très-aiguillonnées; feuilles à cinq folioles, dont trois plus grandes, un peu lâches, distantes, dentées profondément; fleurs très-pleines, moyennes, d'un rouge vif; pédoncules longs et uniflores. De mes semis.

ROSIER NOISETTE. (Tome IV, page 521.)

Noisette variable, ou *mutabilis.* Arbuste assez vigoureux; fleurs très-doubles, plus grandes que la noisette ordinaire, d'un blanc assez pur au moment de l'épanouissement, se colorant ensuite d'un rouge violacé soutenu à la circonférence de la fleur et maculé vers le centre.

Noisette de la queue. Tiges élevées, légèrement sarmenteuses, garnies d'aiguillons assez gros, distans, un peu bruns; feuilles composées de sept à neuf folioles ovales, d'un vert sombre; fleurs en grappe, doubles, de moyenne grandeur, d'un rouge vif.

Noisette renoncule. Fleurs bien doubles, jolies, en forme de renoncule, carnées en s'épanouissant, devenant blanches ensuite.

Dèmetrius. Fleurs moyennes, très-pleines, à pétales imbriqués, d'un blanc légèrement carné.

Irma. Fleurs moyennes, très-pleines, d'un carné un peu foncé, bien faites, à odeur de thé.

Rosier du Bengale. (Tome IV, page 521.)

Comte de Breteuil. Fleurs grandes, superbes, bien faites, très-doubles, d'un beau rouge foncé.

Chénier. Fleurs larges, très-doubles, d'un rouge cerise vif.

Davoust. Fleurs très-doubles, moyennes, d'un rose tendre; rameaux armés d'aiguillons très-nombreux.

Desaix. Fleurs très-doubles, petites, d'un rose tendre.

Delaborde. Fleurs en bouquets, petites, d'un rose tendre.

Duc de Chartres. Fleurs très-doubles, grandes, belles, d'un rouge vif brillant.

Ducis. Fleurs moyennes, très-doubles, d'un violet cendré.

Duroc. Fleurs très-doubles, lilas, moyennes, nombreuses.

Général Thiard. Fleurs petites, à pétales imbriqués, d'un pourpre très-foncé et velouté.

Keratri. Fleurs très-doubles, moyennes, d'un rouge très-foncé.

La Rochefoucault-Liancourt. Fleurs superbes, larges de trois à quatre pouces, très-pleines, un peu aplaties, d'un rouge vif et brillant.

Leroux. Fleurs très-grandes, très-doubles, d'un rose lilacé, d'une belle forme, ayant les pétales du centre un peu chiffonnés.

Ma pupille. Fleurs très-belles, moyennes, très-doubles, aplaties, à pétales bien rangés, d'un lilas foncé.

Petite Auguste. Charmantes fleurs, petites, doubles, d'un rouge lilacé, très-nombreuses, en corymbes.

Simplice. Fleurs grandes, semi-doubles, ayant un peu la forme d'une anémone, d'un pourpre violacé, nombreuses, réunies en bouquets au nombre de trois à cinq. De mes semis.

Belladona; Hort. angl. Écorce des rameaux lisse; aiguillons égaux, légèrement rosés et droits, peu dilatés à leur base ; feuilles composées de cinq à sept folioles ovales, marginées de rouge à l'extrémité des jeunes pousses, à dentelures fines, couchées et aiguës ; fleurs de grandeur moyenne, de même forme que la rose unique, et d'un blanc aussi pur.

* *Hybrides de Bengale.*

Rose karaiskaki. Tiges érigées ; écorce lisse ; aiguillons violacés, inégaux, presque droits, disposés irrégulièrement ; feuilles composées de cinq folioles lancéolées, d'un vert tendre, simplement dentées ; fleurs assez nombreuses, grandes, très-doubles, régulières et bien arrondies, formant, par leur réunion, une espèce de corymbe ; pétales intérieurs d'un rouge foncé, bleuâtres, plissés et symétriquement rangés : ceux de la circonférence d'un lilas clair, réfléchis en dehors.

Bobelina. Tiges verticales, minces, à aiguillons nombreux, rougeâtres sur les jeunes pousses, inégaux, dilatés à leur base, épais et presque droits ; feuilles composées de folioles détachées, oblongues, à dentelures couchées et irrégulières ; fleurs nombreuses, moyennes, très-doubles, bien faites, légèrement bombées, réunies en corymbes ; pétales d'un rouge carmin vers le centre, et passant insensiblement au violet lilas à la circonférence, les uns cordiformes, les autres terminés en pointe, plissés et chiffonnés intérieurement.

Couture. Tiges droites, rapprochées, formant un épais buisson ; aiguillons rares et très-petits, entremêlés de petits poils flexibles ; feuilles ordinairement composées de cinq folioles ovales, d'un vert luisant, ondulées sur les marges, et bien dentées ; fleurs le plus souvent réunies au nombre de trois sur le même rameau, très-nombreuses, grandes, excessivement doubles, ayant ordinairement un petit bouton vert au centre ; pétales intérieurs serrés et crispés, d'un rose cerise : d'un violet mélangé de gris dans les autres parties de la fleur, quelquefois maculés de pourpre à la surface ; ils sont réfléchis à l'extérieur.

Châteaubriand. Arbuste vigoureux, de quatre à cinq pieds de hauteur ; tiges garnies d'aiguillons nombreux et crochus ; feuilles composées de sept folioles lancéolées, d'un vert gai ;

fleurs en bouquets nombreux, de moyenne grandeur, d'un rouge vif; pétales échancrés au milieu, avec une ligne blanche partant de l'échancrure et se prolongeant jusqu'à l'onglet. De mes semis.

ROSIER BLANC, ou *alba.* (Tome IV, page 315.)

Jeune bergère. Fleurs très-jolies, très-bien faites, doubles, blanches, légèrement carnées.

Séduisante. Fleurs superbes, pleines, d'une très-belle forme, carnées.

Yorck rouge. Fleurs moyennes, pleines, rouges.

ROSIER CENT-FEUILLES. (Tome IV, page 504.)

Mousseuse prolifère. Fleurs grandes, très-pleines, de même couleur que la cent-feuilles ordinaire, ayant quelquefois de la difficulté à s'ouvrir, mais très-belle quand elle s'épanouit bien.

Duchesse de Clermont—Tonnerre. Arbuste moyen; aiguillons en crochets réfléchis; feuilles composées de cinq folioles allongées; fleurs semi-doubles, d'un rouge cramoisi, à pétales ponctués de blanc; elles font un admirable effet. De mes semis.

Cent-feuilles à grande tige. Arbuste vigoureux, de trois à quatre pieds; tiges peu garnies d'aiguillons; feuilles à cinq folioles ovales, d'un vert sombre; fleurs très-doubles, grandes, d'un beau rose. De mes semis.

* *Hybrides de cent-feuilles.*

Illustre beauté. Fleurs moyennes, fort jolies, d'une très-belle forme, pleines, d'un rose carmin.

Cent-feuilles à grandes tiges. Fleurs grandes, très-pleines, d'un beau rose, nombreuses, d'un bel effet. De mes semis.

Théone. Arbuste petit, de trois à quatre pieds; tige armée de gros et de petits aiguillons, les gros aplatis et formant le crochet vers leur base; feuilles composées de cinq folioles planes, ovales, légèrement dentées; fleurs belles, moyennes, très-pleines, d'un rose vif, à pédoncules longs. Cette variété est hybride de cent-feuilles et de damas. De mes semis.

ROSIER CANNELLE; *rosa cinnamomea.* (*Voyez* le tome IV, page 497.)

Rosier glauque. Rosa glauca. Arbuste à rameaux grêles, de trois à quatre pieds de hauteur ; aiguillons peu nombreux et menus ; fleurs roses, semi-doubles. Variété très-curieuse. De mes semis.

ROSE DES CHAMPS. *Rosa arvensis ;* LINDL. (*Voyez* le tome IV, page 524.)

Rose des champs rouge-pleine. Rosa arvensis rosa-plena ; HORT. NOIS. Arbrisseau sarmenteux, à aiguillons peu nombreux ; feuilles composées de cinq folioles d'un vert clair ; fleurs très-doubles, moyennes, rouges, réunies au nombre de trois. De mes semis.

ROSE MULTIFLORE. *Rosa multiflora ;* LINDL. (*Voyez* le tome IV, page 525.)

Petite variété coccinée. Tiges sarmenteuses, comme coudées ; aiguillons géminés, stipulaires, peu courbés ; feuilles composées de folioles arrondies, coriaces, ondulées, bien dentées ; fleurs nombreuses, en panicules, doubles, petites, peu régulières ; pétales roses, nuancés de rouge, chiffonnés et cordiformes.

ROSIER A PETITES FEUILLES. *Rosa microphylla ;* LINDL. (*Voyez* le tome IV, page 520.)

Rosier à petites feuilles et à pétales striés. Rosa microphylla striata ; HORT. ANGL. Tiges grêles, sarmenteuses, à écorce lisse, armées d'aiguillons égaux, rougeâtres dans les jeunes pousses, épars, souvent stipulaires et géminés, peu dilatés à leur base, les uns droits et les autres légèrement courbés ; pétioles aiguillonnés ; feuilles ordinairement composées de sept folioles planes, ovales, d'un vert clair, finement et régulièrement dentées. Nous ne connaissons pas encore sa fleur ; on le cultive en orangerie.

RUSSÈLE. *Russelia ;* JACQ. (De la *didynamie-angiospermie* de Linnée, et de la famille des RHINANTHOÏDES de Jussieu.) Calice à cinq divisions ; corolle bilabiée ; quatre étamines dont deux plus courtes ; un ovaire supérieur, surmonté d'un style à stigmate globuleux ; une capsule uniloculaire, bivalve et polysperme.

RUSSÈLE MULTIFLORE. *Russelia multiflora ;* JACQ. ♄. De Cuba. Arbrisseau grimpant, à rameaux tétragones ; feuilles opposées, courtement pétiolées, ovales, aiguës, dentées, velues en dessus ; pédoncules axillaires, portant deux ou trois fleurs rouges. Serre chaude ; terre légère, substantielle ; arrosemens soutenus ; multiplication de marcottes et boutures.

SANTALIN. *Santalum ;* Pers. (De la *tétrandrie - mono-gynie* de Linnée, et de la famille des Onagres de Jussieu.) Calice urcéolé, persistant, à cinq divisions pointues et ouvertes ; point de corolle ; quatre écailles ovoïdes, un peu épaisses, barbues, couronnant l'entrée du calice, et alternes avec ses divisions ; quatre étamines velues ; un ovaire inférieur, couronné d'un disque convexe, à style filiforme et à stigmate trifide ; une baie ovoïde, couronnée et monosperme.

Santalin blanc. *Santalum album ;* Pers. *Sirium myrtifolium ;* Lin. ♄. De l'Inde. Arbre élevé ; feuilles opposées, pétiolées, ovales, oblongues, glabres ; fleurs en corymbes, sur des pédoncules axillaires et terminaux. Serre chaude ; terre franche, substantielle ; multiplication de marcottes et de boutures étouffées sur couche chaude.

Dans l'Inde, le bois de cet arbre, brûlé, sert à parfumer les temples et les appartemens des riches. Il ne sent bon que quand il est desséché ; c'est lui qui fournit le *santal blanc* du commerce, autrefois très-employé en médecine.

SCHOUSBÉE ou Cacoucier. *Schousbæa ;* Willd. (De la *décandrie-monogynie* de Linnée, et de la famille des Onagres de Jussieu.) Calice monophylle, caduc, à cinq dents ; cinq pétales ovales, pointus ; dix étamines saillantes ; ovaire inférieur, chargé d'un style simple ; une espèce de baie ovale, pointue, à cinq angles, jaune, à écorce presque ligneuse, contenant une semence oblongue.

Schousbée écarlate. *Schousbæa coccinea ;* Willd. *Cacucia coccinea ;* Aubl. ♄. De la Guyane. Arbrisseau sarmenteux, grimpant ; feuilles alternes, ovales ; fleurs rouges, en épis terminaux, munies de bractées. Serre chaude ; terre légère, substantielle ; multiplication de marcottes et boutures.

SCÆVOLE. *Scævola ;* Vahl. (De la *pentandrie-monogynie* de Linnée, et de la famille des Campanulacées de Jussieu.) Corolle monopétale, à tube fendu longitudinalement, et à limbe partagé en cinq divisions latérales ; drupe infère, monosperme ; noix à deux loges.

SCÆVOLE A PETIT FRUIT. *Scævola microcarpa ;* CAV. *Scævola lævigata ;* PERS. *Goodenia lævigata ;* CURT. MAGAZ. ♄. De la Nouvelle-Hollande. Arbuste à feuilles alternes, obovales, dentées, glabres ; fleurs violacées ; fruit très-petit. Serre tempérée, ou au moins bonne orangerie éclairée ; terre de bruyère ; multiplication de marcottes et boutures.

SCÆVOLE HISPIDE. *S. hispida ;* CAV. *Goodenia ramosissima ;* SMITH. ♄. Nouvelle-Hollande. Arbuste à feuilles linéaires-lancéolées, hispides, les inférieures dentées ; fleurs violacées, à corolle pointue en dehors, et style velu au sommet. Serre tempérée, et même culture.

SCÆVOLE LOBELIE. *S. lobelia ;* VAHL. *Lobelia plumieri ;* LIN. ♄. De l'Inde. Arbrisseau à feuilles obovales, glabres, très-entières. Même culture, mais serre chaude.

SCÆVOLE DE KOENIGH. *S. Koenighii ;* VAHL. ♄. De l'Inde. Arbrisseau à feuilles obovales, glabres, dentées et un peu ondulées au sommet ; fleurs ayant un calice à cinq dents. Serre chaude, et même culture.

SÉCURINÉGA. *Securinega ;* JUSS. (De la *diœcie-pentandrie* de Linnée, et de la famille des EUPHORBIACÉES de Jussieu.) Fleurs dioïques. Calice à cinq parties ; corolle nulle ; cinq étamines insérées sous un rudiment de pistil, réunies et entourées d'une couronne dans les mâles ; capsule à trois coques.

SÉCURINÉGA LUISANT. *Securinega nitida ;* JUSS. ♄. De l'Ile-de-France. Arbre très-élevé, connu dans son pays natal sous le nom de *Thésé.* Feuilles alternes, ovales ; fleurs axillaires, agglomérées. Son bois est extrêmement dur. Serre chaude ; terre franche légère, substantielle ; arrosemens modérés ; multiplication de marcottes.

SPRINGÉLIE. *Springelia ;* SMITH. (de la *pentandrie-monogynie* de Linnée, et de la famille des BRUYÈRES de Jussieu.) Calice de cinq parties persistantes ; corolle de cinq pétales ; cinq étamines insérées au réceptacle, et à anthères réunies ; un ovaire à style, simple, une capsule à cinq loges et à cinq valves, dont les cloisons partent du milieu des valves.

SPRINGÉLIE INCARNATE. *Springelia incarnata ;* SMITH. *Poiretatia cucullata ;* CAV. ♄. De la Nouvelle-Hollande. Arbuste de trois à quatre pieds, à tige grêle, raide, très-rameuse ;

feuilles alternes, amplexicaules, imbriquées sur trois rangs, lancéolées, aiguës, glauques et persistantes ; tout l'été, fleurs d'un rose pâle, en grappes terminales, accompagnées de bractées semblables aux feuilles. Serre tempérée ou au moins bonne orangerie éclairée ; terre de bruyère ; du reste, culture des bruyères.

STAAVIE. *Staavia;* Thunb. (De la *pentandrie-monogynie* de Linnée, et de la famille des Nerpruns de Jussieu.) Calice commun composé de folioles colorées, ouvertes en étoile ; calice propre à cinq divisions ; cinq étamines; un ovaire in-férieur, surmonté d'un style bifide ; une capsule ovoïde, couronnée par les divisions du calice, uniloculaire, trivalve et monosperme.

Staavie radiée. *Staavia radiata;* Thunb. *Brunia radiata;* Lin. ♄. Du Cap. Arbrisseau à feuilles lancéolées-trigones, étalées, éparses ; fleurs en têtes ; calice à rayons colorés plus courts que les têtes de fleurs. Serre tempérée ; terre de bruyère ; multiplication de marcottes et boutures.

Staavie glutineuse. *S. glutinosa;* Thunb. *Brunia gluti-nosa;* Lin. ♄. Du Cap. Arbrisseau à feuilles linéaires, lan-céolées, trigones, étalées ; fleurs en têtes, ayant les rayons colorés du calice plus longues qu'elles. Serre tempérée, et même culture.

STÉNANTHÈRE. *Stenanthera;* Brown. (De la *pentandrie-monogynie* de Linnée, et de la famille des Epacridées de Jussieu.) Calice entouré de beaucoup de bractées ; corolle tubuleuse, à limbe court, ouvert, légèrement barbu ; cinq étamines dont les filamens sont plus larges que les anthères ; ovaire à cinq loges ; drupe osseux et solide.

Sténanthère a feuilles de pin. *Stenanthera pinifolia ;* Brown. ♄. De la Nouvelle-Hollande. Arbuste à feuilles linéaires, très-rapprochées ; fleurs axillaires. Serre tempérée ou orangerie éclairée ; terre de bruyère ; multiplication de marcottes et boutures. Cet arbuste exige les mêmes soins que les bruyères.

STÉNOCARPE. *Stenocarpus;* Brown. De la *tétrandrie-mo-nogynie* de Linnée, et de la famille des Protéacées de Jussieu.) Calice irrégulier, à divisions tournées du même côté, et portant les étamines à leur extrémité ; glande unique, entourant presque le germe qui est pédicellé, polysperme; style caduc; stigmate oblique, orbiculaire et aplati; follicule linéaire; semences ailées à leur base.

STÉNOCARPE A FEUILLES DE SAULE. *Stenocarpus saligna;* BROWN. *Embothrium salignum;* ANDR. *Embothrium salicifolium,* VENT. ♄. De la Nouvelle Hollande. Arbrisseau de six à huit pieds; feuilles rougeâtres; en mai, fleurs réunies, nombreuses, petites, d'un jaune pâle, à odeur agréable. Serre tempérée ou orangerie éclairée; terre légère ou de bruyère; multiplication de graines ou de boutures, sur couche chaude et sous châssis.

STÉNOCHILE. *Stenochilus;* BROWN. (De la *didynamie-angiospermie* de Linnée, et de la famille des SOLANÉES de Jussieu.) Calice divisé en cinq parties; corolle en masque, à la lèvre supérieure droite, et offrant quatre divisions, dont l'inférieure entière, aiguë, pendante; étamines didynames, saillantes; ovaire à stigmate obtus; baie sèche, à quatre loges renfermant chacune une seule semence.

STÉNOCHILE GLABRE. *Stenochilus glaber;* BROWN. ♄. De la Nouvelle Hollande. Arbrisseau à feuilles alternes et à fleurs solitaires. Serre tempérée; terre franche légère, substantielle; lui donner de l'air quand la saison le permet; arrosemens modérés; multiplication de graines semées sur couche chaude au printemps; repiquer en pot le jeune plant lorsqu'il est assez fort, et faciliter la reprise en l'enfonçant dans une nouvelle couche. On peut encore le multiplier de boutures étouffées.

STÉPHANIE. *Stephania;* WILLD. (De *l'hexandrie-monogynie* de Linnée, de la famille des CAPPARIDÉES de Jussieu.) Calice campanulé, bilobé; corolle de quatre pétales; six étamines, dont les deux inférieures plus longues; un germe supérieur pédicellé, à stigmate sessile et en tête; une capsule?

STÉPHANIE CLÉOMOÏDES. *Stephania cleomoïdes.* WILLD. *Capparis paradoxa;* JACQ. ♄. Du Mexique. Arbrisseau de cinq à six pieds; feuilles alternes, lancéolées, aiguës, très-entières, ondulées, veinées, luisantes, pubescentes dans leur jeunesse, et longuement pétiolées; fleurs jaunes, axillaires, solitaires, penchées, situées aux extrémités des rameaux. Serre chaude; terre légère; multiplication de graines semées sur couche chaude au printemps, ou de boutures et marcottes.

STIGMANTHE. *Stigmanthus;* Lour. (De la *pentandrie-monogynie* de Linnée, et de la famille des Rubiacées de Jussieu.) Calice inférieur, tubuleux, à cinq divisions filiformes; corolle infondibuliforme, supérieure, à tube long et à limbe divisé en cinq parties ovales-oblongues et ouvertes; cinq étamines; un ovaire surmonté d'un style à stigmate sillonné et très-gros; une baie comprimée, tuberculeuse, uniloculaire et polysperme, formée par le calice qui s'est accru.

Stigmanthe grimpant. *Stigmanthus scandens;* Lour. ♄. De la Cochinchine. Grand arbrisseau grimpant, sans vrilles, à feuilles opposées, lancéolées, très-entières, glabres; fleurs blanches, disposées en grandes cimes axillaires et terminales. Serre tempérée; terre légère ou de bruyère; multiplication de marcottes ou de boutures.

STROPHANTHE. *Strophanthus;* Decand. (De la *pentandrie-monogynie* de Linnée, et de la famille des Apocinées de Jussieu.) Calice divisé en cinq parties aiguës; corolle monopétale, tubulée, à cinq divisions terminées par un filet très-long; dix appendices simples à la gorge de la corolle; cinq étamines à anthères aiguës, souvent terminées par un filet; un ovaire supérieur, simple ou double, surmonté d'un style épais, à stigmate en massue et divisé; follicules renfermant des semences plumeuses.

Strophanthe dichotome. *Strophanthus dichotomus;* Decand. *Echites caudata;* Lin. ♄. Des Indes. Arbrisseau glabre, à rameaux dichotomes, ainsi que les pédoncules; feuilles mucronées-acuminées; corolle infondibuliforme, à sommet linéaire et très-long. Serre chaude; terre légère, substantielle; multiplication de marcottes et de boutures étouffées sur couche chaude.

Strophanthe grimpant. *S. sarmentosus;* Decand. ♄. De Sierra-Léone. Arbrisseau glabre, sarmenteux; feuilles ovales, aiguës, munies de deux petites stipules; fleurs grandes, rouges, naissant en même temps que les feuilles, un peu agglomérées, latérales ou terminales, à anthères prolongées en un filament. Serre chaude, et même culture.

STROPHANTHE A FEUILLES DE LAURIER. *Strophanthus laurifolius;* DECAND. ♄. D'Afrique. Arbrisseau à tige droite, non sarmenteuse ; feuilles ordinairement ternées, quelquefois opposées et verticillées par trois ; fleurs agglomérées, terminales, naissant après les feuilles ; anthères terminées par un filament. Serre chaude, et même culture.

STROPHANTHE HISPIDE. *S. hispidus;* DECAND. ♄. D'Afrique. Arbrisseau totalement poilu et hispide ; feuilles ayant, au lieu de stipules, des petits faisceaux de poils ; fleurs ayant toutes les divisions de la corolle très-longues, de près de sept pouces. Serre chaude, et même culture.

TACCA. *Tacca;* RUMPH. (De l'*hexandrie-monogynie* de Linnée, et de la famille des AROÏDES de Jussieu.) Calice divisé en six parties ; corolle de six pétales insérés au calice ; six étamines insérées par paires sur les pétales ; un ovaire inférieur, surmonté d'un style à stigmate en étoile ; une baie sèche, couronnée par le calice, à six angles et à trois loges contenant un grand nombre de semences.

TACCA PINNATIFIDE. *Tacca pinnatifida;* LAM. *Leontice leontopetaloïdes;* LIN. *Tacca littorea;* RUMPH. ♃. De l'Inde. Racine tubéreuse ; feuilles radicales, presque solitaires, pétiolées, ternées ou deux fois ternées, à folioles pinnatifides, aiguës, unies, ouvertes, décurrentes sur le côté du pétiole ; hampe fistuleuse, droite, terminée par une ombelle simple et sessile, entourée d'un involucre d'environ sept feuilles, dont les extérieures sont pinnatifides ; les autres plus ou moins simples et composées par quatre ou huit pédoncules florifères, et huit ou douze soies très-longues et pendantes. On tire de ses racines une fécule fort estimée dans l'Inde et à O-Taïti. Serre chaude et tannée ; terre légère, substantielle ; arrosemens modérés ; multiplication par la séparation des drageons munis de leur bulbe. Même culture pour l'espèce *Tacca integrifolia.*

TECOME. *Tecoma;* (De la *didynamie-angiospermie* de Linnée, et de la famille des BIGNONES de Jussieu.) Calice à cinq dents inégales ; corolle infondibuliforme, à tube très-long, rétréci à sa base, à lobes inégaux, presque bilabié ;

quatre étamines dont deux plus courtes, et le rudiment d'une cinquième ; un ovaire supérieur, ovale, surmonté d'un style recourbé, à stigmate en tête ; une capsule très-allongée, renfermant un grand nombre de semences garnies sur leurs bords d'une aile membraneuse. On doit rapporter à ce nouveau genre les espèces BIGNONE A FEUILLES DE FRÊNE, *tecoma stans*, tome III, page 520, n° 12 ; et BIGNONE DE NORFOLK, *tecoma australis*, même tome et même page, n° 13.

THÉOBROME ou CACAOYER. *Theobroma* ; LIN. (De la *polyadelphie-pentandrie* de Linnée, et de la famille des MALVACÉES de Jussieu.) Calice à cinq folioles ouvertes, lancéolées et caduques ; corolle de cinq pétales excavés à la base, voûtés supérieurement, surmontés chacun d'une lanière très-étroite, qui se recourbe en avant, et se termine par une lame élargie et aiguë ; dix étamines, ayant leurs filamens réunis en tube vers le bas : cinq de ces filets sont longs et stériles ; les cinq autres, alternes avec les premiers, sont courts et cachés dans la cavité des pétales : ils portent chacun une anthère à deux loges ; style couronné par cinq stigmates ; capsule à cinq loges, sans valves ; amandes nichées dans une pulpe butyracée.

THÉOBROME CACAO. *Theobroma cacao* ; WILLD. *Cacao sativa* ; LAM. ♄. Des Antilles. Arbre d'une grandeur médiocre, ayant à peu près le port d'un cerisier, à écorce rousse et à bois poreux et fort léger ; feuilles alternes, pétiolées, très-entières, grandes, lisses, pendantes et veinées en dessous ; fleurs petites, éparses, disposées en faisceau sur le tronc et les branches. C'est avec les amandes du fruit de cet arbre que l'on prépare le chocolat. Serre chaude et tannée ; terre franche légère, substantielle ; arrosemens soutenus ; multiplication de marcottes, et de boutures étouffées sur couche chaude.

TRADESCANTIE ou ÉPHÉMÉRINE ; LIN. (*Voyez*, pour les caractères du genre, le tome III, page 101.)

TRADESCANTIE DIVARIQUÉE. *Tradescantia divaricata* ; VAHL. *Commelina hexandra* ; AUBL. ♃. De la Guyane. Tige dichotome ; feuilles ovales-lancéolées, glabres, à gaîne velue ; fleurs en panicule ; filamens des étamines glabres. Serre chaude ; terre légère, sablonneuse ou de bruyère, entretenue médiocrement humide ; multiplication par la séparation du pied.

TRADESCANTIE NERVEUSE. *Tradescantia nervosa ;* LIN. ♃. De Surate. Tige diffuse ; hampe uniflore ; fleurs ayant six étamines à filamens couverts de poils violacés ; style recourbé en hameçon à son extrémité. Serre chaude, et même culture.

TRADESCANTIE GENOUILLÉE. *T. geniculata ;* JACQ. ♃. De l'Amérique Méridionale. Tige penchée, rampante à la base, velue ; fleurs paniculées. Serre chaude, et même culture.

TRADESCANTIE A UNE ÉTAMINE. *T. monandra ;* SWARTZ. ☉. De la Nouvelle-Espagne. Tige diffuse ; feuilles ovales-acuminées ; pédoncules axillaires, multiflores ; fleurs à une étamine, dont le filament est glabre. Cette plante annuelle se sème sur couche chaude et sous cloche au printemps ; on en place quelques pieds en serre chaude pour s'assurer de la maturité des graines.

TRADESCANTIE A FEUILLES EN COEUR. *T. cordifolia ;* SWARTZ. ☉. Des Antilles. Tige filiforme, rampante ; feuilles cordiformes ; fleurs sur des pédoncules solitaires, terminaux et multiflores. Cette plante annuelle se cultive comme la précédente.

TRADESCANTIE MULTIFLORE. *T. multiflora ;* SWARTZ. ♃. De la Jamaïque. Tige droite, rameuse ; feuilles cordiformes, à bord et gaîne ciliés ; fleurs à trois étamines, portées sur des pédoncules rapprochés et axillaires. Serre chaude, et culture des premières.

TRADESCANTIE A CRÊTE. *T. cristata ;* JACQ. *Commelina cristata ;* LIN. ☉. De Ceylan. Tige lisse, rampante ; spathes diphylles, imbriquées ; fleurs à corolle courte ; filamens des étamines bleus ; style en massue, terminé par un stigmate tubuleux, crénelé. Culture de la tradescantie à une étamine.

TRADESCANTIE ÉLÉGANTE. *T. formosa ;* THUNB. *Tradescantia nodiflora ;* LAM. ♃. Du Cap. Tige simple, flexueuse ; feuilles opposées, connées, très-courtes, à bords et gaîne velus ; fleurs axillaires, sessiles, agglomérées, à style barbu au sommet. Serre chaude, et culture des premières.

TRADESCANTIE AXILLAIRE. *T. axillaris ;* LIN. ☉. De l'Inde. Tige rameuse, rampante à la base ; feuilles linéaires, à gaîne colorée et longuement ciliée; fleurs sessiles, latérales, à style en massue. Culture de la tradescantie à une étamine.

TRADESCANTIE PAPILIONACÉE. *Tradescantia papilionacea ;* BURM. ⊙. De l'Inde. Tige lisse, rampante; spathes triphylles, imbriquées, ressemblant à une fleur papilionacée; corolle violacée; étamines courtes. Même culture que la précédente. On cultive encore en serre chaude les espèces : *Tradescantia brasiliensis, fuscata ;* et, en pleine terre, la *Tradescantia subaspera.*

TRISTANIE. *Tristania ;* BONPL. (De la *polyadelphie-icosandrie* de Linnée, et de la famille des MYRTES de Jussieu.) Calice à cinq dents persistantes; corolle de cinq pétales; vingt étamines en cinq paquets; un ovaire inférieur, à style terminé par un stigmate obtus; une capsule à plusieurs semences insérées sur un réceptacle central.

TRISTANIE A FEUILLES DE NÉRION. *Tristania neriifolia;* BROWN. ♄. De la Nouvelle-Hollande. Arbrisseau de cinq à six pieds, à rameaux comprimés; feuilles lancéolées-linéaires, luisantes, coriaces, persistantes, opposées; de juillet en septembre, fleurs d'un jaune clair, disposées en panicules axillaires. Serre tempérée ou orangerie éclairée; terre de bruyère; multiplication de marcottes et boutures. Même culture pour les espèces *Tristania conferta, depressa, laurina.*

TRITONIE. *Tritonia ;* HORT. ANGL. (De la *triandrie-monogynie* de Linnée, et de la famille des IRIDÉES de Jussieu.) Spathe bivalve, scarieuse; orifice de la corolle turbiné; limbe divisé en six découpures onguiculées; six étamines, dont trois sont stériles; une capsule ovale ou arrondie, renfermant plusieurs semences globuleuses.

TRITONIE JAUNE PALE. *Tritonia squalida ;* HORT. ANGL. *Ixia squalida ;* AIT. ♃. Du Cap. Feuilles linéaires-lancéolées; hampe simple, terminée par un épi de fleurs alternes, sessiles, d'un roux pâle, veinées de noirâtre, presque transparentes, à tube plus long que les bractées, et à divisions ovales-oblongues. Serre tempérée ou bonne orangerie éclairée, mieux, châssis des ixia. Terre de bruyère; multiplication par la séparation des bulbes, tous les deux ans, lorsque ses feuilles sont desséchées. On cultive de la même manière, c'est-à-dire, comme les ixia, les espèces *Tritonia securi-*

gera, miniata, miniata pallida, longiflora, lineata, lineata pallida, fenestrata, densa, crocata et *concolor*, presque toutes démembrées des genres glayeul et ixia.

TROXIMON. *Troximon ;* Gærtn. (De la *syngénésie-polygamie-égale* de Linnée, et de la famille des Semi-flosculeuses de Jussieu.) Calice commun oblong, conique, simple ou imbriqué d'écailles inégales ; réceptacle nu , pointillé ; aigrettes sessiles, poilues.

Troximon de Virginie. *Troximon virginicum ;* Gærtn. *Tragopogon virginicum ;* Lin. *Hyoseris prenanthoides ;* Willd. *Hyoseris amplexicaulis ;* Mich. ♃. De l'Amérique Septentrionale. Plante glabre dans toutes ses parties ; feuilles radicales lyrées, arrondies, les caulinaires amplexicaules et entières ; fleurs portées sur une tige bifide et presque nue. Pleine terre légère, substantielle et profonde ; multiplication de graines semées en place au printemps.

Troximon laineux. *T. lanatum ;* Lin. ♃. De la Palestine. Plante poilue ; feuilles ensiformes, ondulées , velues ; fleurs portées sur une hampe radicale. Même culture, mais à exposition chaude, et couverture de feuilles sèches pendant l'hiver. On cultive de même le *Troximon glaucum.*

VATSONIE. *Watsonia ;* Miller. (De la *triandrie - monogynie* de Linnée, et de la famille des Iridées de Jussieu.) Corolle recourbée, tubuleuse cylindrique, ou, le plus souvent, tubuleuse dilatée , infondibuliforme, à divisions toutes égales et droites. Du reste, mêmes caractères que les glayeuls.

Vatsonie tubuleuse. *Watsonia tubulosa ;* Andrew. ♃. Du Cap. Feuilles lancéolées ; fleurs distiques, roses, panachées de blanc ; corolle tubuleuse, en massue, les divisions courtes et ovales ; spathe bivalve. Toutes les plantes de ce genre craignent le froid sans aimer la chaleur ; aussi les cultive-t-on en pleine terre de bruyère dans une bâche ou un châssis, que l'on abrite des gelées avec de la litière ou des feuilles sèches. On les multiplie par la séparation de leurs bulbes, tous les deux ans, au moment où les feuilles sont desséchées. On peut aussi les cultiver en pots et en orangerie éclairée.

Vatsonie de Jacquin. *W. Jacquini ;* Pers. *Gladiolus tubulosus ;* Jacq. ♃. Du Cap. Feuilles linéaires ; fleurs rougeâtres, ressemblant à celles d'un aloès; corolle tubuleuse, à divisions petites, droites et ovales ; spathe trivalve. Même culture.

VATSONIE ÉCLATANTE. *Watsonia fulgens;* ANDREW. ♃. Du Cap. Feuilles lancéolées, très-longues ; fleurs écarlates, distiques, penchées, à gorge grande : les divisions un peu refléchies ; anthères bleues. Même culture.

VATSONIE BRILLANTE. *W. lucens;* PERS. ♃. Du Cap. Feuilles filiformes à la base, linéaires et nerveuses au sommet; fleurs en épis oblongs et distiques; corolle oblongue, un peu incourbée, à divisions lancéolées et un peu inégales. Même culture.

VATSONIE PRÉCOCE. *W. præcox;* PERS. ♃. Du Cap. Feuilles ensiformes, linéaires-cruciées au sommet ; fleurs rouges, peu nombreuses, presque unilatérales ; corolle légèrement campanulée, à pétales non ondulés ; graines marginées. Même culture.

VATSONIE ROULÉE. *W. revoluta;* PERS. *Gladiolus watsonius;* THUNB. ♃. Du Cap. Feuilles linéaires, roulées; fleurs écarlates ; corolle infondibuliforme, à pétales étroits. Même culture.

VATSONIE HUMBLE. *W. humilis;* MILLER. *Antholysa merianella;* THUNB. ♃. Du Cap. Feuilles linéaires-ensiformes, poilues ; corolle hypocratériforme, à tube purpurin et divisions jaunes. Même culture.

VATSONIE DE MERIAN. *W. meriana;* PERS. ♃. Du Cap. Feuilles ensiformes, glabres; fleurs rouges, un peu infondibuliformes. Même culture.

VATSONIE MARGINÉE. *W. marginata,* THUNB. *Antholysa caryophyllea;* HOUTT. *Gladiolus marginatus;* WILLD. ♃. Du Cap. Feuilles ensiformes, multinerves, marginées; fleurs penchées, alternes, en épi très-long. Même culture.

VATSONIE A FEUILLES D'IRIS. *W. iridifolia ;* JACQ. *Gladiolus cardinalis;* SCHENC. ♃. Du Cap. Feuilles ensiformes, distiques, ainsi que les spathes ; fleurs penchées, à divisions oblongues, campanulées. Même culture.

VATSONIE CARMINÉE. *W. laccata;* PERS. *Gladiolus laccatus;* JACQ. ♃. Du Cap. Feuilles linéaires-ensiformes, obliques; fleurs d'un rouge de laque, penchées ; corolle infondibuliforme, à divisions ovales et planes. Même culture:

VATSONIE DES MARAIS. *Watsonia palustris*; PERS. *Ixia pendula*; PERS. ♃. Du Cap. Tige cylindrique, rameuse, à rameaux filiformes; feuilles linéaires, ensiformes; fleurs en épis pendans, d'un rouge sanguin; corolle campanulée; pétales lancéolés. Même culture.

VATSONIE RECOURBÉE. *W. recurva*; PERS. ♃. Du Cap. Feuilles ensiformes; fleurs pendantes, à divisions presque égales, lancéolées, recourbées. Même culture.

VATSONIE HYACINTHOÏDES. *W. hyacinthoïdes*; PERS. *Antholyza spicata*; ANDREW. ♃. Du Cap. Feuilles courtes, en faux; fleurs d'un incarnat pâle, pedicellées, en épis multiflores; corolle un peu charnue, campanulée, à divisions ovales et droites; spathe bordée de rouge.

VATSONIE AGRÉABLE. *W. amœna*; PERS. *Gladiolus amœnus*; EHRH. *Gladiolus roseus*; JACQ. ♃. Du Cap. Tige rameuse, flexueuse; feuilles ensiformes, linéaires, glabres; fleurs roses, inodores, unilatérales, en épis; spathe scarieuse, à valvule intérieure bifide au sommet. Même culture.

VATSONIE ROSE. *W. rosea*; PERS. *Gladiolus roseus*; ANDREW. ♃. Du Cap. Feuilles lancéolées, sinuées, bordées de rouge, pubescentes; fleurs roses, très-odorantes. Variété: *rosea alba*. Même culture, ainsi que pour les espèces *Watsonia fragrans, maculata, plantaginea*, et *spicata*.

WILLDENOWE. *Wildenowia*; CAVAN. (De la *syngénésie-polygamie-superflue* de Linnée, et de la famille des RADIÉES de Jussieu.) Calice commun double, l'un et l'autre polyphylles, l'intérieur cylindrique, et l'extérieur plus court, formé de folioles sétacées et couvertes; réceptacle garni de paillettes, portant dans son centre des fleurons hermaphrodites, et à sa circonférence des demi-fleurons femelles et fertiles; fruits composés de plusieurs semences oblongues, pentagones, couronnées par cinq soies droites.

WILLDENOWE GLANDULEUSE. *Willdenowia glandulosa*; CAV. *Adenophyllum glandulosum*; PERS. ♃. Du Mexique. Tige de deux à trois pieds; feuilles rapprochées, alternes, raides, pinnées avec impaire, à pinules ovales, opposées, décurrentes, dentelées, garnies de soies et pourvues de stipules; fleurs écarlates, solitaires, axillaires, portées sur des pédoncules très-épais et garnis de stipules glanduleuses. Serre chaude; terre substantielle, franche légère; multiplication de graines sur couche, et par l'éclat des pieds.

Nota. On a encore donné le nom de *Willdenowia* à un genre de plantes appartenant à la *diœcie-triandrie* de Linnée, et dont voici les caractères; *mâles* : calice de plusieurs glumes; corolle à six pétales; nectaire charnu, à six parties, entourant la corolle; *femelles* : calice, corolle et nectaire, comme dans les mâles; ovaire supère; un style; deux à trois stigmates; drupe monosperme.

Une seule espèce, la WILLDENOWE CYLINDRIQUE, *Willdenowia teres*, THUNB., est cultivée dans nos jardins. C'est une plante vivace, du Cap, à chaume et rameaux lisses et cylindriques. Orangerie; terre sablonneuse, substantielle; multiplication de graines et de rejetons.

WULFEN. *Wulfenia* ; JACQ. (De la *diandrie-monogynie* de Linnée.) Calice divisé en cinq parties; corolle personnée, à lèvre supérieure courte, entière; lèvre inférieure divisée en trois parties, et velue à sa base; deux étamines; un ovaire supérieur, surmonté d'un style à stigmate en tête; une capsule à deux loges.

WULFEN DE LA CARINTHIE. *Wulfenia carinthiaca* ; JACQ. *Pæderota wulfenia* ; LAM. ♃ . Des montagnes de la Carinthie. Feuilles radicales, presque ovales, obtuses, crénelées et glabres; hampe un peu velue, portant des fleurs bleues, pédonculées, et accompagnées de bractées. Pleine terre légère ou de bruyère, à demi ombragée, couverte de feuilles sèches pendant les grands froids; multiplication par l'éclat des pieds.

XANTHORRHOÉ. *Xanthorrhæa* ; SMITH. (De l'*hexandrie-monogynie* de Linnée, et de la famille des ASPHODÈLES de Jussieu.) Corolle composée de six pétales persistans; six étamines à filamens aplatis et nus; un ovaire supérieur; une capsule triangulaire, contenant deux semences comprimées et émarginées.

XANTHORRHOÉ RÉSINEUX. *Xanthorrhæa resinosa* ; SMITH. ♃ . De la Nouvelle-Hollande. Tige sous-frutiqueuse, laissant couler une résine jaune; feuilles triangulaires; hampe très-longue, terminée par un chaton multiflore, où beaucoup de fleurs avortées tiennent lieu d'écailles. C'est avec la résine de cette plante que les habitans de la Nouvelle-Hollande fixent la pointe de leurs sagaies, et les manches de leurs haches de pierre. Serre tempérée; terre légère, substantielle; multiplication de boutures, ou par éclats. Même culture pour les espèces *Xanthorrhæa hastilis* et *minor*.

XÉROTE. *Xerotes*, de R. Brown. C'est le genre *Lomandra* de Poiret, renfermant une grande partie des *Dracæna* de Thunberg. Voyez le tome III, page 97, au mot Vinule. On cultive en serre tempérée, et terre de bruyère, trois nouvelles espèces que l'on multiplie de rejetons. Ce sont les *Xerotes gracilis*, *hystrix* et *rigida*.

XYLOSTÉON. *Xylosteon*. (*Voyez*, pour les caractères du genre, la 2ᵉ division du genre chèvrefeuille, tome IV, page 153.)

Xylostéon bleu. *Xylosteon cæruleum*; Pers. *Lonicera cærulea*; Lin. ♄. de la Suisse. Arbrisseau à feuilles ovales; fleurs jaunes, sur des pédoncules biflores; styles entiers; baies réunies, globuleuses. Pleine terre ordinaire; exposition un peu ombragée; multiplication de graines, boutures et marcottes. On en cultive de même un assez grand nombre de nouvelles espèces, qui sont : *Xylosteon caucasicum*, *coccineum*, *hispidum*, *latifolium*, *præcox* et *sibiricum*.

XYRIS. *Xyris*; Willd. (De la *triandrie-monogynie* de Linnée, et de la famille des Joncs de Jussieu.) Calice glumacé, trivalve, à valves cartilagineuses, concaves, l'intérieure plus grande; corolle de trois pétales onguiculés et crénelés; trois étamines attachées aux onglets des pétales; un ovaire supérieur, arrondi, à un seul style, surmonté d'un stigmate trifide; capsule arrondie, à trois loges et à trois valves.

Xyris américain. *Xyris americana*; Willd. ♃. De l'Amérique Méridionale. Feuilles radicales, linéaires-subulées, distinctes à leur base, graminiformes; fleurs bleues, disposées en tête oblongue au bout d'une hampe; écailles lancéolées, aiguës. Serre tempérée; terre tourbeuse ou de bruyère, entretenue constamment humide; multiplication par la séparation des œilletons. On cultive de la même manière, mais en orangerie, le *Xyris operculata*.

ZIÉRIE. *Zieria*; Smith. (De la *tétrandrie - monogynie* de Linnée, et de la famille des Rutacées de Jussieu.) Calice divisé en quatre parties ; corolle de quatre pétales ; quatre étamines glabres, insérées sur des glandes ; un ovaire supérieur, terminé par un stigmate à quatres lobes ; quatre capsules réunies et contenant des semences arillées.

Ziérie de Smith. *Zieria Smithii ;* Hort. angl. ♄. De l'Australasie. Arbrisseau à feuilles opposées ; fleurs blanches, remarquables par la grosseur des glandes qui portent les étamines. Serre tempérée ; terre légère ou de bruyère ; multiplication de marcottes et boutures. Même culture pour la Ziérie trifoliée, *Zieria trifoliata,* qui n'en diffère guère que par ses feuilles ternies.

FIN.

MANUEL COMPLET

DU

JARDINIER.

SUPPLÉMENT.

PARIS. — IMPRIMERIE DE CASIMIR,
rue de la Vieille-Monnaie, n° 12.

MANUEL COMPLET

DU

JARDINIER

MARAICHER, PÉPINIÉRISTE, BOTANISTE, FLEURISTE ET PAYSAGISTE;

PAR M. LOUIS NOISETTE,

MEMBRE DES SOCIÉTÉS LINNÉENNE DE PARIS, HORTICULTURALES DE PARIS, DE LONDRES ET DE BERLIN, D'AGRICULTURE ET DE BOTANIQUE DE GAND, ETC., ETC.

***

SUPPLÉMENT N° II.

PARIS.

ROUSSELON, LIBRAIRE-ÉDITEUR,
RUE D'ANJOU-DAUPHINE, N° 8.

1835.

PRÉFACE.

Depuis la publication de la première édition de mon Manuel, l'horticulture a fait des progrès remarquables, plus encore en prosélytisme qu'en découvertes et en acquisitions nouvelles. Ainsi, partout se forment des sociétés qui, mettant à profit commun les connaissances que chaque membre vient déposer dans leur sein, introduisent, par leurs publications ou leurs relations, quelques perfectionnemens dans un art dont l'importance aujourd'hui est à juste droit généralement appréciée. Au reste, ce n'est pas seulement en France que le goût des cultures horticoles s'est répandu dans les diverses classes de la société ; toutes les nations de notre vieille Europe et les jeunes peuples du Nouveau-Monde rivalisent à l'envi pour étendre le domaine de l'horticulture, et les hautes protections qu'elle s'est acquises lui assurent l'efficacité de tant d'efforts. Ne nous étonnons donc pas que les jouissances positives qu'elle procure, aujourd'hui que presque toutes ses pratiques s'appuient sur les principes naturels, lui aient valu tant et de si zélés amateurs.

Un tel état de choses est le résultat d'une plus grande diffusion des lumières. Nous ne sommes plus au temps où les meilleures pratiques restaient comme la propriété de quelques familles, dont les membres se les transmettaient par tradition. Alors chaque cultivateur avait ses secrets, et le **mystère** qui présidait aux opérations de l'horticulture jetait de l'incertitude et du dégoût parmi les amateurs, et ils se refusaient à des travaux qui ne leur promettaient que des peines inutiles et le regret de s'y être livrés. .

Heureusement que quelques hommes honorables daignèrent donner l'exemple, bravant le préjugé qui n'accordait que dédain aux choses des champs ; heureusement que quelques écrivains consciencieux, à la tête desquels se place Laquintinie, essayèrent de jeter les fondemens d'une théorie propre à inspirer aux gens du monde le goût du jardinage, dont il démontrait les succès dans l'école d'arbres fruitiers confiée à ses soins. Sous le roi magnifique qui protégea les sublimes créations de Lenôtre, on commença à apprécier la puissance d'un art qui se révélait par des monumens si parfaits ; et cependant, alors comme auparavant, on aimait la belle nature, les jardins richement ornés, les moissons de fleurs et de fruits, mais on aurait cru déroger si l'on avait obtenu tous ces trésors par ses propres travaux. Toutefois Louis XIV, lui-même, combattait ce préjugé par l'exemple, et cherchait à élever dans l'opinion les hommes qui s'occupaient de cultures. La pêche Bourdine, que Bourdin, jardinier de Montreuil, lui demandait la permission de nommer *la royale,* et à laquelle le monarque voulut laisser le nom du cultivateur qui l'avait obtenue, prouve qu'il savait honorer l'horticulture dans la personne de ses plus dignes représentans. Aussi les grands seigneurs, imitant le faste royal, créèrent à l'envi des jardins superbes, et les dépenses qu'ils y firent donnèrent à leurs jardiniers les moyens de se livrer à quelques expériences ; il en résulta des faits qui, tout mal expliqués qu'ils étaient d'abord, ne commencèrent pas moins à former ce faisceau de lumières qui devaient peu à peu jaillir des travaux des horticulteurs pour éclairer la marche de ceux qu'ils précédaient.

À mesure que le succès couronnait leur laborieuse patience, le domaine de l'horticulture s'agrandissait, et il fallut initier de jeunes élèves qui, formés sous les yeux d'excellens cultivateurs, répandirent à leur tour les bonnes pratiques, et concoururent à élargir le cercle des connaissances dans lequel jusqu'alors on tournait routinièrement.

L'abondance des richesses horticoles augmenta le nombre des amateurs. Ceux-ci profitèrent avec avidité de tous les enseignemens écrits ; ils se créèrent bientôt une théorie que les exemples pratiques de leurs jardiniers rendirent plus sûre, et qui les aida à son tour à combattre la routine et les méthodes vicieuses qui existaient encore. Une fois en état d'essayer de leurs propres mains les opérations délicates du jardinage, ils connurent tous les charmes qu'offrent les résultats d'une culture que l'on a dirigée soi-même.

Cet état de choses stimula l'émulation des jardiniers ; ils reconnurent la puissance de l'instruction et les dangers d'une routine aveugle, et s'aperçurent enfin que le livre de la nature était l'oracle qu'il fallait suivre ; conséquemment ils sentirent le besoin de se laisser guider par ceux qui savaient y lire. Aussi, de nos jours, les élèves horticulteurs comprennent tous que, pour ne pas rester au-dessous de leur art, il y a nécessité pour eux d'acquérir les connaissances horticoles que l'expérience a confirmées, et que quelques hommes ont consignées dans leurs ouvrages, pour éviter aux autres les tâtonnemens inévitables qu'ils auraient dû subir avant d'y arriver par leurs propres essais. C'est pourquoi je m'empresse de dire avec justice qu'ils négligent beaucoup moins qu'à aucune époque les occasions de s'instruire, et, dans quelques années, je l'espère, tous ceux qui feront leur état de l'horticulture, seront capables de raisonner les diverses opérations, selon les saines lois de la physiologie végétale, seule base de tout perfectionnement en culture. Cet espoir m'est d'autant plus agréable, que sa réalisation relèverait la profession du jardinier injustement rabaissée.

A Paris, des cours publics ayant un rapport plus ou moins direct avec les arts agricole et horticole, viennent aider la jeunesse studieuse à approfondir leurs secrets ; cependant les enseignemens de plusieurs branches importantes, et surtout de la taille des arbres, sont encore trop théoriques. Les opérations manuelles devraient être démontrées sur le terrain ; et cet enseignement dissiperait l'ignorance qu'on voit régner presque partout à cet égard, et dont les suites sont aussi désagréables pour les propriétaires, qu'elles sont funestes aux arbres confiés à des mains inhabiles. Cette circonstance est même une de celles qui portent les amateurs à s'occuper d'horticulture, jaloux qu'ils sont d'obtenir des fruits abondans et délicieux, sans nuire à la santé de leurs arbres et sans restreindre leur durée. J'ai le projet, aussitôt que mes occupations me permettront de le réaliser, d'ouvrir moi-même un cours de taille des arbres fruitiers, et de joindre à cet enseignement celui, non moins utile, d'employer tous les instrumens horticoles, de façon à en obtenir le meilleur parti avec le moins de fatigues possible.

Les amateurs, en devenant cultivateurs, ont rendu le commerce des plantes plus difficile ; s'entendant mieux à les conserver et à les multiplier, ils ont pu faire entre eux des échanges qui ont augmenté les richesses de leurs jardins à moins de frais. Les horticulteurs marchands ont dû redoubler d'activité afin d'avoir toujours quelques nouveautés à offrir. Ainsi, l'introduction de végétaux exotiques, introduction que l'état de paix favorise, a pris un accroissement considérable. Si l'on comparait les végétaux utiles ou d'agrément que nous possédons aujourd'hui dans nos jardins, avec ceux qui existaient, non pas sous Charlemagne où l'on ne comptait que soixante espèces environ, mais sous Louis XIV, où l'on en connaissait un millier, on serait étonné que l'art du jardinier ait pu nous doter d'un nombre si prodigieux de plantes, puisqu'il n'est guère au-dessous de vingt mille, tant de pleine terre que de serres. Aussi, les connaissances horticoles sont tellement étendues et variées, qu'il n'appartient qu'aux esprits éclairés et studieux d'en embrasser l'ensemble. Mais on est bien encouragé dans une pareille étude par les jouissances qu'elle procure, et qui dédommagent amplement des veilles et des travaux sans relâche qu'elle exige. Pour moi, dont toute la carrière a été consacrée à ces douces occupations, j'éprouve plus que jamais le besoin de m'y livrer encore, et je sens qu'il me serait impossible d'y renoncer.

Parmi les richesses nouvellement introduites dans les cultures horticoles, il en est de fort importantes sous les rapports de l'utilité générale. Je citerai, par exemple, les arbres forestiers exotiques, qui suffisent seuls à enrichir les cantons où ils seront cultivés en grand. Les semis en ce genre ont acclimaté des espèces précieuses, et l'horticulture est parvenue à les multiplier assez pour qu'il soit possible d'en faire de vastes plantations. Dans quelques années nous verrons, je l'espère, des forêts dont l'aspect nous donnera l'idée de celles d'Amérique. Ainsi, l'introduction dans nos cultures forestières des mélèzes, des chênes de l'Amérique, du bouleau à papier, de plusieurs pins, etc., sera un des bienfaits de l'horticulture, dont les patiens travaux ne se bornent pas à produire les fleurs aux brillantes corolles, mais s'étendent à la multiplication des végétaux utiles à l'homme ; ensuite elle en abandonne l'entretien et la production à sa sœur l'agriculture, qui n'exploite que les plantes expérimentées d'abord dans les jardins ou les pépinières.

La culture des serres a aussi reçu de grands perfectionnemens ; elle est devenue plus simple ; beaucoup de plantes, d'abord cultivées en serre chaude, ont été exposées au plein air pendant l'été, et se sont parfaitement bien trouvées de la serre tempérée pour l'hiver. Un grand nombre de celles qui exigeaient l'orangerie résistent bien à nos hivers, avec quelques précautions simples et faciles ; d'autres, cultivées comme plantes annuelles, n'en jouent pas moins le rôle qui leur convient, dans la décoration des jardins, et n'encombrent plus les serres pendant la mauvaise saison. Tel est l'effet d'une acclimatation successive qui habitue progressivement les plantes à la température de notre pays, et la rend supportable aux unes, lorsqu'elles ont été multipliées sous notre climat ; aux autres, lorsqu'elles y ont passé quelques années, et accompli le développement où elles jouissent de toutes leurs forces vitales.

La culture des plantes auxquelles la serre chaude est indispensable est aussi devenue plus économique par l'emploi de divers procédés de chauffage, qui sont encore en voie de perfectionnement. Quelques horticulteurs recommandables ont essayé l'emploi de la mousse, substituée à la tannée dans un grand nombre de cas ; ils lui attribuent quelques avantages, ne fut-ce que de débarrasser les serres des insectes qui pullulent dans la tannée, et de fournir ensuite un terreau végétal fort convenable pour rendre plus légère la terre des plantes délicates, et entrer dans les mélanges propres à remplacer la terre de bruyère, qui n'est plus, selon eux, d'une nécessité absolue pour un assez grand nombre des végétaux que l'on y cultivait d'abord. Je n'ai pas assez d'observations pour appuyer ou repousser de pareils faits, et j'attends que le temps, qui décide la plupart des questions horticoles, ait porté son jugement.

J'aurais pu, dans ce supplément, parler longuement des nouveaux modes de chauffage, soit à la vapeur, soit à l'eau chaude ; mais, outre que ces modes sont encore en expériences, ils appartiennent plutôt aux sciences physique et chimique, et leur application aux opérations de l'horticulture ne sera véritablement profitable que lorsque leur emploi dans les industries qui en ont un besoin immédiat aura reçu tous les perfectionnemens dont il est susceptible.

Une autre branche du jardinage, dont les progrès sont sensibles aux yeux de toutes les classes de la société, est celle des cultures forcées. Cet art, à peine connu il y a soixante ans, s'est amélioré d'une manière remarquable, et, malgré qu'il reste encore considérablement à faire, sa progression est telle, que bientôt on ne distinguera plus les saisons par les produits qui les signalaient autrefois. La culture des plantes exotiques, en obligeant les cultivateurs à recourir à toutes les ressources artificielles qui pouvaient écarter les obstacles de la nature, a donné l'idée de les appliquer aux plantes alimentaires, ou aux fleurs que le luxe réclamait pour les fêtes ou assemblées d'hiver. De ce que les travaux des horticulteurs ont prouvé qu'il était possible de tromper la nature, en lui faisant produire avant le temps fixé par ses lois, il est résulté l'induction qu'il y avait moyen, par des procédés contraires, de retarder sa fécondité, et aujourd'hui les efforts des cultivateurs tendent à la fois à obtenir des récoltes hâtives et tardives, de façon que presque tous les mois de l'année puissent offrir aux riches les trésors de Flore et de Pomone, que la nature, moins prodigue que l'art, n'accorde qu'à de certaines époques.

Des résultats aussi brillans sont bien faits pour augmenter le nombre des amateurs de l'horticulture ; ne nous étonnons donc pas qu'il aille croissant. Malgré les progrès que j'ai signalés, la carrière est encore féconde en succès, mais ils ne peuvent appartenir qu'aux praticiens habiles qui se résigneront à faire une étude approfondie de toutes les sciences physiques et mathématiques. Tous les êtres organisés qui vivent sur la surface du globe sont liés entre eux par une chaîne dont tous les anneaux sont plus ou moins visibles; et l'horticulture, science d'observations, fait son profit, par induction, des faits qui se passent dans les diverses branches de l'histoire naturelle.

S'il m'eût été permis dans ce supplément de développer quelques opinions conjecturales dont la vérité toutefois semble jaillir des principes acquis et confirmés, j'aurais pu exposer plusieurs idées nouvelles sur la naturalisation des végétaux étrangers, j'aurais pu indiquer quelques moyens non encore suffisamment éprouvés, mais dont chaque jour rend l'efficacité plus probable, de simplifier sans dangers un grand nombre de cultures, et donner des notions générales propres à faire deviner, par le *facies* d'un végétal que l'on voit pour la première fois, le genre de culture qui lui est propre. Mais, ayant eu dans tout le cours de mon manuel, l'unique pensée d'en faire un ouvrage de pratique, j'ai dû m'abstenir de me jeter dans des théories abstraites, et attendre que l'expérience vînt fortifier mes opinions.

Je me suis donc contenté de faire connaître dans ce second supplément les introductions d'espèces nouvelles dont l'horticulture s'est enrichie, ainsi que les gains obtenus par les semis; j'ai décrit plus de mille plantes intéressantes, et j'ai fait ce qui était nécessaire pour qu'aucun autre ouvrage de jardinage ne pût être plus complet que le mien.

Je remercie le public de l'accueil qu'il a bien voulu faire à cette seconde édition, et j'espère, par la continuation de mes travaux, dont un jour un troisième supplément lui offrira les résultats, donner la preuve du prix que j'attache à ses suffrages.

Louis Noisette.

MANUEL COMPLET

DU JARDINIER.

DEUXIÈME SUPPLÉMENT.

PRINCIPES GÉNÉRAUX. — PREMIÈRE PARTIE.

CHAPITRE II. — *Formation des Jardins.*

SECTION IV. — *Des Outils.*

§ V. — *Instrumens servant aux Arrosemens.*

Ajoutez à l'article *Arrosoirs*, page 194 du Manue
tome Ier.

ARROSOIRS *pneumatiques.* Ils sont ainsi nommés à
cause de l'action de l'air, qui, intercepté, arrête l'é-
coulement de l'eau qu'ils contiennent, et lui laisse un
libre cours lorsqu'il agit librement et par sa pesanteur.
Ils se composent d'un cylindre de cuivre d'une capacité
arbitraire, dont la partie inférieure est formée d'un crible
convexe, et la partie supérieure fermée par un couvercle
à poignée. Sur le sommet de la poignée est pratiquée
une petite ouverture communiquant avec l'intérieur de
l'arrosoir et qui peut être fermée facilement par l'application du pouce. C'est par cette petite manœuvre qu'on
arrête instantanément l'écoulement de l'eau, qui se ré-
tablit si on rend le passage à l'air en levant le pouce. Un
robinet ferme exactement l'ouverture de la poignée lorsqu'on veut déposer l'arrosoir, sans qu'il soit entièrement

vide. La gerbe d'eau fournie par le crible peut avoir de un à deux pieds de diamètre en tenant l'arrosoir comme on le tient ordinairement. Cet arrosage tombant de moins haut et en filets plus fins fatigue moins les plantes et bat moins la terre.

Ces arrosoirs se remplissent par le crible, et par conséquent il ne s'y introduit aucune ordure. Ils s'emplissent seuls et exigent pour cette opération autant de temps que pour se vider. Ils peuvent recevoir tous les ajustemens nécessaires pour les rendre propres à divers usages spéciaux.

On fabrique présentement des arrosoirs en zinc dont le prix est infiniment moins élevé que celui des arrosoirs en cuivre, et dont l'usage est bon.

Machine à arroser. C'est une espèce de boîte affectant à peu près la forme de deux écopes sans manche, accolées par leur partie la plus profonde. Elle se compose de deux planches longues d'environ deux pieds. Chacune d'elles est parfaitement dressée en dessus, mais, en dessous, elle décrit une courbe allongée de façon qu'elle ait environ huit pouces de largeur au centre, réduits à trois aux deux extrémités. Ces deux planches sont assemblées parallèlement au moyen de traverses de bois longues d'un pied. Elles sont placées à quatre pouces de distance l'une de l'autre et ajustées dans des mortaises pratiquées à deux pouces du bord inférieur des deux planches : dans ces traverses est entrelacée de la paille longue, passant alternativement sur l'une et dessous la suivante.

Cet instrument est employé à Tours et aux environs, seulement pour arroser les semis sans danger de battre la terre, ce qui les empêche de lever aussi bien. Pour cela on le pose sur le sol par sa partie convexe, et on verse dedans et au milieu l'eau qui se répand non seulement sur l'espace que couvre la boîte, mais encore à environ deux pieds de chacun de ses bouts. Lorsqu'elle est vide on la porte à deux pieds de la place où la terre est mouillée et on verse de nouvelle eau. On renouvelle cette manœuvre aussi souvent que cela est nécessaire.

§ VI.— *Instrumens propres à la taille des Arbres et à entretenir leur propreté.*

Ajoutez à ce paragraphe, page 196 du Manuel, tome Ier.

Sécateurs. On peut voir, page 125 du tome II, quelle est mon opinion sur l'emploi du sécateur dans la taille des arbres. C'est donc uniquement pour ne rien laisser ignorer à mes lecteurs, que je mentionne ici :

1° Le sécateur inventé par M. Leroux, de Versailles. Il est à lame mobile, dont le tranchant passe successivement sur le point où la branche doit être taillée, et finit par la couper net. Cet appui successif du tranchant est dû à une roue d'engrenage dans les crans de laquelle porte successivement le talon de la lame.

2° Le sécateur à roulettes de Macquinan. Il diffère des anciens sécateurs par une roulette à crémaillère au moyen de laquelle la pression est plus douce et l'incision plus nette et plus précise.

Élagueur flamand. Cet instrument a la forme d'une petite bêche de trois pouces et demi de haut sur quatre pouces et demi de large ; sa forme est rectangulaire, ses quatre côtés sont aiguisés et tranchans. La douille destinée à recevoir le manche est en fer d'une épaisseur d'environ quatre lignes. Ce manche, dont la longueur dépend de l'usage qu'on veut faire de l'élagueur, a vingt à vingt-cinq lignes de diamètre et est garni, à son extrémité supérieure, d'une forte et large virole en fer, surmontée d'un bouton aplati.

L'usage de cet instrument est d'opérer la section des branches d'une certaine grosseur. Pour opérer, on applique le tranchant supérieur de l'instrument à la jonction de la branche avec le tronc; on le maintient dans cette position en tenant d'une main le manche, parallèlement au tronc, tandis que de l'autre on frappe avec un maillet sur le bouton qui termine la virole. Quelques coups suffisent pour couper les plus grosses branches d'une manière nette et sans éclats.

Lorsque les branches approchent de la position horizontale, et qu'on peut craindre qu'il ne se forme un éclat en se séparant du tronc, on commence par donner un coup sur leur partie supérieure, le plus près possible du tronc, avec le tranchant inférieur du fer, qu'on élève et qu'on ramène à soi avec effort : on pratique ainsi une entaille dans l'écorce, qui s'oppose à ce qu'il se forme aucun éclat.

Les tranchans latéraux du fer servent, à la manière du croissant, à enlever les brindilles en promenant l'instrument le long des branches ou du tronc qu'on veut en dégarnir.

Echelle double de Dalbret. Cet horticulteur ayant remarqué l'incommodité qu'offre le service des échelles doubles, quand il s'agit de les porter dans les rangs des arbres fruitiers en quenouilles, a imaginé un moyen qui remédie complètement à cet inconvénient.

L'une des deux échelles est terminée, à sa partie supérieure, par un boulon transversal en fer, d'une grosseur convenable, suivant la force de l'échelle. Ce boulon, à tête d'un côté, est fixé sur le montant opposé, par une clavette. Il a, au centre, un œil d'un diamètre proportionné à la grosseur de la tige de fer fixée sur la seconde échelle, dont voici la disposition.

Sa partie supérieure a les deux derniers échelons formés chacun par une tringle de fer applatie et d'une force suffisante. Sur le centre de ces deux tringles est fixée solidement, à l'aide de clous rivés, une verge également en fer et dirigée verticalement; elle est terminée par un œil pour recevoir une clavette.

Cette seconde échelle se réunit à la première au moyen de cette verge verticale qui entre dans l'œil du boulon transversal qui la termine et sur lequel elle reste solidement fixée par la clavette introduite dans l'œil qui la termine.

Cette disposition permet de tourner l'une des deux échelles selon le besoin, ce qui donne la facilité de la manœuvrer comme on l'entend, et de la faire passer entre les arbres sans briser les bourgeons ni écorcher les branches.

§ VII. — *Instrumens divers.*

Ajoutez à ce paragraphe, page 197, tome I$_{er}$.

Fumigateur. M. Fischer Keller a inventé un appareil ainsi nommé, pour remplacer le soufflet à l'aide duquel on dirige de la fumée de tabac sur les parties, infestées de pucerons, des végétaux cultivés en serre.

Ce fumigateur se compose de deux cylindres creux en cuivre, fermés l'un à sa partie inférieure, l'autre à sa partie supérieure, et terminés chacun par un cylindre de même métal également creux et servant de douille à un manche en bois plus ou moins long. Les gros cylindres sont percés de quelques trous.

Le cylindre inférieur a neuf centimètres de long dans sa partie la plus large, qui est ainsi disposée pour recevoir exactement le cylindre supérieur formant son couvercle. A la base de ce dernier se trouve placé latéralement un tuyau de cuivre d'un centimètre de diamètre et de deux décimètres de long, y compris un ajustage en bois par lequel on souffle pour activer la combustion.

Au-dessus de ce tuyau est soudé, dans l'intérieur du cylindre, un cendrier métallique percé de trous plus gros, mais aussi rapprochés que ceux d'une pomme d'arrosoir. Il est destiné à recevoir les charbons enflammés sur lesquels on dépose les feuilles de tabac, qu'on presse légèrement et qui sont ainsi maintenues par une seconde lame métallique semblable à la première, pour laisser passage à la fumée du tabac. Le cylindre supérieur est enfin surmonté d'un tuyau en cuivre ayant une direction verticale ou oblique suivant le besoin, pour porter la fumée sur le point que l'on veut atteindre.

CHAPITRE IV. — *Multiplication des Plantes.*

DES BOUTURES.

SECTION II. — *Boutures des Plantes de serre.*

A la page 437, tome I de mon Manuel, il convient d'ajouter l'article suivant :

Boutures étouffées sans être enterrées. Elles se font en février et mars, sous une bâche dont la température, à douze ou quinze degrés, est légèrement chargée d'humidité. Ce moyen m'a souvent été très-favorable pour multiplier des plantes très poreuses qui craignent l'humidité. On coupe les boutons, que l'on dispose, pour cette opération, avec talon ou sans talon, près d'un gemme ou entre deux gemmes. Si la plante est très gommeuse ou résineuse, il faut la laisser à l'air dans une serre chaude un peu sèche, pendant un ou deux jours. On place ensuite les boutures sous cloche, dans une bâche plus humide. On les fait avec des gemmes développés des branches herbacées, des tiges, des branches d'arbres mous et poreux. On groupe ces boutures presque horizontalement à la surface d'une terre légère contenant peu d'humidité. On forme un talus autour duquel on place les boutures les unes près des autres, et l'on ajoute un peu de terre fraîche lorsque la cicatrice est bien faite.

Quand les racines sont assez développées, on plante les boutures en pots, on les étouffe sous cloche.

Des boutures de tiges de plantes molles coupées entre deux gemmes m'ont parfaitement réussi faites de cette manière.

Section III. — *Des Marcottes.*

Ajoutez à cette section, page 437, tome Ier du Manuel, l'article suivant :

Marcotte dans l'eau. On a pour cette opération de petites bouteilles remplies d'eau ; on opère la branche de la même manière que pour les marcottes en terre ; on a soin de changer l'eau quand elle s'altère. Lorsque les racines sont bien développées, ce qui se voit facilement, on remplit de terre un pot proportionné à la grosseur de la branche et on y place la marcotte enracinée. Elle reçoit les mêmes soins que les autres.

Quand on s'aperçoit qu'elle a travaillé dans sa nouvelle terre, on la sépare et on la traite comme les marcottes nouvellement sevrées.

Chapitre premier. — *De la Greffe.*

A ce chapitre, qui commence page 1, du tome II de mon Manuel, il faut ajouter les greffes suivantes :

Greffe de plusieurs sujets d'espèces différentes, mais analogues. On plante dans un même pot plusieurs sujets d'espèces différentes, et l'on unit leurs tiges de manière à n'en former qu'une. Pour cela, après avoir enlevé les feuilles de leur base, en ménageant celles du sommet, on les rapproche en faisceau serré et on les maintient ainsi, en les introduisant dans un tube de verre d'une longueur et d'un diamètre convenables. Les tiges, en grossissant, sont pressées les unes contre les autres par les parois du verre ; elles se soudent et bientôt ne forment qu'un même tronc ; alors on enlève le tube. Cette opération doit se faire dans une serre dont la température est de quinze degrés, et l'appareil doit être exposé à une légère humidité, mais sans vapeur.

J'ai greffé ainsi des *grenadilles,* qui font un singulier effet par la diversité de leurs feuilles et de leurs fleurs ; j'ai obtenu le même résultat avec des orangers et des citronniers. Ne serait-ce pas de cette manière que l'on aurait obtenu l'oranger connu sous le nom de *bizarrerie.*

Je fais greffer dans mon établissement diverses sortes de fruits sur un même sujet, ce qui produit partout un effet très curieux, et pourrait devenir utile aux personnes qui ont peu de terrain et qui voudraient cependant posséder un grand nombre de fruits. Sur un coignassier de deux ans de plantation, je greffe une poire de belle espèce et je conduis l'individu comme les autres sujets de la pépinière. Lorsqu'il a six pieds de hauteur, j'applique une seconde greffe sur la tige verticale et je choisis une espèce qui tranche avec la première, soit par la couleur, soit par la forme. Lorsque celle-ci a crû de six pieds, j'écussonne dessus une troisième espèce de fruits moins grosse que les deux autres, mais colorée et d'une végétation moins vigoureuse. J'agis de la même manière pour les pommiers. On peut voir dans mon établissement de Paris plusieurs sujets assez forts, traités de cette manière et offrant un coup d'œil assez singulier lorsqu'ils sont en fleurs.

Quand il s'agit de greffer ensemble des groseillers blancs et rouges, je prends deux jeunes branches de la même grosseur, une de chaque espèce; je les fends en deux par le milieu, j'applique une moitié de l'une contre une moitié de l'autre, je les unis de manière à faire coïncider les écorces le mieux possible, et je maintiens l'appareil au moyen d'une ligature; je plante ensuite cette greffe dans un pot, comme une bouture; je la place sous un châssis, dans une couche tiède. Lorsqu'elle est reprise et suffisamment enracinée, je la replante à l'air libre. J'ai ainsi, sur un même arbuste, des groseilles blanches et rouges, sans que l'on puisse découvrir la greffe.

Sur le *ficus elastica* je greffe, en les étageant, les *ficus bengalensis* et *nervosa*, et ces trois espèces, réunies sur un même invidu, sont d'un effet très pittoresque.

Greffe d'aiguillons. Elle se fait en flûte ou en lanière, comme celle des châtaigniers et des noyers, avec une partie d'écorce munie d'aiguillons. La greffe des épines se fait sur les plantes grasses qui n'en ont pas, en levant avec les épines une portion charnue de la plante et la replaçant sur une autre plante du même genre, après avoir enlevé à celle-ci la même quantité de substance charnue.

Soudure ou greffe de plantes grasses. En soudant huit ou dix sortes de *cactus*, et même davantage, sur le *cactus peruvianus*; par exemple, les *grandiflorus*, *flagelliformis*, *speciosissimus*, *truncatus*, *speciosus*, etc., on peut obtenir des choses très-bizarres. Le *cactus monstruosus* est très-propre à recevoir les différentes espèces de *cierge* à formes rondes.

Les *stapelia*, au nombre de près de cent espèces, peuvent se souder les unes sur les autres comme les *cactus*.

La greffe des plantes grasses se fait de différentes manières, par perforation de tige, par tige et feuilles, et de feuilles par feuilles. Elle se fait aussi en cylindre ou en anneau. Pour cela, on choisit un *cactus* à tige cylindrique et l'on enlève une portion de la substance molle qui recouvre la partie dure. On a coupé d'avance les sortes que l'on veut greffer l'une sur l'autre, de la longueur que l'on a déterminée. Avec un petit morceau de bois ou de fer proportionné à la grosseur de la tige sur laquelle on veut ajouter les bouts ou anneaux, on perce le centre des tiges, et on les adapte les unes sur les autres. Ainsi préparé, le sujet greffé doit être déposé dans une serre chaude et sèche. Cette sorte d'opération est autant une bouture qu'une greffe, car, après avoir ajusté l'anneau, il se dessèche et s'éloigne du point où il a d'abord été fixé. Il s'y développe ensuite des racines qui s'enfoncent dans la partie fibreuse de la plante; la greffe croît alors et s'unit ainsi au sujet sur lequel elle a été placée.

Observation. Lorsque dans mes opérations de greffes j'ai fixé des variétés d'arbres à feuilles panachées, sur des sujets vigoureux et d'espèces analogues, soit que les greffes n'aient pas réussi, soit que je les aie détachées après leur reprise, en suivant mes expériences, j'ai presque toujours obtenu des branches à feuilles panachées, et cela, pendant plusieurs années de suite. Les effets de cette espèce d'inoculation se font surtout remarquer dans le pommier à feuilles d'aucuba, dont les feuilles ne sont maculées que de points jaunes ; dans les poiriers à feuilles panachées, les jasmins, etc.

ANANAS , page 286, tome II.

15. Ananas de Montserrat (*Ananas flava*). Ajoutez : Tige de
six pouces, assez grosse, n'ayant au plus que deux ou trois bractées, mais garnie , sous la gorge du fruit , de plusieurs bractées
plus petites. Feuilles d'un beau vert à épines formant le crochet.
Fruit de sept pouces et demi de hauteur , et de seize de diamètre,
de forme cylindrique, de couleur jaune d'or, d'une très-bonne
qualité , juteux , tendre, sucré et parfumé; couronne volumineuse. Cette espèce n'avorte jamais et est peu délicate.

Il convient d'ajouter ensuite les variétés suivantes :

16. ANANAS A FRUIT ROUGE (*Ananas coccinea*), plante vigoureuse , feuilles fortement canaliculées , longues de trois à quatre
pieds dans les individus adultes , larges de deux à trois pouces ,
d'un rouge violacé, recouvertes d'une poussière blanche ; épines assez développées, éloignées les unes des autres de trois à
quatre lignes ; tige de deux à trois pieds, recouverte d'un
duvet blanc ; fruit d'un rouge pourpre, à chair blanche cassante, assez aqueuse, d'une saveur agréable et légèrement acidulée. Il est meilleur lorsqu'on le mange un peu avancé.
Cette plante fait un bel effet par la couleur de son fruit.

17. ANANAS DE CAYENNE (*Ananas Cayenensis*), apporté de
Cayenne par M. Perrottet. Feuilles longues de deux pieds à
deux pieds et demi , larges d'au moins trois pouces , d'un
vert-gris en dessus , glauque en dessous , sans épines, excepté
à l'extrémité, sur une longueur d'environ un pouce. Fruit
jaune à la maturité, et d'une bonne qualité. Cette plante est
robuste , et les fruits n'avortent jamais.

18. ANANAS A TIGE NUÉ (*Bromelia ananas*, var. *nudicaulis*),
feuilles d'un rouge tendre dans leur jeunesse, couvertes d'une
poussière blanche, larges d'un pouce à leur base, de deux vers
le milieu de leur longueur, et terminées en pointe très aiguë;
épines très rapprochées, la plupart géminées ; elles ont deux pieds
à deux pieds et demi de longueur dans les plantes adultes;

Fruit d'un jaune orangé, sans bractées calicinales, de quinze pouces de circonférence sur six de hauteur, très déprimé à la base, ventru au milieu, se terminant en pointe surmontée de plusieurs petites couronnes à feuilles bordées de rouge vif. Chair blanche, tendre, sucrée, très-parfumée. Il est originaire des Antilles.

19. ANANAS ENVILLE. Feuilles nombreuses à grosses épines; tige un peu tortueuse, haute d'un pied, garnie de bractées larges et courtes, colorées de rouge sous le collet, ordinairement garni de plusieurs œilletons servant à la multiplication. Fruit pyramidal de six à sept pouces de hauteur, d'un pied à quinze pouces de circonférence à la base; de couleur jaune orangé, de bonne qualité. Couronne souvent triple ou quadruple; quelquefois en forme de crête, d'autres fois ternée ou triangulaire; les feuilles en sont bordées d'un rouge vif. Il est d'un accroissement un peu lent; on ne peut en espérer du fruit qu'à l'âge de trois ans. Il paraît être une variété du précédent.

20. ANANAS NOIR DE LA JAMAÏQUE (*Bromelia ananas*, var., *black Jamaïca*, HORT. ANGL.; fig. 40, Annales de Flore et de Pomone, 1832-1833.), feuilles nombreuses, serrées, longues de trois pieds, larges de deux pouces et demi, plus larges à la base, terminées en pointe aiguë; vert foncé à l'intérieur, glauques et satinées à l'extérieur, garnies d'épines espacées; tige haute de dix-huit pouces, garnie de bractées rapprochées, d'un violet franc; fleur bleue; fruit obrond, quelquefois pyramidal, de couleur jaune orangé, de dix-huit pouces de circonférence et de sept de hauteur. Chaque grain a une bractée calicinale; il est juteux, d'un goût agréable et parfumé. La couronne est grosse; quatre à six œilletons au-dessous du fruit, et quelques-uns dans l'engaînement des feuilles. De la Jamaïque.

21. ANANAS SEMI-ÉPINEUX (*Bromelia ananas*, var., *semi serrata*, fig. 20, Annales de Flore et Pomone, 1832-1633) de la Havane. Feuilles longues de deux pieds et demi sur deux pouces de large, terminées en pointe très-effilée, cannelées et contournées, garnies d'épines par place, très-épaisses et pleines d'eau comme dans quelques aloès, d'un vert glauque; tige haute d'un pied, couverte d'une poussière blanchâtre, garnie de bractées assez nombreuses, longues et étroites, d'un rouge foncé, un peu plus épineuses que les feuilles; fleur de couleur bleue sortant de

l'aisselle de ces bractées rouges ; fruit sphérique de six à sept pouces de diamètre et de hauteur. Grains très-gros accompagnés d'une longue bractée calicinale et de couleur orangé foncé. Chair fondante, parfumée et légèrement acide ; cinq ou six œilletons formant collerette sous le fruit ; d'un accroissement très-rapide.

ARACACHA (*Conium moschatum*, LIN). De la Colombie. Cette plante, dont la racine est, prétend-on, alimentaire et fort estimée en Amérique, paraît être loin encore de se montrer telle chez nous. J'ai vu annoncer qu'un cultivateur des environs de Paris allait s'occuper de la multiplier à l'instar de l'Angleterre, où, selon lui, elle l'est déjà beaucoup. Cependant ma correspondance particulière est opposée à cette assertion, et MM. Léc qui la cultivent en serre chaude, ont vainement tenté de la faire passer en pleine terre ; de plus, malgré les essais multipliés qu'ils ont faits pour trouver à ses tubercules des qualités alimentaires, ils n'ont jamais pu y parvenir, et ils leur ont toujours paru très-mauvais.

CAROTTE, page 326, tome II. Ajoutez à la variété BLANCHE une sous-variété, sous le nom de :

Carotte blanche à collet hors de terre. Cette sous-variété nous est venue des Pays-Bas ; ses racines sont très-grosses ; la plante est robuste et paraît convenir pour la grande culture.

CHOU, page 347, tome II. Ajoutez aux *choux de Milan* la sous-variété suivante :

m. *Chou de Russie.* Tige peu élevée, feuilles découpées en lanières très-étroites et cloquées ; celles du sommet formant une pomme assez serrée, tendre et d'une saveur douce. Semé de bonne heure il réussit bien.

CONCOMBRE, page 361, tome II. Aux dix variétés décrites ajoutez la suivante :

11° BENINCASA CERIFERA. Du Sénégal. Ce concombre assez gros, d'un vert foncé, est abondamment recouvert d'une poussière glauque. Sa chair blanche, très-ferme, est supérieure à celle des autres concombres, et se mange de même. Il se conserve pendant une grande partie de l'hiver dans un endroit sec et à l'abri de la gelée.

12° CONCOMBRE BLANC DE RUSSIE. Fruits cylindriques à écorce d'un jaune blanchâtre, assez abondans, arrêtant avec facilité et presque par groupes ; tiges rampantes, frêles et peu allongées. Variété obtenue du cornichon hâtif de Russie et du concombre blanc ordinaire par MM. Jacquin frères, très convenable pour la culture de primeur sous châssis. Son fruit reste blanc tant qu'il n'a pas atteint son entier développement. Culture des concombres de primeur.

COURGE (*Cucurbita pepo*), page 363, tome II.

Ajoutez comme variété de la *courge mélopépon.*

7. a. La COUCOUZELLE, courge apportée d'Italie en 1820, et cultivée depuis plusieurs années sous le nom de *courge d'Italie.* Il faut couper les fruits lorsqu'ils n'ont que quatre à cinq pouces de longueur. Si on les laisse mûrir, ils atteignent quinze à dix-huit pouces de longueur sur cinq à six de diamètre, et sont alors moins délicats. Sa culture est celle des autres courges.

7. b. La COURGE PLEINE, dont les fruits sont gros, et la chair tellement épaisse, qu'on aperçoit à peine un vide à l'intérieur.

7. c. Le POTIRAUMON, dont les fruits ont une forme très-longue, presque cylindrique, et renferment une chair délicate et estimée ; ils sont volumineux. Culture des autres courges.

FRAISIER (*fragaria*), page 372, tome II.

Ajoutez au type 6, ANANAS.

a. Le *fraisier Keen's seedling,* dont les fruits sont très-gros, bien arrondis et d'un volume supérieur à ceux de l'ananas.

b. Le *fraisier Bostoh.* Fruits plus colorés et presque aussi gros que l'ananas. Variété productive.

Au type 7, FRAISIER ÉCARLATE OU DE VIRGINIE.

b. *Fraisier de la baie d'Hudson.* Fruits plus gros que ceux de ce type.

c. *Fraisier écarlate oblong,* plante productive. Les fruits sont beaux, mais tardifs.

d. *Fraisier Rosberry,* productif. Fruits très-gros, d'une belle couleur et d'une saveur agréable.

e. *Fraisier Rosberry carmin*, plus productif que le précédent. Fruits très-agréables et plus arrondis.

f. *Fraisier Willemot*. Ses fruits sont les plus beaux et les plus délicats. Il exige plus d'abri que les autres sortes, et une terre plus substantielle.

HARICOT COMMUN (*phaseolus vulgaris*), page 378, tome 2. Ajoutez :

1° HARICOTS A RAMES.

A. *Ceux à grains blancs.*

f. 2. De *Sevia*. Variété du *lima*, à grains moins gros, mais plus précoce.

B. *Ceux à grains colorés.*

t. *Marie-Louise*. Blanc largement jaspé de rose tendre, assez hâtif, très-productif et d'une excellente qualité.

2° HARICOTS NAINS.

A. *Ceux à grains blancs.*

i. 2. *Triolet, nain blanc de Normandie*, très-productif, assez hâtif pour le semer encore en juin. Saveur assez délicate.

MELON, page 397, tome 2.

Ajouter les variétés suivantes :

1. MELONS BRODÉS.

p. MELON D'APPOIGNY. Cette variété, encore inconnue à Paris, est cultivée en grand par les habitans d'Appoigny (Yonne). Ce melon est petit, un peu allongé, à côtes brodées ; écorce mince ; chair rouge un peu fibreuse, sucrée, peu aqueuse ; la cavité où sont les graines est grande, relativement à la grosseur du fruit, qui pèse ordinairement de trois à six livres. Cette variété, précieuse par sa rusticité, se sème en place, au mois de mai, dans les champs, en terre sablonneuse, bien fumée et bien préparée. Chaque pied se charge ordinairement de quatre à six fruits.

J'emprunte à la *Monographie complète du melon*, par M. Jacquin aîné, les variétés ci-après, qui sont les meilleures de celles citées dans cet excellent ouvrage, auquel je renvoie les lecteurs jaloux d'étudier à fond cette espèce de fruits.

q. MELON MORIN, *maraîcher à côtes*. Sous-variété du maraîcher ordinaire, dont il ne différe que par ses côtes assez prononcées ; sa chair est aussi plus ferme, rouge et de bon goût.

r. PETIT SUCRIN DE TOURS. Sous-variété du sucrin de Tours, presque rond, entièrement brodé, excepté vers le pédoncule. Il est plein, plus hâtif que son type, et à chair rouge plus fine et de meilleur goût.

s. SUCRIN DE PROVINS. Petit melon presque rond, à côtes nombreuses ; écorce plus épaisse que dans les maraîchers, verte avant sa maturité, jaune orangé à cette époque ; broderie peu épaisse sur la surface supérieure des côtes ; pédoncule entouré à son attache d'une plaque olivâtre lisse; très-plein, à chair rouge, ferme, sucrée et parfumée. Variété excellente pour primeur, et très-hâtive.

t. MELON de GRAMMONT, *sucrin vert, melon vert de Rouen.* Fruit oblong à écorce mince et verte, à côtes peu profondes, dont la surface est couverte d'une broderie grisâtre et à réseau serré ; chair verte, très-sucrée et juteuse. Variété apportée d'Afrique et cultivée aux environs de Rouen par les moines de Grammont.

Elle a deux sous-variétés : une plus grosse à chair moins verte, mais également fine; l'autre plus petite, à chair d'un vert pâle, très-sucrée, et de laquelle découle un jus épais et transparent qui se fixe sur la tranche et la fait paraître glacée. Cette dernière est la plus estimée.

v. SUCRIN A CHAIR VERTE, *caroline à chair verte, muscade de la Caroline.* Fruit oblong, quelquefois rond, à côtes peu profondes ou sans côtes ; écorce blanchâtre, jaunissant à la maturité ; chair très-fondante, sucrée, excellente, de couleur blanc verdâtre, veiné de vert foncé en appochant de l'écorce.

11. MELONS CANTALOUPS.

p. C. HATIF DU JAPON. Fruit petit, rond, à côtes, écorce très-verte, jaunissant à maturité ; broderie blanchâtre peu nombreuse ; chair d'un beau rouge, excellente. Très-convenable sous châssis.

q. C. FAVORI DES ANGLAIS, *petit favori écarlate, petit favori roc écarlate ; little favourite rock scarlet.* Fruit petit, rond, à côtes profondes et épaisses, ordinairement au nombre de cinq ;

broderie grise, large et grossière ; ombilic vert, jaunissant en mûrissant ; chair rouge, cassante et de bon goût. Très-convenable sous châssis.

r. C. Orange foncé, *cantaloup à chair verte de Hollande.* Fruit rond, légèrement déprimé, à côtes ; écorce lisse, blanchâtre, maculée de plaques vertes qui deviennent orangées à maturité ; intervalle des côtes vert ; chair d'un beau rouge, de bon goût et fondante.

s. C. Gros orange. C. *grand Hollande.* Fruit rond, à côtes bien marquées ; fond de l'écorce blanchâtre avec de larges macules vertes, pointillé partout de vert ; chair d'un jaune rougeâtre, bonne.

t. C. Brodé a chair verte ; *melon de Hollande à chair verte.* Fruit petit, rond, à côtes, fond de l'écorce jaune clair à la maturité, vert-olive avant ; surface des côtes couverte d'une broderie épaisse et abondante ; chair verte, fine et savoureuse.

v. C. fond gris, variété du prescott fond noir et du c. argenté. Fruit rond, à côtes peu profondes, d'un vert tendre maculé de vert, d'une teinte gris-violet en mûrissant ; chair d'un beau rouge orangé, succulente, parfumée et sucrée.

u. C. Découflé. Variété du c. argenté obtenue par M. Découflé. Fruit rond de couleur blanchâtre, à côtes ridées et galleuses, ponctué de vert avant sa maturité ; ombilic saillant entouré d'une couronne de broderie. Chair rouge et bonne.

x. C. turquin, *turc, quintal.* Fruit très-gros, oblong, à côtes profondes ; fond de l'écorce d'un vert noirâtre jaunissant à la maturité ; broderie fine et grisâtre ; écorce épaisse ; chair d'une belle couleur rouge orangé, sucrée, parfumée, bonne quoique un peu grossière.

y. C. de Portugal, *gros portugal, gros galeux, melon monstrueux de Portugal, melon de la caille.* Fruit gros, obrond, à côtes profondes et couvertes de galles ; fond noir passant au jaune orangé en mûrissant ; chair d'un jaune rougeâtre, un peu grossière, succulente et bonne. Ce fruit pèse quelquefois jusqu'à cinquante livres.

z. C. de Rome, *melon noir oblong d'Italie.* Fruit obrond, à côtes profondes, d'un vert foncé, jaunissant par place à la maturité ; les côtes sont couvertes de gros mamelons d'un vert plus noir, et que sillonne une broderie fine et blanchâtre ; chair d'un beau rouge, de bon goût et sucrée.

a. a. C. FIN D'ANGLETERRE A CHAIR VERDATRE. Fruit petit, rond, à côtes bien marquées, un peu déprimé ; broderie épaisse au haut des côtes ; les intervalles lisses ; fond de l'écorce vert olivâtre ; chair verte, sucrée, agréable.

III. MELONS A ÉCORCE LISSE OU VERTE.

i. DE MALTE D'ÉTÉ A CHAIR VERTE. Fruit petit, rond ; écorce mince, d'un vert foncé, piqueté de blanc, devenant vert olivâtre en mûrissant ; broderie grisâtre ; chair verte, fondante, sucrée, agréable.

j. DE MALTE D'HIVER A CHAIR VERTE. Fruit moyen, pyriforme, quelquefois obrond ; écorce mince, lisse, d'un vert foncé, devenant olivâtre en mûrissant ; broderie grisâtre ; chair verte excellente.

k. DE MALTE TRÈS-HATIF. Fruit petit, rond, déprimé, écorce fine, verte, passant au jaune en mûrissant ; raies vertes ; broderie épaisse à l'ombilic, rare sur le reste ; chair blanche, sucrée, délicate.

l. DE VALENCE, fruit moyen, obrond ; écorce fine, verte, pointillée de vert plus foncé ; broderie profonde et abondante ; chair blanche sucrée, agréable.

m. DE TRIPOLITZA. Fruit gros, oblong, vert foncé, jaune en mûrissant ; broderie abondante, grisâtre, à réseau large et régulier ; pédoncule long et tordu ; chair blanche excellente.

n. CITRON D'AMÉRIQUE. Fruit petit, obrond, à côtes régulières ; broderie épaisse, peu abondante ; chair très-verte, sucrée, ayant le parfum de la pêche.

o. DE KASSABA. Fruit moyen, obrond ; écorce jaune ; broderie allongée, grise, épaisse par place, et surtout à l'ombilic ; chair rouge, sucrée, fondante, agréable.

p. D'ÉGYPTE. Fruit moyen, obrond, à côtes régulières, bien fait ; écorce assez épaisse, d'un blanc jaunâtre ; broderie épaisse, rare et blanchâtre ; chair rouge, agréable, sucrée.

q. D'ANDALOUSIE, *d'Estramadure, de Morée obrond*. Fruit moyen, obrond, à côtes, bien fait ; écorce fond jaune, un peu épaisse ; quelques broderies vers le pédoncule ; chair vert foncé près de l'écorce, plus clair au centre, sucrée, fondante et bonne.

R. D'Ispahan. Fruit petit, rond, à côtes irrégulières, dont les intervalles sont d'un vert lisse ; écorce un peu épaisse, d'un fond blanc jaunâtre ; chair blanche, fondante et sucrée.

On trouve chez MM. Jacquin frères des graines vérifiées de ces divers melons, tous méritant les soins de culture que réclament ces fruits.

NAVET, page 410, tome II.

Ajoutez au type 3, *Navets demi-tendres :*

f. *Jaune de Malte*, variété nouvelle, ronde, aplatie, peu feuillée et hâtive.

g. *Jaune à côtes vertes*, variété recommandable, venue d'Angleterre, et résistant bien aux gelées.

h. *De Séné*, variété très-grosse, estimée comme comestible quand on la cultive en sol sablonneux. Ailleurs elle est fort productive pour le bétail.

OGNON, page 412, tome II. Ajoutez :

9° Ognon double tige, rouge pâle, peu gros, très-hâtif et très-aplati. Même culture.

POIS, page 424, tome II. Ajoutez :

Pois a parchemin.

A. *Les nains.*

h. *Pois ridé* ou *de Knight nain.* C'est une variété du *Pois ridé* ou *de Knight à rames.* Elle ne s'élève que de dix-huit pouces à deux pieds, et jouit des même qualités. Introduit par MM. Jacquin frères.

POMME-DE-TERRE, page 431, tome II.

Ajoutez les variétés suivantes :

2° Les jaunes.

f. *Fine hâtive*, reçue des États-Unis. Aussi précoce que la *naine hâtive*, mais plus productive et de meilleure qualité. Elle est ronde, savoureuse et assez grosse.

3° Les violettes.

e. *La brune*, introduite en France par M. Mauretus d'Anvers. Elle est oblongue ; peau lisse et brune ; chair violette, plus foncée cuite, et d'une excellente saveur. Très-productive et précoce.

RAVE, Radis, page 438, tome II du Manuel.
Ajoutez la variété suivante :

1° Radis, *racines rondes.*

n. *Le rose-cerise.* Introduit par MM. Jacquin frères, il a la forme d'une olive, et sa couleur est d'un joli rose-cerise. Il est extrêmement tendre et se détache facilement de ses feuilles ; c'est pourquoi il faut prendre quelques précautions en le lavant. Il est très-hâtif, et peut comme les autres être semé sur couche dès le commencement de janvier jusqu'en février et mars. Il réussit également en pleine terre, et depuis avril jusqu'en septembre.

JARDIN FRUITIER.

CERISIER, page 5o2, tome II. Ajoutez :

C. Cerisiers.

45*. **Cerise belle Chatenay.** Variété trouvée par M. Chatenay, de Vitry, dans un semis du merisier ordinaire a fruits rouges (*prunus avium sylvestris fructu rubro*). Fruits d'un très-beau volume, un peu cordiformes, d'un rouge clair transparent, doux, mûrissant vers la mi-août. Arbre vigoureux, productif, tardif à fleurir, d'un port pyramidal dans son jeune âge.

FRAMBOISIER, page 563, tome II. Ajoutez :

1° Framboisier rouge commun, *Rubus idæus*, Lin.

f. *Framboisier à gros fruits noirâtres.* Cette variété a été signalée par M. Jacquin aîné, qui l'a trouvée à Charonne où elle est cultivée depuis plusieurs années sous le nom de *framboisier Papier,* du nom d'un cultivateur de cette commune qui l'y a introduite. Tiges bisannuelles, aiguillonnées, d'un jaune blanchâtre, hautes de quatre à cinq pieds, droites, partant tous les ans du collet des racines, et s'élevant sans aucune ramification; feuilles ailées à trois ou cinq folioles, d'un beau vert en dessus, comme argentées en dessous, dentées et velues. Fruits en bouquet, à pédicelle peu allongé, gros, presque ronds, rouges avant la parfaite maturité, pendant laquelle ils sont noirâtres. Ils sont excellens, et ont une saveur agréable et très-prononcée.

2° **Framboisier a fruits bilobés**, *Rubus bilobatus*, d'Amérique. Arbrisseau de trois pieds de hauteur, à tiges presque droites, armées d'aiguillons blanchâtres, nombreux et très-courts; feuilles à trois ou cinq folioles ovales, allongées, très-velues en dessous, dentées assez profondément; pétioles hérissés de poils rudes; rameaux florifères nombreux, garnis de quelques fleurs blanches, un peu plus grandes que celles de l'espèce commune, naissant dans les aisselles des feuilles, et terminant le rameau par un bouquet. Fruit d'un rouge-pourpre, un peu moins gros que celui de notre framboise ordinaire, ayant moins de saveur. La culture de cette espèce est la même que celle de l'espèce ordinaire.

NOYER, *Juglans*, page 466, tome II.

3° NOYER NOIR, *Juglans nigra*, LIN. Ajoutez :

a. *Noyer intermédiaire, juglans intermedia*, ANNALES DE FLORE. Variété ou race produite par une noix du noyer noir, fécondée par le noyer ordinaire Elle tient du premier par le nombre des folioles, par le brou de son fruit non déhiscent, par sa noix profondément sillonnée, et l'épaisseur de sa coquille ; et du second, par la glabréité des pétioles et des folioles, son brou lisse, la forme cordiforme allongée de la noix, et son amande douce et agréable. Cette variété, obtenue par M. Gondouin, peut être multipliée par la greffe sur ses deux types.

PÊCHER (*Amygdalus Persica*, LIN.), page 474, tome II. Ajoutez :

II. FRUITS RECOUVERTS DE DUVET A CHAIR QUITTANT LE NOYAU.

II bis. PÊCHE PRESLE. Fleurs grandes ; glandes réniformes ; fin de septembre, fruit de moyenne grosseur, d'un rouge vif du côté du soleil, et d'un jaune pâle du côté opposé ; haut de deux pouces du côté non sillonné, et de près de deux pouces et demi du côté opposé, où deux lobes saillans, imitant deux espèces de lèvres fermées, forment une élévation de près d'un demi-pouce, n'ayant guère que les deux tiers du diamètre du fruit ; chair blanche, très-vineuse, un peu odorante, noyau long d'un pouce et demi, terminé par une pointe très-aiguë. Arbre vigoureux à rameaux assez droits ; jeunes branches très-rouges du côté du soleil, et vertes à l'opposé. Feuilles longues de cinq à six pouces, demi fermées.

POIRIER (*Pyrus communis*, LIN.), page 514, tome II. Ajoutez les variétés suivantes :

A. FRUITS D'ÉTÉ.

En août.

40. a. POIRE SUCRÉE NOIRE. Fruits moyens, assez réguliers,

souvent réunis en bouquet ; forme d'une toupie renversée ; verts jusqu'à la maturité, qui arrive du 15 au 20 de ce mois, alors d'une couleur safranée peu intense et parsemée de points verts ; chair assez jaune, très-tendre , très-sucrée et un peu musquée. Arbre vigoureux et d'un beau port, rameaux nombreux et grêles ; très-productif.

40 b. ÉPINE DE TOLÈDE. Fruit un peu plus gros que la grosse blanquette et de la même forme, mûrissant à la fin du mois ; chair verdâtre, un peu graveleuse, ayant un suc relevé et abondant ; peau très-épaisse, d'un vert pâle. Le fruit mûr se détachant facilement, il convient de le cueillir quelques jours avant la maturité. Arbre très-vigoureux d'un port pyramidal, introduit par MM. Audibert, pépiniéristes à Tarascon.

En septembre.

67. a. POIRE DOYENNÉ BLANC MUSQUÉ. Ce doyenné est le plus délicat de toutes les variétés connues ; il réussit également bien, soit qu'on le greffe sur franc ou sur coignassier. Arbre d'une moyenne vigueur, à rameaux faibles assez érigés ; écorce brunâtre, marquée de points blanchâtres et peu nombreux ; pétioles longs d'un pouce et demi ; feuilles longues, étroites , surtout celles qui accompagnent les boutons à fruits ; pédoncules assez longs et faibles ; chair blanche, très-fine, relevée, d'un goût musqué très-agréable. Je dois cette variété à mon frère, directeur du jardin de la ville de Nantes.

67 b. POIRE BERGAMOTE D'ANGLETERRE. Arbre vigoureux, propre à former des pyramides et des éventails ; rameaux gros, de couleur roux-brun, marqués de points gris oblongs ; fruits gros, de forme turbinée, de couleur jaune-paille; peau lisse ; chair très-fondante, sucrée et de saveur fort agréable. C'est un très-bon fruit, et l'arbre, très-rustique, réussit dans tous les terrains et à toutes les expositions.

B: FRUITS D'AUTOMNE.

En octobre.

91. a. POIRE VERTE LONGUE D'AUTOMNE. J'ai reçu cette variété des environs de Nantes, où elle est beaucoup cultivée ; fruit de forme allongée, souvent recourbée près du pédoncule; peau verte, rarement fouettée de rouge du côté du soleil ;

chair blanche, verdâtre près de la peau, très-fondante, d'un suc agréable et relevé, mûrissant dans les premiers jours de ce mois. Arbre vigoureux et très-fertile.

91. b. Poire beurré rose. Arbre vigoureux, à rameaux droits; écorce d'un vert sombre, marquée de points grisâtres et peu nombreux; pétioles longs d'un pouce et demi, d'un blanc légèrement herbacé; feuilles larges d'un pouce et longues de trois à quatre, d'un vert clair et vernissé, à nervure principale de la couleur du pétiole; pédoncule long d'un pouce, d'égale grosseur dans toute sa longueur; fruit moyen pyriforme allongé, bien fait, ponctué, roussâtre du côté du soleil, d'un jaune-citron du côté opposé; chair demi beurrée, sucrée, relevée, d'une saveur très-agréable. Cette variété réussit très-bien en quenouille et en contre-espalier, sur coignassier et sur franc. Je dois ce fruit à mon frère de Nantes.

91 c. Poire blond perlé, ou blanc perlé. Fruit gros, d'une forme élégante allongée, un peu serré vers les deux tiers de sa longeur; pédoncule peu charnu, enfoncé dans une cavité profonde et étroite; peau d'un très-beau jaune clair du côté de l'ombre, et marquée de très-petits points roussâtres et nombreux; le côté du soleil est fouetté d'un rouge carminé très-vif; sa chair, ferme et grenue, semble contenir des cristaux de sucre. Excellent en compote. On peut le manger depuis octobre jusqu'en avril. Arbre très-productif, d'un port gigantesque, rameaux vigoureux; écorce de couleur terne piquetée irrégulièrement de gris; feuilles moyennes, allongées, pointues, formant un peu la gouttière, très-imbriquées.

C. Fruits d'Hiver.

En janvier.

132. a. Poire Saint-Jean en fer. Fruit gros, de forme régulière et de couleur jaune luisant; sa chair un peu graveleuse est sucrée et légèrement âpre. L'arbre est vigoureux et fécond; les rameaux sont longs et droits, à épiderme d'un roux clair. Elle est mûre en janvier et a acquis une sorte de célébrité comme fruit à compote.

En février.

143. a. Poire parfum d'hiver. Fruit de moyenne grosseur,

de forme turbinée, déprimée et de couleur marron, marquée de quelques points gris. Il mûrit successivement de janvier en mai, et, conservé dans un bon fruitier, il est encore très-mangeable en juin ; saveur sucrée, parfumée, chair un peu ferme, mais très-juteuse. Arbre vigoureux et productif.

En mars.

152. a. POIRE LÉON LECLERC. Fruit assez gros, de couleur jaune pâle, tacheté et piqueté de brun ; chair fondante quand il est très-mûr. La maturité est très-tardive, et ce n'est qu'à une époque assez avancée de l'année qui suit la récolte, qu'il acquiert un caractère vraiment fondant et une saveur très-agréable : On en a gardé jusqu'au mois de septembre de l'année suivante : L'arbre greffé sur franc et sur coignassier n'a pas une végétation très-vigoureuse, mais il est très-productif :

POMMIER (*Malus communis,* LIN.), page 541, tome II. Ajoutez les variétés suivantes :

En janvier.

71. POMME REINETTE VERTE. Forme de la reinette franche, couleur plus verte et dimensions un tiers plus fortes ; chair ayant la saveur de ce fruit, mais moins serrée et plus succulente. Cette pomme peut se conserver tout l'hiver sans se flétrir. Arbre vigoureux, portant de très-forts rameaux munis d'yeux gros et bien nourris.

En mars.

81. a. POMME PATER NOSTER. Arbre vigoureux ; rameaux assez nombreux et trapus ; épiderme brun marqué de points cendrés très-multipliés ; feuilles grandes assez irrégulières et peu dentées, pétiole un peu allongé ; fruit très-régulier de trois pouces et plus de diamètre ; forme un peu globuleuse ; peau piquetée comme celle de nos reinettes, se colorant de bandelettes rouges lorsque les fruits sont bien exposés au soleil ; chair jaune, très-succulente ; saveur qui tient de la réinette franche et du calville blanc. Quoique mûre en mars, elle peut, avec du soin, se conserver jusqu'en mai.

81. b. POMME FILLIETTE. Fruit assez joli, de grosseur moyenne, de couleur jaune, rayé de carmin ; sa chair est cassante, abon-

dante en jus, et douée d'une saveur agréable de reinette musquée exaltée. Elle se conserve jusqu'en mars et avril. Bois vigoureux , court et gros; feuilles ovales, arrondies, dentées obtusément, d'un vert luisant en dessus, beaucoup plus pâles et velues en dessous. Cette pomme a été gagnée de semis par M. Filliette de Reuil.

PRUNIER , *Prunus* , page 493 , tome II.

VI. Prunier cultivé (*Prunus domestica* , Lin.). Ajoutez les variétés suivantes :

68. **Prune cirote.** De septembre en octobre; fruit semblable à la grosse mirabelle; chair jaune, adhérente au noyau, un peu pâteuse et acide. Arbre moyen, très-productif.

69. **Prune poitron ou pointron.** En août; fruit ovale, d'un pouce de diamètre, d'un violet sombre, couvert de poussière glauque; chair adhérente au noyau, verte, fondante, d'une saveur douce et agréable. Il ressemble un peu à la prune quetsche, mais il est de meilleure qualité. Arbre élevé, vigoureux.

70. **Prune de blanc.** En juillet; fruit de la grosseur d'une petite prune de sainte Catherine, ovale, d'un jaune pâle ; chair adhérente au noyau, douce, un peu pâteuse. Arbre élevé, productif.

J'ai trouvé ces trois variétés dans le département de l'Yonne.

VIGNE (*Vitis vinifera* , Lin.), page 566 , tome II.

Ajoutez les variétés suivantes :

21. a. **Chasselas a fruits turbinés.** Grappes longues de cinq à sept pouces ; baies ovales allongées de sept à neuf lignes, turbinées, blanches, transparentes, se colorant du côté du soleil, ne contenant qu'une à deux semences; pulpe blanche, douce, sucrée, croquante. Variété excellente pour la table. D'Alexandrie.

21. b. **Raisin de la Palestine.** Grappes de dix-huit pouces à deux pieds de longueur ; grains assez gros, ovales, d'un jaune doré, mûrissant fin de septembre ou commencement d'octobre, pulpe très-agréable. Ce raisin, cité sous ce nom par quelques auteurs, me paraît ne pas être autre chose que la variété N° 10

de mon Manuel, que j'ai indiquée sous le nom de *raisin Jéri-cho* ou de la *Terre Promise*.

21. c. Gros chasselas blanc ambré. Baies ovales, longues de quinze à dix-huit lignes, de six de diamètre, d'un blanc légè-rement ambré ou nuancé de jaune ; peau fine ; pulpe ferme, su-crée, d'une eau assez abondante. Cette variété, que j'ai reçue d'Alexandrie, mérite d'être cultivée à cause de la beauté et de la qualité de son fruit. De toutes les variétés que je connais, celle-ci a les baies les plus grosses et les plus blanches. D'A-lexandrie.

C. Raisins noirs.

37. Chasselas noir a fruits turbinés. Cette variété ne dif-fère de celle N° 21 a, que par la couleur de son fruit. Elle a besoin d'une exposition plus chaude pour que son raisin mû-risse.

38. Raisin de la Providence a fruits violets. Grappes longues de quinze à dix-huit pouces, accompagnées à la partie supérieure de quatre à cinq petites grappes ; ce qui, dans cette partie, leur donne une ampleur considérable ; baies espacées, de moyenne grosseur, ovales, violettes, d'une saveur un peu acidulée. D'Alexandrie.

39. Petit raisin violet de la Palestine. Grappe longue de dix à douze pouces ; baies arrondies de la grosseur d'une prune de mirabelle, d'un beau violet ; pulpe fondante, légère-ment acidulée ; exposition chaude. D'Alexandrie.

40. Vigne d'Alexander, *vitis Isabellæ*, var. : *Alexanderi.* (*Annales de Flore et Pomone*, fig. 37, page 302, 1833-1834.) Fruits assez gros, ronds, d'un violet-noir, et peu recouverts de poussière glauque, à peau épaisse ; pulpe ferme, peu fondante et ayant la saveur très-prononcée du fruit du *ribes nigrum*, ou cassis, et exhalant une odeur douce et agréable. Je l'ai reçue d'Amérique en 1822 ; elle a fructifié pour la première fois en 1829 dans le jardin royal de Neuilly, et a été décrite dans le jour-nal cité plus haut par M. Jacques, jardinier en chef de ce do-maine.

PLANTES

CULTIVÉES DANS LES JARDINS.

ACACIE (*Mimosa*, Lin.), page 546, tome IV.
Ajoutez :

1° *Feuilles simples.*

14. a. Acacie a feuilles en croissant, *Mimosa lunata*, ♄,
de la Nouvelle-Hollande. Tige rameuse, grêle, s'élevant de sept
à huit pieds ; feuilles longues de huit à neuf lignes, larges
d'une et demie, en forme de croissant. En mars et avril fleurs
axillaires d'un beau jaune, nombreuses, en petites têtes arrondies, formant une panicule terminale du plus bel effet.
Serre tempérée, même culture.

14. b. Acacie toujours fleurie, *M. semperflorens*, ♄, Nouvelle-Hollande. Arbuste peu élevé, à rameaux grêles, peu nombreux ; feuilles longues de deux à trois pouces, lancéolées et
obliques. Pendant une partie de l'année, fleurs d'un blanc jaunâtre, en petites têtes arrondies, réunies en grappes sur toute
la longueur des rameaux. Même culture.

14. c. Acacie couchée, *M. prostrata*, ♄, Nouvelle-Hollande.
Arbuste de trois pieds, à tige et rameaux grêles et tombant ;
feuilles linéaires grêles, filiformes, mucronées. En mars et
avril, fleurs axillaires d'un jaune pâle, pédonculées et solitaires.
Même culture.

14. d. Acacie apparente, *M. conspicua*, ♄. Feuilles petites,
très-rapprochées, ovales, arrondies, irrégulières et mucronées. En mars, fleurs d'un beau jaune, en petites têtes arrondies, formant de jolies grappes. Même culture.

14. e. Acacie a feuilles d'olivier, *M. oleæfolia*, *Acacia
oleæfolia*, Hort. (figurée, *Annales de Flore et Pomone*, années
1834-1835,) ♄. Arbuste de huit à dix pieds; feuilles ovales, mucronées, obliques, entières, marginées, raides, d'un vert un
peu glauque, légèrement pubescentes et à nervures pennées.
En mars et avril, fleurs d'un beau jaune à odeur d'aubépine,

disposées en têtes globuleuses, au bout de pédoncules solitaires axillaires ; multiplication de graines qui se développent dans l'année qui suit la floraison. Du reste, même culture.

ACONIT (*Aconitum* , Lin.), page 206, tome IV. Ajoutez :

12. Aconit d'Automne, *aconitum autumnale*, Swet, ♃ , du nord de l'Amérique. Racine tuberculeuse allongée ; feuilles radicales, pétiolées, pédiaires, composées de cinq à six divisions profondes et subdivisées ; pétioles canaliculés; tige cylindrique, un peu anguleuse, haute de cinq à six pieds, très-rameuse, à ramifications subdivisées; chaque subdivision portant de huit à dix fleurs. Du 5 août à la fin de septembre, fleurs dont le pétale supérieur, en forme de casque, est d'un beau bleu marqué d'un point vert à sa pointe recourbée, les inférieurs velus ; les étamines de couleur bronze. Même culture.

AIL (*Allium*, Lin.), page 173, tome III. Ajoutez :

§ II. *Feuilles caulinaires planes, ombelles portant des bulbilles.*

10. a. Ail douteux, *Allium paradoxum*, Swet, ♃ , de Sibérie, bulbe petite, émettant une ou deux feuilles glabres, planes, avec une nervure en carène en dessous; hampes triangulaires, plus courtes que les feuilles, de six à huit pouces de hauteur, terminées par une spathe membraneuse qui se déchire en plusieurs pièces, et renferme des bulbilles et deux ou trois pédicelles portant une fleur blanche, à six pétioles égaux, transparens. Les étamines et le style de moitié plus courts que ceux-ci , ovaire à trois angles arrondis. Même culture.

§ III. — *Feuilles radicales, hampe nue.*

41. Ail azuré, *Allium azureum*, Ledbours, ♃ , de Sibérie. Petite bulbe donnant naissance à deux feuillés triangulaires, fortement creusées en gouttière du côté qui regarde la tige, non fistuleuses, d'un vert foncé couvert d'une poussière glauque, et longues de huit à dix pouces ; hampe pleine, arrondie, du même vert que les feuilles au sommet, d'un brun rougeâtre à la base, haute de vingt à vingt-quatre pouces, terminée par une tête presque sphérique, composée de beaucoup de petites fleurs d'un bleu azuré pâle , qui se montrent en mai. Même culture.

ALOÈS (*Aloe* , Lin.), page 137 , tome III. Ajoutez :

48. Aloès vert , *Aloe virens.* Salm., (figuré *Journal et Flore des jardins* , page 98.) ♃, du Cap. Tige d'un pied garnie , de feuilles épaisses, serrées , épineuses et pointues , d'un vert glauque maculé de points blancs ; hampe sortant du centre des feuilles, de la grosseur du doigt, haute d'un pied à dix-huit pouces , de couleur rougeâtre , se ramifiant à peu près au milieu , et garnie de bractées longues et aiguës. Chaque hampe se termine par un épi allongé de trente à quarante fleurs pendantes , d'un beau rouge vermillon , avec l'extrémité jaune verdâtre laissant voir quelques étamines d'un rouge-brique. La floraison se répète deux et trois fois par an et dure six semaines. Même culture.

AMANDIER (*Amygdalus* , Lin.), page 541 , tome IV. Ajoutez :

4. Amandier de Tartarie, *Amygdalus tartarica.* ♄ · Arbuste à tiges rampantes, longues de deux à trois pieds ; feuilles petites, lancéolées, d'un vert clair ; fleurs nombreuses, petites, blanches. J'en ai greffé sur des sujets hauts de quatre à cinq pieds , et il produit un effet très-pittoresque et précieux pour la décoration des jardins paysagers.

AMARANTHE (*Amaranthus* , Lin.), page 60, tome III. Ajoutez :

3. Amaranthe gracieuse, *Amaranthus speciosus*, ⊙, de Russie. Tige de quatre à six pieds, rameuse et pyramidale, dont les vigoureux rameaux forment de longs épis interrompus de fleurs nombreuses d'un beau rouge-amaranthe. Bractées subulées plus longues que les calices. C'est une plante précieuse pour les grands jardins. Même culture.

AMARYLLIS (*Amaryllis*, Lin.), page 193, tome III.

§ I. — *Spathe uniflore.*

12. a. Amaryllis blanche, *Amaryllis candida.*, Bot. reg.; *Zephyranthes candida*, Bot. mag., ♃, du Pérou. Ognon de la grosseur d'une noix développant six ou huit feuilles étroites longues de six à huit pouces ; hampe presque aussi haute terminée par une fleur à six pétales verdâtres à la base, les in-

térieurs d'un blanc pur, et les extérieurs lavés de rose. Pleine terre, en enterrant les ognons à la profondeur de quatre à cinq pouces, et les replantant à neuf tous les trois ou quatre ans.

§ II. — *Spathe ordinairement biflore.*

18. a. AMARYLLIS DORÉE DE JONCKSON, *Amaryllis rutila Joncksoni,* TENOR. Hort. Neap. ♃. Ognon de la grosseur d'une forte noix, donnant naissance à quatre ou cinq feuilles glabres, planes, un peu droites, longues de sept à huit pouces, larges de six à huit lignes; hampe sortant à côté des feuilles, haute de six pouces, terminée par une spathe contenant deux fleurs à six pétales étroits, ondulés, d'un rouge ponceau au sommet, jaunâtre à la base. Fleurit de février en avril. Serre chaude. Multiplication de caïeux, dont elle est assez avare.

18. b. AMARYLLIS DE VERREAUX, *Amaryllis Verreauxi.* (Flore et Journ. des Jard., fig. 7, page 119.) ♃. Du Cap. Hampe de six à huit pouces, biflore; divisions calicinales d'un beau rouge à l'intérieur, plus foncé à l'extérieur vers le haut, passant au rose et au jaune verdâtre en descendant, avec des stries d'un rouge vif et vertes. Quelques feuilles naissantes au moment de la floraison, qui a lieu en mars et avril, se développant ensuite jusqu'à huit ou neuf pouces de longueur, et tombant avant la floraison suivante. Serre chaude, terre légère, arrosemens fréquens pendant la végétation.

§ III. — *Spathe multiflore.*

49. AMARYLLIS DOUTEUSE, *Amaryllis ambigua.* ♃. Hampe droite, haute de trois pieds, couverte d'une poussière glauque très-fine et très-abondante, terminée par une magnifique ombelle de cinq à six très-grandes fleurs, sortant d'une spathe s'ouvrant en deux valves. Pétale supérieur grand; les quatre de côté plus étroits, l'inférieur lancéolé, ondulé, un peu plissé sur les bords; macule d'un jaune serin partant de l'onglet de chaque pétale, et s'avançant jusqu'au milieu du limbe de couleur rouge orangé. Feuilles grandes, ensiformes. Serre chaude.

ANDROMÈDE, *Andromeda,* LIN., page 592, tome III. Ajoutez :

SECTION III. — *Feuilles alternes.*

17. ANDROMÈDE A FEUILLES DE BUIS, *Andromeda buxifolia,*

Lam. (Pl. 32, Ann. de Fl. et de Pom., année 1832-33.) ♄. Ile Bourbon. Arbrisseau à feuilles ovales, persistantes, d'un vert lisse en dessus, cotonneuses en dessous, mucronées. Fleurs terminales en grappes, de couleur rouge vif en dessus, et d'un jaune verdâtre en dessous. Terre de bruyère. Serre tempérée. Multiplication de boutures et marcottes.

ANÉMONE, *Anemone*, Lin., page 188, tome IV, Ajoutez :

§ II — *Pédoncule involucré ; semences caudées.*

5. a. Anémone arborescente, *Anemone arborea*, Hortul. ♃. Tige frutescente d'un à deux pieds ; feuilles composées, à folioles pétiolées, cunéiformes, très-dentées et tronquées au sommet, coriaces, d'un vert luisant, persistantes ; pédoncules longs, aphylles, latéraux ou terminaux, imitant une espèce de hampe, munis d'une collerette d'où sortent deux fleurs d'un lilas foncé en dehors, blanches en dedans, larges de près de deux pouces, à quinze pétales striés. Orangerie éclairée, terre de bruyère. Multiplication de boutures, d'éclats et de graines.

ARABETTE, *Arabis*, Lin., page 220, tome IV. Ajoutez :

Arabette couchée, *Arabis procurrens*, Decand. ♃. Hongrie. Tiges rampantes, garnies de feuilles spatulées, arrondies, glabres, entières. De mars en mai, fleurs d'un beau blanc, assez grandes, pédicellées, en grappes terminales. Même culture.

ARDISIE, *Ardisia*, Lin., page 546, tome III. Ajoutez :

Ardisie colorée, *Ardisia colorata*, Parm. ♄. Arbrisseau de trois pieds, touffu ; feuilles grandes, oblongues, glabres et luisantes. Pédoncule axillaire, raide, long de deux pouces, portant trois petites feuilles alternes et terminé par quatre à huit fleurs inclinées, rougeâtres en dehors. Serre chaude et même culture.

ARTHROPODE, *Arthropodium*, R. Brown. (Hexandrie monogynie, Lin.; Narcissées, Juss.)

Arthropode a vrilles, *Arthropodium cirrhatum*, Brown.

(Figurée pl. 1, Flore des Jardins.) ♃. De la Nouvelle-Hollande. Feuilles lancéolées, longues de deux pieds ; de mars en mai, hampe de deux à trois pieds, terminée par une panicule de charmantes fleurs blanches, penchées, larges de près d'un pouce ; six étamines à filets barbus et anthères jaunes. Plein air ; terre légère, substantielle, fraîche sans être froide. Multiplication de graines et plus facilement de drageons.

ARGÉMONE, *Argemone*, Lin., page 214, tome IV. Ajoutez :

2. **Argémone jaune pale**, *Argemone ochroleuca*, Bot. reg. (Figurée Annales de Flore et de Pomone, 1834-35, pl. 4, p. 46.) ♂. Du Mexique. Tiges droites, glauques, cylindriques, de deux à trois pieds, un peu rameuses, épineuses ; feuilles alternes, presque amplexicaules, plus petites au sommet, découpées latéralement, d'un vert pâle en dessus, avec des nervures d'un blanc laiteux, glauques en dessus, épineuses aux bords et sur les nervures. Fleurs grandes, terminales, solitaires, d'un jaune pâle, en juin et en juillet. On la cultive comme plante annuelle de la même manière que le N° 1.

ASTÈRE, *Aster*, Lin., page 69, tome IV.

§ Ier. — *Tige herbacée ; feuilles cordiformes et ovales, dentées.*

4. **Astère en corymbe**, *Aster corymbosus*, Willd. Ajoutez : Cette espèce a fourni une jolie variété à fleurs d'un bleu purpurin, qui s'épanouissent en août ou en septembre, sous le nom d'*Aster corymbosus*, var. : *cœruleus*.

§ II. — *Feuilles lancéolées, plus ou moins dentées.*

15. **Astère élégante**, *Aster elegans*, Willd. Ajoutez : Cette espèce a fourni une variété à fleurs d'un beau blanc et à feuilles linéaires. Elle fleurit d'août en septembre, sous le nom d'*Aster elegans*, var. : *hybridus*.

§ V. — *Feuilles linéaires ou lancéolées, très-entières.*

Ajoutez :

58. a. **Astère magnifique**, *Aster formosissimus*, Hort. (Annales de Flore et de Pomone, 1833-34, pl. 2, page 79.) ♃. De la

Caroline. Tige de trois à quatre pieds, feuillée, rameuse; feuilles radicales, lancéolées, entières; feuilles des rameaux linéaires; fleurs en corymbes d'un bleu violacé, fort nombreuses. Cette Astère perd ses tiges après la floraison, mais conserve tout l'hiver ses feuilles radicales. Elle repousse dès la fin d'avril; multiplication de graines et d'éclats des touffes; tout terrain et toute exposition; arrosemens fréquens en été.

ASTRAPÉE, *Astrapæa*, Dec. (Monadelphie polyandrie, Lin. ; Malvacées, Juss.)

Astrapée a fleurs pendantes, *Astrapæa penduliflora*, Dec., *A. Wallichii*, Hortul. ♄. Ile Maurice. Tige de quatre à six pieds, rameaux divergens; feuilles rudes et cordiformes, longues et larges de huit à neuf pouces, portées par des pétioles longs; stipules caulinaires décurrentes. En janvier et février, ombelle capitée, composée de quarante à cinquante fleurs d'un rose pourpré relevé par de nombreuses anthères jaune doré, pendantes au bout d'un pédoncule long de dix à douze pouces. Serre chaude, terre substantielle. Multiplication de boutures étouffées.

AZALÉE, *Azalea*, Lin., page 557, tome III. Ajoutez :

10. Azalée de la Chine, *Azalea Sinensis*, Lodd. ; *A. lutea*, Swett. ♄. Arbuste charmant; tiges un peu grêles, diffuses, noirâtres; jeunes rameaux hérissés de poils assez raides, ainsi que la nervure principale de la feuille en dessous; feuilles ovales, fortement ciliées, un peu glauques en dessous, parsemées de quelques poils épars et couchés sur leur surface supérieure; fleurs grandes, belles, d'un jaune superbe, tirant un peu sur l'orangé. Cet arbuste, un des plus intéressans du genre, exige l'orangerie éclairée. Multiplication de greffes sur les autres espèces et de marcottes.

BALISIER, *Canna*, Lin., page 259, tome III. Ajoutez :

11. Balisier du Népaule, *Canna Nepalensis*, Hort. par. ♃. Du Népaule. Tige plus haute que les feuilles, terminée par un épi, lequel a à sa base un second épi qui fleurit après le premier; fleurs sessiles. Divisions de la corolle plus longues que

celles du calice ; trois sont concaves, d'un jaune brunâtre, longues de vingt-un à vingt-quatre lignes ; les trois autres, jaune serin pâle marqué de taches rougeâtres, longues de trente-trois à trente-six lignes, échancrées au sommet. Serre tempérée, même culture.

12. BALISIER COMESTIBLE, *Canna edulis*, HORT. ♃ . Pérou. Tige d'un pourpre violet, ainsi que le pétiole et les nervures ; feuilles longues d'un pied, larges de six à sept pouces, d'un vert foncé, marbrées de vert noir. Tiges de cinq à six pieds, terminées par un épi de fleurs d'un rouge brun. Ses racines, plus grosses que les deux poings, sont employées au Pérou comme comestibles. Même culture.

Observation. — On peut cultiver les Canna en pleine terre, à la manière des Dahlia. Au mois de mai, on éclate ou divise les touffes ou racines, et on les plante dans une terre douce et meuble. On les arrose copieusement en été, et à l'automne, lorsque les premières gelées ont flétri les feuilles, on les arrache, on retranche les tiges, et on conserve les tubercules dans une cave sèche jusqu'au printemps suivant.

BANANIER, *Musa*, LIN., page 255, tome III.
Ajoutez :

5. BANANIER ROSACÉ, *Musa rosaeea*, WILLD ; *M. discolor* ou *M. rosea*, HORTUL. ♃ . Ile Maurice. Tige de six à sept pieds. Feuilles violacées en dessous dans leur jeunesse, et seulement ensuite sur la nervure médiane. Fleurs sortant du centre des feuilles, portées sur une hampe droite et raide. Spathes d'un rose violacé, caduques, d'un fort bel effet ; fleurs femelles composées d'un ovaire anguleux, long de vingt à vingt-quatre lignes et d'une corolle formée de deux pièces dont l'inférieure est blanche et cartilagineuse, et la supérieure, jaunâtre, roulée en dessus au sommet. Fleurs mâles sessiles sans ovaire ; stigmate avorté. Serre chaude. Multiplication d'œilletons dont il n'est pas avare.

BÉGONIE, *Begonia*, LIN., page 722, tome IV.
Ajoutez :

10. BÉGONIE COULEUR DE CHAIR, *Begonia incarnata*, LINK et OTTO. (Figurée pl. 36, Annal. de Flore et de Pomone, 1832-33.)

♄. Du Mexique.Tige presque ronde, rameuse, longue de trois à quatre pieds, renflée à chaque nœud. Feuilles semi-cordiformes, longues de six pouces et larges de deux, dentées; fleurs en panicule, d'un rose tendre, pendant le mois de septembre. Serre chaude, terre légère. Multiplication de graines et de boutures.

BENOITE, *Geum*, Lin., page 533, tome IV. Ajoutez:

6. Benoite écarlate, *Geum coccineum*, Smith. ♃. De l'Olympe. Fleurs radicales ailées, à folioles terminales très-grandes; feuilles caulinaires trilobées; tige de dix-huit pouces, rameuse, produisant successivement pendant l'été plusieurs fleurs coccinées, droites. Terre de bruyère; multiplication d'éclats et de graines semées en terrine sur couches. Variété: *flore pleno*, à fleurs ayant trois rangs de pétales.

BIGNONE, *Bignonia*, Lin., page 518, tome III. Ajoutez:

16. Bignone équinoxiale, *Bignonia æquinoctialis*, Lin. (Figurée pl. 47, Ann. de Flore et de Pomone, année 1833-1834.) ♄. Du Brésil. Tige rampante; feuilles d'un joli vert, ternées, entières, longues de trois à quatre pouces; pétioles longs d'un demi-pouce; en juillet et août, fleurs nombreuses, en grappes à l'extrémité des rameaux, longues de douze à quinze lignes, d'un beau jaune. Serre chaude. Terre franche avec moitié de terre de bruyère. Multiplication de boutures.

17. Bignone du Cap, *Bignonia Capensis*, Hortul. ♄. Tige droite, de trois à cinq pieds. Feuilles ailées, à cinq ou neuf folioles ovales, arrondies, dentées. D'août en octobre, fleurs en grappe terminale d'un rouge cocciné. Même terre que la précédente. Serre tempérée. Multiplication de boutures et marcottes.

BILBERGHIE, *Bilberghia*. (Hexandrie monogynie, Lin.: Broméliacées, Juss.) Périgone à six divisions, dont trois intérieures plus longues, pétaloïdes: six étamines, dont trois insérées sur la base des divisions intérieures, et accompagnées de quelques glandes nectarifères; ovaire infère; un style à stigmate épaissi.

1. Bilberghie pyramidale, *Bilberghia pyramidalis*, Bro-

melia pyramidalis, Bot. mag.; *Bromelia nudicaulis*, Bot. reg. (Figurée pl. 3, Annales de Flore et de Pomone, 1832-33.) ♃. De l'Amérique méridionale. Racines fibreuses; tige presque nulle, produisant au sortir de terre un faisceau de douze à quinze feuilles, dont les inférieures sont les plus courtes, en gouttière, dentées, épineuses, d'un beau vert, couvertes de poudre blanche. Du centre des feuilles s'élève une hampe de dix à douze pouces, recouverte d'écailles imbriquées, poudrées de blanc, qui porte une grappe de douze à quinze fleurs sessiles d'un beau pourpre à reflets brillans. Serre chaude. Multiplication facile d'œilletons, dont elle est assez avare.

2. BILBERGHIE A FEUILLES FASCIÉES, *Bilberghia fasciata*, Hort. ♃. De Java. Feuilles en gouttière, longues de trois pieds, et larges de deux pouces, dentées en scie, d'un vert noir, et fasciées à l'extérieur. Du centre des feuilles s'élève une hampe flexible, longue d'environ deux pieds, garnie de stipules d'un beau rose, lancéolées, larges d'un pouce, et longues de six. Fleurs en panicule pendante; tige florale tomenteuse; pédoncule gras et difforme, tomenteux et couvert de petites taches d'un bleu foncé; périgone à trois divisions réfléchies et d'un vert jaune à reflets soyeux. Serre chaude. Terre mélangée par moitié de terre franche et de bruyère. Plante fort belle, fleurissant en novembre.

BLANDFORDIE, *Blandfordia,* Andrew. (Hexandrie monogynie, Lin.; Asphodélées, Juss.) Calice nul; corolle infère monopétale à six divisions; six étamines à filets insérés à la base du tube; un style, un stigmate simple; capsule triloculaire, semences imbriquées.

1. BLANDFORDIE ÉCLATANTE, *Blandfordia nobilis*, Smith. (Figurée pl. 7, Annales de Flore et de Pomone, 1833-34.) ♃. Nouvelle-Hollande. Racine fibreuse; feuilles radicales, linéaires, lancéolées, aiguës, entières, glabres, d'un vert foncé; hampe simple, droite, de quinze à dix-huit pouces, garnie de quelques bractées ovales aiguës, semi-amplexicaules, terminée par douze à quinze fleurs alternes. Corolle d'un pourpre plus ou moins foncé, excepté sur le limbe des divisions qui est d'un beau jaune en dedans et en dehors. On la cultive

en pots remplis de terre de bruyère. Serre tempérée ; ou pleine terre en bâche ou sous châssis, pourvu que la température ne descende pas au-dessous de 0. Multiplication de drageons, et plus facilement de graines semées aussitôt la maturité. Ombre l'été et arrosemens modérés.

BORONIE, *Boronia,* SMITH., page 382, tome IV. Ajoutez :

2. BORONIE BLEUE, *Boronia cærulata,* HORTUL. ♄. Arbrisseau de deux à trois pieds à rameaux grêles ; feuilles opposées, imbriquées sur deux rangs, ovales, pointues, finement dentées, à glandes transparentes comme dans les Millepertuis. En mars, fleurs d'un pourpre violet en bouquets terminaux. Même culture.

BOUGAINVILLÉE, *Bugainvillea,* LAM. (Heptandrie monogynie, LIN. ; Nictagynées, JUSS.) Périanthe simple, d'une seule pièce, longuement tubulé, coloré, strié en dessus, s'ouvrant en un limbe à dix parties dont cinq plus petites ; sept étamines ; ovaire pédicellé, un style terminé par un stigmate en fer de hallebarde.

1. BOUGAINVILLÉE REMARQUABLE, *Bugainvillea spectabilis,* LOUDON. (Fig. pl. 24, Annal. de Flore et de Pom., 1833-1834.) ♄. Amérique méridionale. Tige grêle, s'élevant de six à huit pieds ; jeunes rameaux verts et velus, munis de fortes épines naissant au-dessus de l'insertion de chacune des feuilles ; celles-ci alternes, pétiolées, ovales, pointues, entières ou peu velues. Fleurs portées sur un pédoncule commun, naissant du sommet d'une épine, et en ayant une petite à sa base, divisé en trois pédicelles, portant chacun une large bractée rose-pourpre, ovale, ciliée aux bords, et une fleur dont la corolle sans calice, longue d'environ un pouce, velue, est de la même couleur que la bractée. Serre chaude. Multiplication de marcottes et de boutures étouffées. Terre normale mêlée d'un quart de terreau de bruyère. Cette plante peu délicate pourra passer en serre tempérée.

BRASSIE, *Brassia.* (Gynandrie monandrie, LIN.; Orchidées, JUSS.)

BRASSIE MACULÉE, *Brassia maculata,* H. KEW.; *B. caudata,*

Bot. reg.; *Epidendrum caudatum*, Lin.; *Malaxis caudata*, Willd. (Figurée pl. 16, Ann. de Fl. et de Pom., 1832-33.) ♄. De l'Amérique méridionale. Feuilles inférieures, courtes, en forme de carène, s'élargissant un peu vers le haut; les moyennes longues, pointues, ayant une gaîne comprimée. Hampes naissant aux angles des feuilles moyennes. Fleurs sessiles à cinq pétales, dont les supérieurs ont deux pouces et les inférieurs deux pouces et demi, larges de six à sept lignes, pointues, jaunâtres, maculés de taches brunes à la base. La labelle a un pouce et demi de longueur et de largeur, de couleur blanchâtre, piquetée de petites taches brunes, garnie à sa base d'un renflement jaune cordiforme. La columelle est libre, non ailée, en forme de casque. Serre chaude, en pots remplis de terre de bruyère, dont le fond est garni de tessons ou de sable de rivière. Multiplication d'œilletons.

BUDLÉJE, *Budleia*, Lin., page 463, tome III. Ajoutez :

5. Budlége de Madagascar, *Budleia Madagascariensis*, Lam. (Figurée pl. 14, Ann. de Fl. et de Pom., 1832-33.) ♄. Tiges de huit à neuf pieds, cotonneuses, blanches dans leur jeunesse, grises plus tard ; rameaux opposés de même couleur ; feuilles entières, opposées, pétiolées, ovales, lancéolées, longues de cinq à sept pouces, larges de vingt à vingt-cinq lignes, d'un vert foncé et luisant en dessus, cotonneuses en dessous. Fleurs en grappes terminales, à pédicelles triflores, d'abord de couleur jaune pâle, ensuite de couleur orangé foncé. Serre tempérée; terre franche, avec moitié de terre de bruyère ; du reste, culture du N° 1, comme lequel peut-être on parviendra à le cultiver en pleine terre, ayant déjà résisté à trois degrés sous 0.

CACALIE, *Cacalia*, Lin., page 40, tome IV, et supplément N° 1, page 20. Ajoutez :

Cacalie a feuilles de saule, *Cacalia salicifolia*, Hort. angl. ♄. Arbrisseau de sept à huit pieds, d'un port agréable, à rameaux érigés; feuilles lancéolées, longues de quatre à cinq pouces, larges de neuf lignes, crénelées, dentées, à sommet obtus, persistantes, d'un vert gai en dessus, cotonneuses et argentées en dessous, à nervures très-saillantes. En mai, fleurs jaunes, petites, en grappes. Orangerie; même culture.

CACTIER, *Cactus*, Lin., page 428, tome IV. Ajoutez :

Cactiers méloniformes.

2 bis. CACTIER D'EYRIÈS, *Cactus Eyriesii*, HORTUL.; *Echinocactus Eyriesii*, TURPIN. (Figuré pl. 23, Ann. de Fl. et de Pom., 1833-34). Plante composée de quatorze à seize côtes, dont les paquets d'épines sont écartés de six à dix lignes. Elles sont brunes, non rayonnantes, et longues seulement d'une à deux lignes. Fleur de sept à huit pouces de long, style plus court que les étamines. Serre tempérée; même culture.

** *Cactiers ou cierges droits se soutenant seuls.*

13. CACTIER ÉCLATANT, *Cactus speciosissimus*. Ajout. : 1° var. *Quillardeti*. Cette variété (figurée pl. 21, Flore et Journal des Jardins) a les fleurs d'un rouge ponceau, pourpre, transparent, sans aucun reflet. C'est un gain obtenu par M. Quillardet.

2° Var. *ignescens*. Cette variété, obtenue par M. Jacques, a les pétales d'un beau rouge feu, uniforme, sans reflets. Elle a du reste le port de la précédente, dont elle ne diffère que par un coloris plus éclatant.

CALADION, *Caladium*, VENT., page 23, tome III. Ajoutez :

17. CALADION ODORANT, *Caladium odoratum*, ROXB. (Pl. 35, Journ. et Flore des Jardins.) ♄. De l'Inde. Tige charnue haute d'un à deux pieds, grosse comme le bras, droite, simple, terminée par sept ou huit feuilles cordiformes, sagittées, longues et larges d'un pied, entières, verticales, à nervures saillantes, glanduleuses, portées par de gros pétioles canaliculés, longs d'un à trois pieds. Du centre des fleurs s'élève un pédoncule portant une fleur composée d'une spathe évasée en cornet, d'un vert jaunâtre en dehors et blanchâtre en dedans, longue de quatre pouces, contenant un spadice d'un blanc jaunâtre, moins long que la spathe; étamines à la partie supérieure et pistils en bas. Serre chaude toute l'année. Multiplication par les œilletons qui poussent au pied, ou de boutures sur couche chaude étouffées; formées des tronçons de la tige.

CALANDRINIE, *Calandrinia,* Hort. Ber. et Kunth.
(Polyandrie monogynie , Lin.; Portulacées , Juss.).
Calice à deux divisions persistantes , ovales, arrondies ;
trois à cinq pétales hypogines ou insérés sur la base
du calice , libres ou connés à la base ; étamines libres,
insérées à la base des pétales, au nombre de quarante
à soixante. Un style court, à sommet claviforme, en
trois parties ; capsule oblongue , elliptique, à une loge,
s'ouvrant en trois valves et à plusieurs semences, fixées
à un placenta central.

1. Calandrinie a feuilles de diverses couleurs, *Calandrinia
discolor,* Kunth. (Pl. 1, Ann. de Fl. et de Pom., 1832-33). ♃. Du
Chili. Tiges courtes , émettant quelques feuilles presque radicales, spatulées, rétrécies en pétioles à leur base, obtuses,
très-entières sur les bords , d'un vert glauque en dessus, teintées de violet pourpre en dessous ; tiges florales sortant du
sommet des souches , ordinairement simples , pendantes au
sommet, se redressant au moment de la floraison jusqu'au pédoncule qui va donner sa fleur. Corolle à cinq pétales d'un
beau pourpre violet. Serre tempérée. Multiplication de
graines sur couche chaude en mars.

2. Calandrinie en ombelle, *Calandrinia umbellata,* Decand.
(Pl. 47, Ann. de Fl. et de Pom., 1833-34). ♄. De l'Amérique méridionale. Tiges et rameaux diffus, hauts de trois à quatre pouces ; feuilles alternes, en faisceau au bout des rameaux , sessiles, linéaires, velues; tiges florales, terminales, de trois à cinq
pouces, presque filiformes, fermes et raides; fleurs en cime ombelliforme d'un joli rose violet. Cette plante, qui n'existe encore
qu'à Neuilly, n'a pu jusqu'ici être multipliée. M. Jacques espère y parvenir par ses graines, dont il a obtenu quelques-
unes en 1834. Serre tempérée.

CALCÉOLAIRE, *Calceolaria ,* Lin., page 472,
tome III. Ajoutez :

2. Calcéolaire rugueuse, *Calceolaria rugosa,* Fl. Peruv.;
C. integrifolia, Lin., Willd.; *C. salvicæfolia,* Pers. (Figurée
pl. 30, Journal et Flore des Jardins.) ♄. Du Pérou. Feuilles
ovales, oblongues, rugueuses, de couleur dorée en dessous dans

leur jeunesse. Fleurs monopétales , nombreuses , en corymbe, d'un beau jaune. Serre tempérée , terre de bruyère mélangée d'un tiers de terre franche. Multiplication de graines et de boutures sous cloches et sur couche chaude.

3. CALCÉOLAIRE A FEUILLES COTONNEUSES, *Calceolaria arachnoïdea,* HORTUL. (Pl. 39, Ann. de Fl. et de Pom., 1832-33.) ♄. Du Chili. Plante rameuse, à feuilles opposées, ovales, obtuses, très-tomenteuses sur les deux faces ; rameaux terminés par de longs pédoncules dichotomes , dont chaque branche porte un faux corymbe de fleurs monopétales à deux lèvres d'un violet plus ou moins foncé. Serre tempérée ; même culture. Multiplication de boutures à froid.

CAMARA , *Lantana* , LIN. , page 429 , tome III. Ajoutez :

9. CAMARA MULTIFLORE , *Lantana multiflora* , HORT. PAR. ♄. De l'Amérique méridionale. Arbuste vigoureux, à feuilles allongées et rugueuses. Pendant une grande partie de l'année, fleurs naissant deux à deux dans les aisselles des feuilles, d'abord couleur de chair , puis d'un beau rose. Serre chaude ; même culture.

10. CAMARA DE SELLOW, *Lantana Sellowii*, HORT. (Pl. 8, Journal et Flore des Jardins.) ♄. Du Brésil. Tiges de dix-huit pouces ; feuilles pétiolées, opposées, ovales, cordiformes, dentées , ridées, odorantes. De juin en octobre, fleurs nombreuses d'un violet foncé plus pâle au centre ; en tête ombelliforme. Serre tempérée, terre légère.

CAMELLIA , *Camellia,* LIN. , page 287 , tome IV, et page 23 , supplément N° 1.

Un assez grand nombre de nouvelles variétés ont été obtenues ; je me contenterai de citer les suivantes comme les plus remarquables :

34. CAMELLIA IMPÉRIAL , *Camellia imperialis*. (Pl. 2, Ann. de Fl. et de Pom., 1832-33.) Fleurs doubles, d'une jolie forme, à pétales irréguliers , d'une belle couleur de chair, striés d'un rose vif.

35. Camellia a réseaux, *C. reticulata*, Hort. angl. (Pl. 30, Ann. de Fl. et de Pom., 1832-33.) Fleurs de cinq à huit pouces de diamètre; pétales ondulés d'un rose vif; étamines à anthères jaunes, groupés au centre; nervures des feuilles formant réseau sur leurs bords.

36. Camellia de Colville, *C. Colvillii.* Fleurs doubles, petites comme celles du *C. pomponia;* pétales d'un blanc rose, un peu crispés et rayés de rose purpurin.

De mes Semis.

37. Camellia gracieux, *C. amœna.* Fleurs doubles, d'un rouge clair; pétales extérieurs rangés comme les plumes d'un volant.

38. Camellia rouge-feu, *C. ignea.* Fleurs pleines, fort grandes, d'un rouge de feu brillant; pétales de la circonférence d'une très-grande dimension.

39. Camellia a feuilles rondes, *C. rotundifolia.* Fleurs de moyenne grandeur, très-pleines, assez régulières, d'un rose vif.

40. Camellia de Flore, *C. Floræ.* Fleurs très-doubles, bien faites, de moyenne grandeur, d'un rouge vif.

41. Camellia rose de Chine, *C. rosa Sinensis.* Fleurs bien faites et d'un joli rose.

42. Camellia a feuilles de myrte et a grandes fleurs, *C. myrtifolia grandiflora.* Fleurs très-doubles, de quatre pouces de diamètre, d'un rouge laque, nuancé et veiné de carmin pourpre; pétales très-amples, arrondis, bordés de rose pâle. J'ai reçu ce dernier directement de la Chine. Il fleurit en mai.

CAMPANULE, *Campanula,* Lin., page 607, tome III. Ajoutez :

27. Campanule rouge, *Campanula rubra.* (Pl. 23, Journal et Flore des Jardins.) ♃. Tige droite, ferme, presque filiforme, de quatre à six pouces de hauteur; feuilles alternes, sessiles, ovales, pointues; en juillet, fleurs terminales, à pédoncules recourbés; corolle d'un rouge vineux, pâle. Serre tempérée. Multiplication par éclats des pieds.

28. Campanule a fleurs en bourse, *C. marsupiiflora*, Fisch. (Pl. 36, Journal et Flore des Jardins.) ♃. De Russie. Tige cylindrique, glabre, d'un à deux pieds; feuilles radicales, pointues, glabres, profondément dentées; feuilles caulinaires, alternes, étroites, sessiles; celles de la partie supérieure presque linéaires. En juin et juillet, fleurs pendantes, nombreuses, d'un beau bleu azur. Multiplication de graines semées en mars et avril en pots, pour être repiquées en plein air quand le plant est assez fort. Terre bien meuble.

CANNE A SUCRE, *Saccharum*, Lin., page 41, tome III. Ajoutez :

Canne a sucre rubanée, *Saccharum fasciolatum*, Tussac. ♃. D'Otaïti. Tiges grosses, alternativement rayées de jaune et d'un beau violet. C'est la variété dont il est question page 41, à la suite du N° 1. On fait avec ses tiges des boutures que l'on plante dans une position horizontale, afin de favoriser l'émission des jets sur chaque nœud.

CAPUCINE, *Tropæolum*, Lin., page 322, tome IV. Ajoutez :

5. Capucine tricolore, *Tropæolum tricolorum*, Swett. ♃. Feuilles peltées et profondément découpées; fleurs nombreuses, axillaires, d'une couleur écarlate orangé éclatante, avec une bordure de pourpre foncé, presque noir. Même culture : elle est très-convenable pour garnir les berceaux, car elle s'élève de dix à douze pieds.

Au N° 1, grande capucine, *Tropæolum majus*, Lin.; rapportez la variété suivante :

Capucine mordorée, var. *atropurpureum*, Nob. Cette capucine, improprement nommée d'*Alger*, puisqu'elle est cultivée en France dès 1828, est remarquable par la belle couleur veloutée de ses pétales. On la multiplie facilement de boutures que l'on fait d'avril en septembre, qu'on tient en serre tempérée l'hiver, et qu'on met en pleine terre en mai. En la semant il y a toujours quelques individus qui retournent au type.

CARMANTINE, *Justicia*, Lin., page 405, tome III. Ajoutez :

§ Ier. — *Tiges ligneuses.*

23. a. Carmantine élégante, *Justicia elegans*. ♄. De l'Inde. Tiges et rameaux cylindriques verts, formant un buisson de deux à trois pieds de haut ; feuilles opposées, lancéolées, pointues, d'un vert pâle ; pédoncules axillaires portant à leur sommet deux folioles bractéales contenant quatre à six fleurs ; corolle à tube grêle, filiforme, long d'un pouce, tordu, à limbe d'un beau violet ; la lèvre supérieure marquée à sa base de quelques points irréguliers d'un pourpre foncé et velouté. Serre chaude. Multiplication de boutures et de graines.

§ II. — *Tiges herbacées.*

26. Carmantine couleur de chair, *Justicia carnea*, Bot. reg. ♃. De Rio-Janeiro. (Pl. 22, Annales de Flore et de Pomone, 1833-34.) Tiges nombreuses, frutescentes, quadrangulaires, d'un vert noirâtre, de quatre pieds de hauteur ; feuilles ovales, lancéolées, acuminées, crénelées, glabres, à pétiole court ; épi terminal composé d'une infinité de petites feuilles entremêlées de fleurs nombreuses, à corolle de couleur carnée de deux pouces et demi de longueur. Serre tempérée ; bonne terre légère, mêlée de terreau. Multiplication de boutures.

CATTLEY, *Cattleya*. (Gynandrie monandrie, Lin.; Orchidées, Juss.)

Cattley de Forbes, *Cattleya Forbesii*, Lindl. (Pl. 48, Ann. de Fl. et de Pom., 1833-34.) ♃. De l'Amérique méridionale. Plante produisant trois à quatre tiges hautes de cinq à six pouces, noueuses et munies de gaînes membraneuses appliquées, terminées ordinairement par deux feuilles sessiles, ovales, allongées, obtuses, fermes, d'un beau vert et entières sur les bords. Du milieu des deux feuilles s'élève une spathe monophylle, ouverte au sommet, d'où sort un pédoncule arrondi, un peu plus long que la spathe, portant un ovaire courbe ayant à son sommet une fleur composée d'un périanthe à six parties, dont trois redressées, deux défléchies en bas, d'un vert jaunâtre en dedans, brunâtre à l'extérieur. La sixième division se trouve au centre ; longue de dix-huit à vingt lignes, à trois lobes obtus, dont le moyen est crêpu sur les bords, paraissant tubulé , d'un blanc verdâtre en dessous, jaune et strié de pourpre en dessus ; style courbe. Serre chaude la plus vaporeuse possible. Terre composée de détritus végétaux, ou de mousse très-consommée ; les pots doivent être remplis au tiers de tessons.

CÉRAISTE, *Cerastium*, Lin., page 394, tome IV. Ajoutez :

4. Céraiste des collines, *Cerastium collinum*, Ledeb. ♃. Du Caucase. Tiges hautes de six à huit pouces, garnies de petits poils ; feuilles sessiles, aiguës, longues d'un pouce et velues. Chaque tige est terminée par une grande fleur blanche ; de chaque côté se développent deux rameaux bifurqués longs de deux pouces, et terminés par une petite ombelle de sept ou huit fleurs, qui se succèdent de mars en juin. Pleine terre. Multiplication de graines et par éclats du pied.

CHÈVREFEUILLE, *Lonicera*, Lin., page 151, tome IV. Ajoutez :

§ Ier. — *Chèvrefeuilles.*

9 *bis*. Chèvrefeuille de la Chine, *Lonicera Sinensis*. ♄. Arbuste très-sarmenteux, à rameaux velus, nombreux, très-divergens, se développant presque toute l'année. Feuilles pétiolées, ovales, allongées, un peu cordiformes à la base, blanchâtres en-dessous et à nervures purpurines ; fleurs nombreuses, purpurines en boutons, blanches écloses, et jaunes en se fanant ; trois fois par an ; à odeur délicieuse. Même culture.

CHIRONE, *Chironia*, Lin., page 525, tome III. Ajoutez :

7. Chirone a trois nervures, *Chironia trinervia*, Hortul. (Pl. 19, Annales de Flore et de Pomone, année 1833-34.) ♄. Sous-arbrisseau à tige rameuse, et pouvant s'élever de trois à quatre pieds ; feuilles opposées, en croix, courtement sessiles

et paraissant comme perfoliées, lancéolées, arrondies à la base, pointues au sommet, entières sur les bords, glabres, à trois nervures en-dessous ; fleurs terminant les tiges, ordinairement au nombre de trois ; corolle d'un pourpre foncé, bien ouverte. Serre tempérée, terre de bruyère. Multiplication de boutures étouffées.

CHORYSÈME, *Chorysema*, LABILL. , page 520, tome IV. Ajoutez :

2. CHORYSÈME D'HENCHMANN, *Chorysema Henchmanni*. (Pl. 36, Annales de Flore et de Pomone, année 1833-34.) ♃. Nouvelle Hollande. Tiges presque ligneuses ; feuilles linéaires d'un vert brun, disposées confusément autour de la tige, quelques-unes ternées. Fleurs disposées en spirale autour des rameaux, rapprochées, à ailes pourpre foncé, et étendard un peu échancré, d'un rose violet, à onglet jaune. Même culture.

3. CHORYSÈME A FEUILLES CUNÉIFORMES, *Chorysema rhombea*, R. BROWN. (Pl. 44, Annales de Flore et de Pomone, 1833-34.) ♄. Nouvelle-Hollande. Tiges grêles, cylindriques, volubiles, hautes d'un à deux pieds ; feuilles simples, alternes, entières, presque sessiles, variant de forme et de longueur. Corolle papillonacée ; étendard de couleur orange foncé, à onglet jaune ; les ailes d'un rouge brun. Même culture.

CINÉRAIRE, *Cineraria*, LIN., page 87, tome IV. Ajoutez :

14. CINÉRAIRE A FLEURS BLANCHES, *Cineraria lactea*, WILLD., SWET.; *Cineraria alba*, HORT. ♄. Tiges hautes de douze à quinze pouces, cylindriques, blanches et tomenteuses ; pétioles nus, arrondis, cotonneux ; feuilles petites, cordiformes, à peine lobées, crénelées, blanchâtres en-dessus, tomenteuses, et d'un beau blanc en-dessous. Fleurs terminales, portées sur des pédoncules uniflores, formant un corymbe allongé et lâche ; pétales d'un beau blanc en-dessus et en-dessous, disque d'un bleu de ciel léger. Orangerie, et même culture.

CLARKIE, *Clarkia*, PURSH ; Onagres, JUSS.; Octandrie monogynie, LIN.

CLARKIE ÉLÉGANTE, *Clarkia pulchella*, PURSH. ☉. De la Colombie. Tige droite, rameuse, haute d'un à deux pieds ;

feuilles linéaires, lancéolées; tout l'été, fleurs nombreuses, axillaires et terminales, à quatre pétales spatulés, opposés en croix, d'un beau violet pourpre; pistil couronné par quatre stigmates pétaliformes offrant l'apparence d'une petite fleur blanche. On la multiplie de graines semées en place à l'automne ou au printemps. Plein air.

CLÉMATITE, *Clematis*, Lin., page 132, tome IV. Ajoutez :

§ Ier. — *Tiges grimpantes : feuilles composées.*

10. a. CLÉMATITE CYLINDRIQUE, *Clematis cylindrica*, Decand. (Pl. 7, Journal et Flore des Jardins.) ♃ . Amérique septentrionale. Tiges hautes de deux à trois pieds au plus; feuilles pinnées à cinq ou sept folioles ovales, oblongues, pédicellées, glabres, entières; pétioles vrillés. De mai en septembre, fleurs solitaires terminales, penchées, d'un bleu violacé. Plein air, terre de bruyère, multiplication d'éclats.

CORÉOPE, *Coreopsis*, Lin., page 110, tome IV. Ajoutez :

12. CORÉOPE D'ATKINSON, *Coreopsis Atkinsoniana*, Bot. reg. ♂ . De l'Amérique septentrionale. Tige de deux à trois pieds; rameaux opposés, nombreux, trifurqués au sommet, d'où se développent des fleurs portées sur des pédoncules longs de deux à trois pouces, en corymbe paniculé; feuilles pinnatifides; les radicales pétiolées, les caulinaires sessiles. De juin en août, fleurs grandes, nombreuses, composées de demi-fleurons d'un beau jaune, à disque brun. Multiplication de graines; semis au printemps en terre meuble et légère, et repiquage en juin.

CORNARET, BICORNE, *Martynia*, Lin., page 520, tome III. Ajoutez :

7. CORNARET A FLEURS JAUNES, *Martynia lutea*, Bot. reg. (Pl. 27, Annales de Flore et de Pomone, 1832-33.) ☉ . Du Brésil. Tiges grosses, succulentes; feuilles opposées, à pétioles fistuleux, pubescens, cordiformes, pubescentes, larges, à nervures saillantes en-dehors. Fleurs en épis pédonculés, à tube court s'évasant en un limbe à cinq divisions d'un beau jaune. Points bruns à l'intérieur et sur la division inférieure. Fleurit de juillet en octobre. Culture du N° 1.

CORONILLE, *Coronilla*, Lin., page 622, tome IV.
Ajoutez :

8. Coronille de montagne, *Coronilla montana*, Decand.;
Coronilla coronata, Bot. mag. ♃. De la Carniole et des montagnes de la Suisse. Tiges nombreuses, cylindriques, un peu
glauques, hautes de douze à dix-huit pouces; feuilles alternes
à sept ou neuf folioles ovales, mucronées; stipules opposées
aux feuilles. Pédoncules axillaires, longs de trois à quatre
pouces, portant une ombelle de dix-huit à vingt-quatre fleurs
jaunes et petites et d'une odeur peu agréable. Gousse glabre
contenant trois à cinq graines cylindriques allongées. Culture
du N° 1.

COSTUS, *Costus*, Lin., page 264, tome III.
Ajoutez :

7. Costus de Pison, *Costus Pisoni*, Hort. angl. ♃. De
l'Amérique méridionale. Tiges cylindriques, articulées, de
dix-huit pouces à deux pieds; feuilles grandes, ovales. Fleurs
d'un rose carminé, sortant de bractées imbriquées, rougeâtres,
terminant les rameaux. Même culture.

COTONEASTER, *Cotoneaster*, Medick., Lindl.,
Decand.; (Icosandrie pentagynie, Lin.; Rosacées, Juss.)
Ce genre, formé d'un démembrement de celui *Mespylus*, a pour caractères : fleurs quelquefois polygames
par avortement; calice turbiné obtusément à cinq dents;
pétales courts, droits, quelquefois ouverts; étamines
égales aux dents du calice; ordinairement deux styles
glabres plus courts que les étamines. Fruits baccifor-
mes couronnés par les dents du calice, et renfermant
deux à trois capsules osseuses.

1. Cotoneaster commun, *C. vulgaris*, Lind., Decand. Swet.;
Mespylus Cotoneaster, Lin. Voyez N° 2 Néflier cotonneux,
page 490, tome IV.

2. Cotoneaster tomenteux, *C. tomentosa*, Lindl.; *Mespylus eriocarpa*, Dec. ♄. Montagnes du Jura et des Alpes.
Arbrisseau à feuilles elliptiques, la plupart obtuses. Pédoncule et calice laineux. Fruits rouges.

3. COTONEASTER A FLEURS LACHES, *C. laxiflora*, JACQ. FILS.; *Mespylus laxiflora*, DESF.; *C. melanocarpa*, HORTUL. ♄. Arbrisseau droit, rameux, formant buisson. Feuilles arrondies, rugueuses. Feurs en corymbe lâche. Fruits petits et noirs.

4. COTONEASTER AFFINIS, *Cotoneaster affinis*, LINDL., DECAND; *Mespylus integerrima*, LAM. ♄. Du Népaule. Feuilles ovales, mucronées et à base amincie. Calice et pédoncule laineux; fleurs en corymbe peu fourni.

5. COTONEASTER ACUMINÉ, *C. acuminata*, LINDL.; *Mespylus acuminata*, LODD. ♄. Du Népaule. Arbrisseau à tiges et rameaux bruns, feuilles acuminées un peu velues; pédoncules et calice nus. Un ou deux fruits, réfléchis gros et rouges.

6. COTONEASTER A PETITES FEUILLES, *C. microphylla*, LINDL.; *Mespylus microphylla*, DESF. ♄. Petit arbrisseau toujours vert, de trois à cinq pieds; rameaux presque érigés, feuilles alternes, pétiolées, longues de six à huit lignes, larges de deux, lancéolées, presque glabres en dessus et d'un beau vert, tomenteuses en dessous. Fleurs solitaires, ou au nombre de deux ou trois, d'un beau blanc.

7. COTONEASTER A FEUILLES DE BUIS, *C. buxifolia*, H. P. *Mespylus buxifolia*, H. P. (Pl. 21, Annales de Flore et de Pomone, 1833 – 34.) ♄. Du Népaule. Petit arbrisseau toujours vert de deux à quatre pieds diffus; rameaux horizontaux et même pendans. Feuilles alternes, glabres en dessus, et d'un beau vert, blanches et tomenteuses en dessous; longues de sept à neuf lignes, larges de trois à quatre. Fleurs quelquefois solitaires, ou réunies deux ou trois en petits corymbes, blanches; fruits rouges.

Tous ces arbrisseaux se multiplient par la greffe sur épine blanche, par marcottes, et même de boutures, les deux derniers surtout; ils sont de plein air; cependant il est prudent d'en conserver en orangerie. On multiplie aussi par le semis ceux qui mûrissent leurs graines.

CRINOLE, *Crinum*, LIN., page 190, tome III.
Ajoutez :

9. CRINOLE AIMABLE, *Crinum amabile*, DOR. ♃. Du Bengale. Plante superbe de grande dimension. Feuilles longues et larges; hampe de quinze à vingt-cinq pouces d'élévation. Om-

belle de fleurs grandes d'un beau rouge carminé et d'une odeur suave, se montrant de mars en juillet. Culture du N° 1.

10. CRINOLE CAREYANUM, *Crinum careyanum*, SWET. ♃. De l'Amérique méridionale. Feuilles ensiformes de deux pieds de longueur, et de trois pouces de largeur; hampe de deux pieds, comprimée dans toute la longueur, d'un rose tendre marbré de brun, terminée par une spathe purpurine. Dix à quinze fleurs d'un blanc de neige portées chacune sur un tube d'un blanc bleuâtre; elles sont odorantes. Serre tempérée. Même culture.

11. CRINOLE DE COMMELINE, *Crinum Commelini*, KERS. ♃. De l'Amérique méridionale. Fleurs, au nombre de trois à cinq au sommet d'une hampe haute d'un à deux pieds, ayant elles-mêmes neuf pouces de longueur. Le tube est vert et le limbe d'un beau blanc. Culture du N° 1.

CROSSANDRE, *Crossandra*, Didynamie angios-permie, LIN.; Acanthacées, JUSS.

CROSSANDRE A FEUILLES ONDULÉES, *Crossandra undulœfolia*, SALISB.; *Ruellia infundibuliformis*, AND.; *Harrachia speciosa*, JACQ. ♄. Indes orientales. Tige droite à écorce verte; feuilles opposées ovales, nervurées, ondulées sur les bords. De mai en septembre, fleurs en épis terminaux de forme quadrangulaire, de deux à trois pouces de longueur, portant chacun trente à quarante fleurs safranées à trois lobes larges subdivisés.

Elle a une variété sous le nom de CROSSANDRE DE DEUX COULEURS, *Crossandra bicolor*, HORT. (Figurée, Annales de Flore et de Pomone, année 1834–35, pl. 3.) Ses fleurs plus grandes ont une macule jaune à l'onglet des pétales. Multiplication de boutures et de graines. Serre tempérée très-éclairée. Terre douce et légère ou terreau pur bien consommé.

CYPRIPÈDE, *Cypripedium*, LIN., page 291, t. III. Ajoutez :

11. CYPRIPÈDE INSIGNE, *Cypripedium insigne*. (Pl. 18, Journal et Flore des Jardins.) ♃. Feuilles radicales, angu-leuses, en gouttière, longues de sept à huit pouces, larges de sept à huit lignes, pointues; hampe d'un beau pourpre,

longue de huit à dix pouces. Spathe portant une fleur très-belle. Labelle ayant la forme d'un sabot vert jaune en dedans, vert olive à l'extérieur strié de pourpre ; à l'intérieur est un opercule pétaloïde, subcordiforme, jaune serin et portant une proéminence de même couleur. Le pétale supérieur blanc de neige au sommet, vert-pomme strié de pourpre à la base, les trois autres vert olivâtre, onglet velu et pourpre ; stries de même couleur. Même culture.

12. Cypripède gracieux, *Cypripedium venustum*, (Pl. 4, Annales de Flore et de Pomone, 1832-33.) ♃. Du Népaule. Hampe s'élevant de six à huit pouces, de couleur pourpre violet. Feuilles radicales, engaînantes, lancéolées, longues de six à sept pouces ; surface supérieure d'un beau vert, maculée de vert plus foncé ; surface inférieure fond olive maculé et strié de pourpre violet. Spathe univalve de couleur marron. Fleur solitaire ; labelle plus longue que les autres pétales, renflée, de couleur pourpre violet, marquée de lignes vertes simulant des écailles en dessus et en dedans d'un vert olivâtre clair ; les quatre autres pétales d'un blanc verdâtre strié longitudinalement de raies vertes, pourpré et strié de même couleur avec quelques macules pourpres. Même culture.

DAHLIA, *Dahlia*, Cav., page 98, tome IV, et 3₂, Supplément n° 1. Ajoutez :

Ce genre est devenu si fécond, qu'il faudrait des volumes pour décrire toutes les variétés nouvelles, car la nomenclature est si peu régulière qu'il est impossible de s'entendre par le secours des dénominations seules. D'ailleurs la facilité d'obtenir par le semis des gains nouveaux ne permet pas d'assigner de bornes à cette multiplicité, et je m'abstiendrai d'indiquer les variétés obtenues depuis la publication de mon premier supplément. Mes gains personnels suffiraient seuls à remplir tout l'espace que je veux consacrer à ce second supplément, et je n'aurais pas en les décrivant rendu de grands services aux amateurs de ces belles plantes. Je crois donc devoir conseiller à ceux qui voudraient se former un choix bien fait en ce genre de visiter les collections les plus estimées et de voir eux-mêmes les variétés qu'ils désireraient acquérir. Je n'ai rien négligé pour que la mienne pût leur offrir un assez grand nombre de sortes qui réunissent au mérite du coloris celui de la forme et du port. Au reste, l'innombrable diversité de couleurs, de grandeurs et de formes qui se rencontrent parmi les dahlia les rend d'un emploi très-fréquent et toujours fort convenable à la décoration des parterres et des scènes pittoresques dans les grands jardins.

DAVIÉSIE, *Daviesia,* LIN., pag. 581, tome IV. Ajoutez :

DAVIÉSIE A LARGES FEUILLES, *Daviesia latifolia,* ♄. Tige paraissant devoir atteindre quatre ou cinq pieds, grêle, peu rameuse ; feuilles ovales légèrement mucronées, très-veinées, persistantes, d'un vert terne, à peine crénelées. En avril, fleurs papillonacées, très-nombreuses, petites, en épis naissant à l'aisselle de chaque feuille ; étendard grand, jaune ainsi que les ailes, et marqué à la base, comme celles-ci, d'une grande macule d'un pourpre brunâtre. Orangerie éclairée, terre de bruyère. Mêmes moyens de multiplication.

DIOCLEA, DECAND. (Diadelphie décandrie, LIN.; Légumineuses, JUSS.) Calice à quatre divisions, garni, à sa base, de deux bractées latérales, étroites et laciniées. Corolle papillonacée, oblongue, lisse et réfléchie ; dix étamines diadelphes ; stigmates quelquefois adhérant en dessous, en forme de massue ; disque urcéolé en dessous ; légume comprimé, polyspérme ; semences à hile linéaire.

DIOCLÉE A FEUILLES DE GLYCINE, *Dioclea glycinoïdes,* HORT. PAR. DECAND. (Figurée, Annales de Flore et de Pomone, année 1834-35, pl. 1.) ♄. Nouvelle-Grenade. Tiges sarmenteuses, glabres, à écorce striée et subéreuse à la base ; rameaux alternes, pousses de l'année pubescentes ; feuilles alternes, glabres, persistantes, ovales, mucronées, composées de trois folioles portées sur un pétiole commun d'un à deux pouces, renflé à sa base. Les deux folioles inférieures opposées, attachées à la moitié environ du pétiole commun par un pétiole particulier, court, un peu renflé, et muni, à sa partie supérieure, d'une stipule linéaire brune et dressée ; la troisième foliole est terminale et n'a point à son pétiole de stipule comme les deux autres. Fleurs géminées, dont l'une s'épanouit avant l'autre, formant épi sur de petits rameaux axillaires. La corolle est longue d'un pouce, d'un rouge écarlate, avec une petite échancrure au sommet, et une macule d'un blanc pur à la base, se prolongeant en pointe aiguë vers le haut. Les ailes sont étroites, de même couleur que la corolle, avec une raie blanche qui part de l'onglet et se prolonge comme une nervure longitudinale; la carène n'est soudée qu'à la moitié supérieure; de chaque côté, sa base est garnie d'une petite auricule; elle est liserée de blanc à l'intérieur, et de violet à l'extérieur.

Il y a chaque soir dans cette légumineuse un mouvement d'irritabilité par lequel les pétioles se redressent contre les tiges, et les feuilles se ferment sur elles-mêmes en appliquant l'une sur l'autre chaque moitié de leur page supérieure.

On peut la cultiver en pleine terre; mais elle perd ses tiges pendant l'hiver. Mieux serre tempérée. Multiplication de boutures et marcottes.

DOMBEY, *Dombeya,* Monadelphie polyandrie, Lin.; Malvacées, Juss.

Dombey de la Reine, *Dombeya Reginæ,* (Annales de Flore et de Pomone, pl. 7.) *Dombeya Ameliæ,* Guillem.; *Astrapæa viscosa,* Swet. ♄. De Madagascar. Tige d'un rouge cannelle, haute de vingt à vingt-cinq pieds, susceptible d'acquérir une grande hauteur sur sa zone naturelle. Bois tendre et blanc, jeunes rameaux verts et très-visqueux; feuilles alternes, grandes, arrondies, échancrées à la base, à trois lobes peu profonds, dentées, à nervures bien saillantes; stipules vertes, courtes élargies. Fleurs portées sur des pédoncules axillaires, en tête globuleuse à cinq angles, de la grosseur d'une noix avant l'épanouissement, et en ombelle absolument sphérique ayant sept à huit pouces de circonférence. Chacune des fleurs est portée sur un pédicule velu, portant un calice à cinq divisions profondes; corolle monopétale à cinq divisions profondes, à limbe coupé obliquement d'un blanc rosé au sommet et d'un beau pourpre à la base.

Serre chaude, et même serre tempérée; terre moitié franche, moitié de bruyère; rempotages fréquens. Multiplication de boutures étouffées et de marcottes.

DRACOCÉPHALE , *Dracocephalum*, Lin. , p. 456, tome III. Ajoutez :

11. Dracocéphale remarquable, *Dracocephalum speciosum*, Swett. ♃ . De l'Amérique septentrionale. Tige grosse , ferme , haute de trois à quatre pieds; feuilles opposées, glabres, à dents pointues, rameuses au sommet , à rameaux terminés par un épi serré de fleurs grosses , d'un beau rose violacé et régulièrement disposées sur quatre rangs. Fleurit en août et septembre. Pleine terre de bruyère. Multiplication de graines et par l'éclat de ses racines en automne.

DRAGONIER , *Dracœna* ; Lin. , page 81 , tome III. Ajoutez :

11. Dragonier du Brésil , *Dracœna Brasiliensis* , Hort. angl. ♄ . De l'Amérique méridionale. Tige s'élevant de cinq à dix pieds ; feuilles portées par un pétiole long de quatre à cinq pouces, canaliculées, ovales, oblongues, longues de dix-huit pouces à deux pieds, larges de sept à huit, d'un beau vert luisant. Hampe s'élevant de la rosette terminale à sept ou huit pouces de longueur ; terminée par un épi pyramidal , à rameaux horizontaux et simples, couverts de fleurs sessiles , petites , verdâtres , légèrement teintées de pourpre au sommet. Serre chaude, terre franche légère. Multiplication de drageons ou de graines venues de son pays natal.

ECCRÉMOCARPE , *Eccremocarpus*. Didynamie angiospermie , Lin.; Bignonées , Juss.

Eccrémocarpe a fruit rude, *Eccremocarpus scaber*, Ruitz et Pav. (Figuré Journal et Flore des Jardins, pl. 3 , page 3.) ♄ . Du Chili. Tiges ligneuses grimpantes, s'élevant à douze ou quinze pieds ; feuilles opposées , ailées, à folioles incisées. En juillet et août, fleurs d'un rouge orangé très-brillant, en grappe simple; calice violacé, monophylle, campanulé, à cinq divisions aiguës; corolle monopétale, irrégulière, tubuleuse; quatre étamines fertiles, une cinquième avortée; ovaire libre; fruit pendant, ampuliforme, recourbé, tuberculeux, scabre; graines membraneuses, rondes, aplaties , noires, imbriquées. Pleine terre, avec couverture l'hiver sur la racine.

ÉLICHRYSE , *Elichrysum* , Willd. , page 32, tome IV.

8. Élichryse a bractées, *Elichrysum bracteatum* , Vent. Ajoutez : Il existe une nouvelle variété de cette espèce à fleurs blanches et qui est fort jolie. La couleur est l'unique différence qui la distingue de son type.

EMBOTHRION , *Embothrium* , Forst. , page 336, tome III. Ajoutez :

7. Embothrion a feuilles d'acanthe , *Embothrium acanthifolium* , Hort. Angl. ♄. De la Nouvelle-Hollande. Tige de quatre à cinq pieds , raide , grêle , feuilles entières , pinnatifides , à pinnules terminées par trois lobes aigus , épineux ; fleurs en épi unilatéral , à pétales jaunâtres , et à pistil très-long et d'un joli rose.

ÉPACRIDE , *Epacris* , Cav. , tome III , page 602. Ajoutez :

7. Epacride comprimée, *Epacris impressa* , Hortul. (Figurée, Ann. de Flore et de Pomone, 1833-34. pl. 42.) ♄. Nouvelle-Hollande. Tige haute de douze à quinze pouces , garnie de feuilles ouvertes , lancéolées , acuminées , terminées par des fleurs axillaires d'un rose carmin vif.

8. Épacride variable, *Epacris variabilis* , Hortul. ♄. Tige de douze à dix-huit pouces, garnie de feuilles espacées, pointues ; fleurs axillaires le long de la tige et la terminant ; corolle d'un rose tendre à limbe blanchâtre.

ÉPHÉMÉRINE , *Tradescantia* , Lin. , page 101, tome III. Ajoutez :

10. Éphémérine a tige épaisse, *Tradescantia crassipes* , Hort. Angl. ♃. De l'Amérique méridionale. Tige de dix-huit pouces , glabre , luisante , articulée , verte et d'un violet foncé à l'intérieur ; feuilles épaisses , ovales , lancéolées , semi-engaînantes ; fleurs très-nombreuses , blanches , en tête formée par la réunion de plusieurs ombelles. Culture du n° 6.

11. Éphémérine élevée, *Tradescantia subaspera* , Bot. Mag. ♃. De l'Amérique septentrionale. Tiges droites , ra-

meuses, hautes de trois à quatre pieds ; feuilles alternes, engaînantes, lancéolées, falciformes, longues de huit pouces à un pied, larges d'un pouce et pointues ; fleurs d'un beau bleu clair avec les anthères jaunes, en ombelle terminale. Terre meuble, toute exposition, mais mieux mi-soleil. Arrosement pendant l'été seulement. Multiplication par éclats du pied à l'automne, de boutures sur couche tiède en juillet et août, et enfin de graines sur couche ou en pleine terre.

ÉRABLE, *Acer*, Lin., page 247, tome IV. Ajoutez :

17. Érable de Lobel, *Acer Lobelii*, Tenor. ♄. Arbre de première grandeur ; jeunes tiges et rameaux élégamment striés de blanc et de violet pâle, et munis d'une efflorescence glauque, comme celle qui couvre les prunes ; feuilles portées sur de longs pétioles, glabres en dessus et en dessous, d'un beau vert, à cinq lobes acuminés, comme entiers, et ondulés sur les bords ; base tronquée horizontalement. On le multiplie de graines et par la greffe sur ses congénères. C'est un bel arbre de plein air, qui diffère de l'*Acer platanoïdes* par la forme de son feuillage et les stries des rameaux.

18. Érable de Naples, *A. Neapolitanum*, Tenor. ♄. Arbre moyen à feuilles grandes, épaisses, glauques et cotonneuses en-dessous à cinq lobes arrondis. Multiplication par la greffe.

ÉRANTHÉME, *Eranthemum*. Diandrie monogynie, Lin. ; Acanthacées, Juss.

Éranthême dressée, *Eranthemum strictum*, Fl. indica. Bot. reg. ♄. De l'Inde. Tiges droites, d'un vert brun, absolument tétragones dans leur jeunesse, renflées aux articulations, glabres et quelquefois rugueuses étant adultes ; feuilles opposées, décurrentes sur le pétiole, denticulées au sommet, glabres et à nervures très-prononcées en dessous. D'octobre en janvier, épi de fleurs long, grêle, terminant les tiges et les rameaux, garni de bractées opposées en croix, lancéolées et ciliées sur les bords. De chaque bractée sort une fleur d'un beau bleu, à tube grêle, courbé, long de dix-huit à vingt-deux lignes. Serre chaude. Multiplication facile de boutures.

ÉRANTHÊME A FEUILLES LUISANTES, *Eranthemum lucidum*, HORTUL. ♄. De Ceylan. Tiges de sept à huit pieds; rameaux d'un vert rougeâtre, articulés, obscurément tétragones; feuilles très-grandes, courtement pétiolées, opposées, ovales et lancéolées, persistantes, coriaces, d'un vert luisant. En novembre, fleurs blanchâtres en épi terminal, composé de bractées larges, arrondies, de même nature que les feuilles, et accompagnant chacune une fleur. Même culture.

ÉRODIER, *Erodium*, WILLD., page 317, tome IV. Ajoutez :

10. ÉRODIER TARDIF. *Erodium serotinum*, STEVEN. ♃. De la Tauride. Tiges rameuses, striées, velues, hautes d'un à deux pieds, étalées; feuilles opposées, pinnatifides, pubescentes. De mai en novembre, fleurs grandes d'un beau bleu, disposées en ombelle de huit à dix fleurs. Pleine terre.

ESCALLONIE, *Escallonia*, MUTIS., RHOEM. et SCHULTZ. DECAND. (Pentandrie monogynie, LIN.; Éricées, JUSS.). Calice à tube semi-globuleux, adhérant à l'ovaire; limbe à cinq lobes; cinq pétales insérés au calice; cinq étamines à anthères ovales oblongues; style filiforme, persistant; stigmate pelté; capsule en forme de baie, couronnée par le style et le calice, s'ouvrant à la base en plusieurs pores irréguliers; semences nombreuses.

ESCALLONIE A FLEURS NOMBREUSES, *Escallonia floribunda*, KUNT. ♄. De l'Amérique. Tige droite de trois à quatre pieds, rameuse; feuilles ovales, allongées, très-finement dentées, ayant une très-petite échancrure au sommet, glabres, luisantes, un peu coriaces. Fleurs blanches, nombreuses en belles panicules terminales. Orangerie et même plein air; terre légère ou de bruyère. Multiplication de marcottes et boutures.

ESCALLONIE VISQUEUSE, *Escallonia viscosa*, HORT. ♄. De l'Amérique. Tiges droites de quatre à six pieds; jeunes rameaux rougeâtres, munis de glandes visqueuses; feuilles alternes, ovales, finement crénelées, glabres, luisantes et visqueuses en-dessus dans leur jeunesse; fleurs en grappes terminales, à pédicelles courts, ayant une bractée à leur base, à pétales d'un blanc jaunâtre. Même culture.

ESCALLONIE ROUGE, *Escallonia rubra*, PERS. ♄. Du Chili. Petit arbrisseau à tiges et rameaux effilés; à feuilles persistantes, et à fleurs rouges d'un bel effet. Serre tempérée. Rare.

ESCHOLTZIE, *Escholtzia*. Polyandrie monogynie, LIN.; Papavéracées, JUSS.

ESCHOLTZIE DE LA CALIFORNIE, *Escholtzia Californica*, CHAMPS. ♂ ou peut-être ♃. De la Californie. Plusieurs tiges étalées, longues d'un à deux pieds, d'un vert glauque, cylindriques et molles; feuilles pétiolées, alternes, très-divisées, à folioles linéaires, obtuses, du même vert. De mai en août, fleurs terminales, grandes, d'un beau jaune plus foncé au centre. Multiplication par semis en terre ordinaire au printemps; elle fleurit la même année; ou en septembre en pots pour repiquer en place au printemps, ce qui hâte la floraison. Elle a donné une variété à fleurs doubles extrêmement remarquable.

EUPHORBE, *Euphorbia*, LIN. , page 657, tome IV. Ajoutez :

17. EUPHORBE DE BRÉON, *Euphorbia Breoni*, HORTUL. *E. splendens*, BOT. MAG. *E. Millii*, DESMOULINS. ♄. Plante de trois à quatre pieds ; tige garnie d'épines noires, éparses, acérées et longues de six à huit lignes ; feuilles coriaces, alternes, ovales, spatulées, glabres, d'un beau vert, mucronées ; fleurs pédicellées deux à deux, axillaires, d'un beau rouge cramoisi. Serre chaude; terre légère; multiplication de boutures. Il faut la tenir en pots d'une petite dimension.

FABIÈNE, *Fabiana*, RUITZ et PAV. Pentandrie monogynie, LIN.; Convolvulacées, JUSS.

FABIÈNE IMBRIQUÉE, *Fabiana imbricata*, RUITZ et PAV. ♄. Du Pérou. Arbrisseau d'un port élégant, effilé, droit, fastigié, s'élevant de cinq à six pieds; feuilles courtes, charnues, imbriquées. Au printemps, fleurs nombreuses, tubuleuses, blanches, axillaires et terminales. Plein air, avec couverture l'hiver. Multiplication de boutures.

FICOIDE, *Mesembryanthemum*, Lin., page 439, tome IV. Ajoutez :

B. Une tige.

**** Feuilles convexes en dessous.**

35. a. Ficoide glabre, *Mesembryanthemum glabrum*, Hort. ♂. Tiges herbacées, rameuses, droites, hautes de six à sept pouces, à feuilles charnues, amplexicaules et glabres partout; fleurs radiées, grandes, d'un beau jaune doré, s'ouvrant bien. Multiplication de graines que l'on peut semer à diverses époques. On sème en terre légère, en pot, en serre ou sous châssis, ou à bonne exposition quand les gelées ne sont plus à craindre.

FRANCOA, *Francoa*, Cav. (Décandrie pentagynie, Lin.; Saxifrages, Juss.) Calice à 4-5 divisions, 4-5 pétales, 8-10 étamines fertiles, et autant de stériles plus courtes que les premières et alternant entre elles; ovaires libres, ovales à 4-5 lobes, 4-5 stigmates sessiles; capsule polysperme à 4-5 valves.

1. Francoa appendiculée, *Francoa appendiculata*, Cav. (Figurée planche 13, Ann. de Flore et de Pomone, 1834-1835.) ♃. Du Chili. Feuilles radicales, serrées, pétiolées, ovales, sinuolées, ondulées et tomenteuses en dessus, presque glabres en dessous et à nervures saillantes, larges de deux pouces à deux pouces et demi, longues de cinq à six pouces, pétiole compris, qui est muni de trois à quatre appendices. Tiges nues, droites, simples ou très-peu rameuses, hautes de dix-huit à vingt-quatre pouces, velues et maculées de pourpre. De mai en juillet, épi terminal de soixante à quatre-vingts fleurs roses, striées de blanc, pédicellées et alternes autour et en haut de la tige, et long d'un pied environ. De pleine terre l'été et serre tempérée l'hiver. Multiplication de graines et de boutures.

2. Francoa a feuilles de laitron, *Francoa sonchifolia*, Willd. (Figurée pl. 14, Ann. de Flore et de Pom., 1834-1835.) ♃. Du Chili. Plante plus forte dans toutes ses parties que la précédente; fleurs également plus grandes et d'un pourpre violet nuancé de blanc; fleurissant à la même époque. Même culture.

3. FRANCOA A FLEURS BLANCHES, *Francoa alba, Francoa ramosa,* HORTUL. (Figurée pl. 15, Annales de Flore et de Pom ,
1834-1835.) ♃. Du Chili. Tige d'un vert purpurin, velue à sa
base, glabre au sommet, haute de trois pieds ; épi terminal de
cent cinquante à cent soixante fleurs petites et d'un beau blanc.
Plusieurs petits épis de dix à douze fleurs à la base du grand ;
feuilles plus petites que dans les deux autres. Même culture.

FRITILLAIRE, *Fritillaria,* LIN., p. 124, tome III.
Ajoutez :

8. FRITILLAIRE A INVOLUCRE, *Fritillaria involucrata,* ALLIONII,
Flor. Pedem. (Figurée pl. 33, Annales de Flore et de Pomone,
1832-1833.) ♃. Du Piémont. Petite bulbe blanche, écailleuse ;
tige cylindrique, glabre, d'un vert glauque ; haute de neuf pouces
à un pied ; feuilles linéaires, lancéolées, d'un vert glauque et
glabre ; fleur solitaire, terminale, réfléchie en bas ; périgone d'un
vert glauque légèrement et irrégulièrement maculé de pourpre
brun. Plein air, terre de bruyère. Multiplication de caïeux.

9. FRITILLAIRE OBLIQUE, *Fritillaria obliqua,* BOT. MAG.;
F. tulipifolia, MARSCH.; *F. Caucasica,* ADAM. (Figurée pl. 37,
Annales de Flore et de Pomone, 1832-1833.) ♃. Du Caucase.
Bulbe petite, écailleuse, émettant une tige arrondie, rougeâtre
à la base, d'un vert glauque dans le reste de la longueur ; haute
de neuf à douze pouces, nue dans la moitié de sa hauteur. Le
reste muni de feuilles alternes, sessiles, semi-amplexicaules,
lancéolées, obtuses, très-entières, planes et d'un vert glauque ;
fleur solitaire, terminale, penchée, d'un pourpre brun en dessus, ponctué d'un jaune verdâtre en dedans ; l'extrémité du
limbe d'un jaune pur. Même culture ; cependant il faut en garder en serre tempérée pour parer aux accidens.

FUCHSIE, *Fuchsia,* JUSS., page 455, tome IV.
Ajoutez :

7. FUCHSIE A PETITES FEUILLES, *Fuchsia mycrophylla,* KUNTH.
(Fig. pl. 25, Flore des Jardins.) ♄. Du Mexique. Petit arbuste
touffu, s'élevant de dix-huit pouces à deux pieds ; tige droite,
grêle, de couleur brune, à rameaux opposés ; feuilles petites,
dentées, crépues en verticilles de trois à quatre ; fleurs pendantes, axillaires d'un pourpre vif. Culture du N° 1.

8. FUCHSIE GRÊLE, *Fuchsia decussata,* FLOR. PERUV.; *F. gra-*

cilis, Bот. reg. ♄. Du Chili. Tige de trois à quatre pieds ; feuilles opposées, lancéolées, dentées ; fleurs d'un beau rouge , longues de deux pouces, pendantes, nombreuses, soutenues par un pédoncule long. Calice d'un beau rouge, s'évasant à la partie supérieure pour laisser voir la corolle d'un beau bleu foncé. Cet arbuste passe en plein air.

9. Fuchsie effilée, *Fuchsia virgata*, Swett. (Fig. pl. 11, Annales de Flore et de Pomone, 1834–1835.) ♄. Du Mexique. Tige et rameaux effilés, d'un rouge brun, s'élevant de deux à quatre pieds ; feuilles opposées, lancéolées, pointues ; fleurs solitaires , axillaires ; pédoncules longs, filiformes , pendans ; calice coloré d'un beau rouge ; pétales roulés en tube, d'un beau violet pourpre. Serre tempérée ; terre de bruyère. Multiplication comme les autres espèces.

10. Fuchsie globuleuse, *Fuchsia globifera*, Hort. Angl. ♄. Arbuste paraissant devoir s'élever peu , puisqu'il fleurit à la hauteur de quatre à six pouces ; tige grise, jeunes rameaux rouges poussant horizontalement ; feuilles opposées portées par de courts pétioles ronds. Fleurs sortant des aisselles des feuilles ; pédoncules grèles, pendans, rougeâtres ; calice globuleux, rouge ; pétales un peu roulés en tube, d'un beau violet. Serre tempérée. Multiplication de boutures.

FUMETERRE , *Fumaria,* Lin., page 218, tome IV. Ajoutez :

5. Fumeterre gracieuse, *Fumaria eximia*, Bот. Reg.; *Diclytra eximia*, Decand. (Figurée pl. 29, Journal et Flore des Jardins.) ♃. Tige charnue , écailleuse, longue de trois à cinq pouces, poussant entre deux terres, et se redressant au-dessus d'un à deux pouces ; feuilles à pétioles canaliculés , pinnatifides ; tige florale, nue, haute de six à huit pouces, se ramifiant en plusieurs grappes de fleurs d'un rose pourpre. Plein air et culture du N° 1.

FUSAIN, *Evonymus,* Lin., page 640, tome IV. Ajoutez :

6. Fusain nain, *Evonymus nanus*, Marsch. ♄ Du Caucase. Petit arbuste ne s'élevant que de trois à quatre pieds ; feuilles étroites, glabres, longues d'un à deux pouces, d'un vert foncé,

presque persistantes. En mai, fleurs petites et nombreuses, de couleur brune, à la base des jeunes rameaux. Tout terrain. Multiplication de boutures des jeunes rameaux, en pots de terre de bruyère, sur couche tiède, de marcottes et de greffes sur l'*E. Europæus.*

7. FUSAIN DE LA CHINE, *Evonymus Chinensis*, HORT. ♄. De la Chine. Arbrisseau petit, rameux, toujours vert; tige arrondie, verte et glabre, ainsi que les rameaux; feuilles opposées, pétiolées, ovales, oblongues, un peu acuminées, très-entières, glabres des deux côtés, d'un vert plus foncé en dessus qu'en dessous; fleurs d'un vert jaunâtre, naissant à la base des jeunes pousses, sur des pédoncules dichotomes au sommet, filiformes. Même culture.

8. FUSAIN D'HAMILTON, *Evonymus Hamiltoniana*, HORT. ♄. Du Népaule. Tiges grosses, robustes, grisâtres sur le vieux bois, s'élevant de douze à quinze pieds; feuilles grandes, ovales, lancéolées, un peu allongées, nervurées, très-finement dentées. Il paraît capable de résister à nos hivers. Multiplication par la greffe sur le fusain commun.

GALANE, *Chelone*, LIN., page 516, tome III.
Ajoutez :

3. GALANE A GRANDES FLEURS, *Chelone major*, BOT. MAG.; *C. Lyonii*, PURSH.; *C. speciosa*, HORTUL. (Figuré Annales de Flore et de Pomone, 1832-1833, pl. 29.) ♃. De l'Amérique septentrionale. Tiges de dix-huit pouces à deux pieds, carrées; feuilles opposées, cordiformes, acuminées, dentées, rugueuses, d'un vert foncé, velues. En août et septembre, fleurs formant un épi terminal serré sur lequel elles sont disposées sur quatre rangs, d'un rose violacé. Culture du n° 1.

4. GALANE A LARGES FEUILLES, *Chelone latifolia*, HORTUL. ♃. Tiges droites, rameuses, glabres, presque rondes, de trois à cinq pieds; feuilles opposées, lancéolées, acuminées, dentées, glabres sur les deux surfaces. En septembre et octobre, fleurs disposées sur quatre rangs en épis serrés terminaux, à tube blanc et à limbe violacé. Elle pourrait bien n'être qu'une variété des numéros 1 et 2. Même culture.

5. GALANE BARBUE, *C. barbata*, CAV.; *C. rueillioïdes*, AND.

♃. Du Mexique. Tiges de deux pieds, divergentes ; feuilles inférieures spatulées, les caulinaires lancéolées De juin en octobre, fleurs écarlates en grappes ; la lèvre inférieure garnie de poils dorés à lignes rouges. Même culture.

6. GALANE CAMPANULÉE, *C. campanulata*, CAV. ♃. Tiges de deux à trois pieds ; feuilles lancéolées. De juin en octobre, fleurs en épi, campanulées, rouge foncé en dehors, blanchâtre en dedans. Même culture.

GALARDIENNE, *Galardia*, FOUGEROUX, page 115, tome IV. Ajoutez :

3. GALARDIENNE ARISTÉE, *Galardia aristata*, PURSH. ♃. De l'Amérique septentrionale. Même port que le n° 2 ; fleurs plus grandes, mais à couleurs moins intenses. Même culture.

GATTILIER, *Vitex*, LIN., page 425, tome III. Ajoutez :

3. GATTILIER EN ARBRE, *Vitex arborea*, FISCH. ♄. De la Chine. Tiges de six à huit pieds ; rameaux grisâtres, incanes, un peu velus ; feuilles quinées à folioles ovales, dentées, acuminées, glauques et pubescentes en dessous. En septembre, fleurs petites, nombreuses, blanches, en panicule terminale. Plein air, avec couverture au pied pendant l'hiver ; exposition chaude, en terre meuble. Multiplication de boutures et marcottes qu'il faut garantir du froid.

4. GATTILIER A TROIS FEUILLES, *Vitex trifoliata*, LIN. ♄. De l'Inde. Tige de trois à six pieds, terminée par une tête arrondie ; feuilles petites, ovales, simples, ou trifoliées, blanchâtres en dessous ; fleurs bleues en petite panicule terminale. Même culture.

GEISSOMÉRIE, *Geissomeria*. (Didynamie angiospermie, LIN. ; Acanthacées, JUSS.)

GEISSOMÉRIE A LONGUES FLEURS, *Geissomeria longiflora*, BOT. REG. (Annales de Flore et de Pomone, 1833-1834, pl. 16.) ♄. Du Brésil. Tige rameuse, droite, haute de deux à quatre pieds ; feuilles ovales, oblongues, ondulées ; fleurs en épis serrés, imbriquées, tubuleuses, pourpre vif en dehors, jaune en dedans. Serre chaude et culture des *justicia*.

GESNÉRIE, *Gesneria*, Lin., page 611, tome III.
Ajoutez :

Gesnérie brillante, *Gesneria rutila*, Lindl. ♄. Du Brésil.
Tiges hautes de dix-huit pouces à deux pieds ; feuilles opposées,
lancéolées, obtuses, crénelées ; fleurs en épis terminaux d'un
beau rouge brillant, velues en dessus. Serre chaude, en pots
de terre de bruyère pure ou mêlée de terre franche. Multiplication de boutures faites avec les tiges, ou de feuilles,
étouffées sous cloche dans la tannée de la serre ou sous châssis
chaud.

GESSE, *Lathyrus*, Lin., page 618, tome IV.
Ajoutez :

11. Gesse a grandes fleurs, *Lathyrus grandiflorus*, Bot.
mag. ♃. Europe mérid. Tiges anguleuses, un peu ailées, de
quatre à cinq pieds ; feuilles composées de deux folioles opposées, ovales, obtuses, glabres et ondulées sur les bords ;
fleurs pédicellées, par deux sur chaque pédoncule, à étendard
de dix-huit à vingt lignes de large, d'un beau rose violacé
marqué à sa base d'une macule jaune verdâtre ; ailes d'un
violet pourpre, carène rose pâle. Exposition chaude. Multiplication de graines, qu'il vaut mieux semer en place, car cette
plante redoute la transplantation.

GILIE, *Gilia*. (Pentandrie monogynie, Lin. ; Polé-
moines, Juss.)

Gilie en tête, *Gilia capitata*, Hook. ♂. Tige très-rameuse, haute de deux à trois pieds ; feuilles laciniées à divisions nombreuses et linéaires ; fleurs en tête réunies deux à
trois ensemble sur un pédoncule commun fort long ; fleu-
rettes nombreuses, serrées, d'un beau bleu de ciel. Pleine
terre légère. Multiplication de graines. Culture des reines
marguerites.

GLAYEUL, *Gladiolus*, Lin., page 242, tome III.
Ajoutez :

Glayeul cardinal, *Gladiolus cardinalis*, Red. Liliac.
(Annales de Flore et de Pomone, 1832-1833, pl. 9.) ♃. Du

Cap de Bonne-Espérance. Hampe d'un pied et demi ; feuilles ensiformes, amplexicaules à la base. En juillet et août, fleurs grandes, à corolle d'un rouge écarlate ; le tube est blanc, et une zone de même couleur s'étend au centre des trois divisions supérieures jusqu'aux deux tiers de leur longueur.

GLAYEUL PERROQUET, *Gladiolus psittacinus*, LIND. (Annales de Flore et de Pomone, 1833-1834, pl. 12.) ♃. Du Cap. Feuilles gladiées, pointues, engaînantes à leur base, longues de huit à dix pouces ; tiges naissant du centre des feuilles, et du double au moins plus longues qu'elles. De la fin de juillet en août, fleurs grandes, au nombre de six à dix, presque unilatérales au sommet des tiges, d'un rouge sanguin flagellé de jaune en dessus ; les trois divisions inférieures d'un beau jaune serin à la base.

GLAYEUL VELU, *Gladiolus hirsutus*, JACQ. ♃. Du Cap. Feuilles linéaires et ensiformes, pubescentes, formant à leur base une gaîne velue ; fleurs presque régulières, un peu ondulées, d'un rose frais.

GLAYEUL ÉLEVÉ, *Gladiolus pulcherrimus*, HORT. ♃. Feuilles ensiformes, glauques, longues de quinze à dix-huit pouces ; hampe de deux à trois pieds, terminée par des fleurs distiques d'un rose lilacé, avec les trois pétales inférieurs maculés au centre de blanc entouré d'azur.

GLAYEUL A FLEURS ROSES, *Gladiolus roseus*, HORT. ♃. Tige de deux pieds et demi, flexueuse, glabre ; feuilles très-engaînantes, pubescentes, lancéolées, de quatre à cinq pouces de longueur sur près d'un pied de largeur, à trois nervures principales, ayant une bordure étroite, cartilagineuse et transparente. En janvier et février, fleurs roses, exhalant une odeur suave, avec une ligne longitudinale pourprée.

GLOXINIE, *Gloxinia*, L'HER. (Didynamie angiospermie, LIN. ; Bignonées, JUSS.)

1. GLOXINIE MACULÉE, *Gloxinia maculata*, L'HER. ♃. De l'Amérique méridionale. Racine tuberculeuse en forme de chapelet ; tige herbacée, haute d'un pied, maculée de lignes pourpres ; feuilles cordiformes, dentées ; fleurs d'un bleu violacé en grappe terminale, assez grandes et munies de

bractées. Multiplication par la division des racines. Serre chaude.

2. GLOXINIE JAUNE, *Gloxinia lutea*, BOT. REG. ♃. Du Brésil. Tige sous-ligneuse, haute d'un pied ; feuilles ovales, grandes, rouges en dessous ; fleurs jaunes, axillaires et terminales, munies de grandes bractées. Même culture.

3. GLOXINIE BRILLANTE, *Gloxinia speciosa*, BOT. MAG. ♃. Du Brésil. Tige courte ; feuilles radicales, oblongues, velues, violâtres en dessous ; fleurs bleues, nombreuses, portées par de longs pédoncules radiculaires. Même culture.

4. GLOXINIE VELUE, *Gloxinia hirsuta*, R. BROWN. ♃. De la Nouvelle-Hollande. Tige presque nulle ; feuilles velues ; fleurs plus nombreuses, moins grandes et d'un bleu plus clair que dans la précédente. Même culture.

5. GLOXINIE A GRANDES FLEURS, *Gloxinia caulescens*, HORT. PAR. ♄. De Fernambouc. Tige carrée, haute d'un pied ; feuilles pétiolées, ovales, crénelées ; fleurs très-grandes, d'un beau bleu violacé, portées sur de longs pédoncules terminaux, et axillaires. Même culture et multiplication de boutures.

GLYCINÉ, *Glycine*, LIN., page 604, tome IV.

Ajoutez :

3. GLYCINÉ DE LA CHINE, *Glycine Sinensis*, CURT. ; *Apios Sinensis*, SPRENG. ♄. De la Chine. Tige sarmenteuse ; feuilles ailées. En avril, fleurs grandes, d'un bleu pâle, à odeur suave, et disposées en longues grappes pendantes. Serre tempérée, ou plein air avec couverture au pied ; terre légère. Multiplication de marcottes et boutures.

GNIDIENNE, *Gnidia*, LIN., page 321, tome III.

Ajoutez :

8. GNIDIENNE A FLEURS DORÉES, *Gnidia aurea*, HORT. ANGL. ♄. Du Cap. Tige grêle, glabre, de dix-huit pouces à deux pieds ; feuilles éparses, petites, linéaires, lancéolées, aiguës. De juin en septembre, fleurs en tête, d'un jaune doré, ayant les quatre écailles dentées, aussi grandes que les divisions calicinales. Même culture.

GRENADILLE, *Passiflora*, LIN., page 675, tome IV.

** *Feuilles bilobées.*

Ajoutez :

11. a. GRENADILLE DE DEUX COULEURS, *Passiflora discolor*, LINKS ♄. Du Brésil. Tiges presque plates, ainsi que les rameaux; feuilles à deux lobes très-divariqués, d'un beau violet pourpre en dessous, et d'un vert sombre en dessus; fleurs blanches de peu d'apparence, quoique ayant quinze à dix-huit lignes de diamètre. Serre chaude. Multiplication de marcottes, boutures et greffes.

GROSEILLIER, *Ribes*, LIN., page 427, tome IV.

Ajoutez :

6. GROSEILLIER SANGUIN, *Ribes sanguineum*, PURSH. (Annales de Flore et de Pomone, 1833-1834, pl. 9.) ♄. De la Colombie. Tiges formant un buisson de cinq à six pieds de hauteur. Le bois est pourpre brun, sans épines; feuilles cordiformes, longues de deux pouces et larges d'un et demi; pédoncule long d'environ quatre pouces, flexueux, pubescent, portant une grappe de vingt à vingt-cinq fleurs, dont le calice est d'un rouge purpurin brillant, et les pétales blancs d'abord et se colorant ensuite. Culture des groseilliers à fruits comestibles. On en connaît une variété dont la couleur est rouge pâle.

7. GROSEILLIER DORÉ, *Ribes aureum*. ♄. De Hongrie. Arbrisseau de quatre à six pieds, à rameaux droits et grêles; feuilles ovales, trilobées. En avril, fleurs en grappe courte, à calice tubuleux, jaunes, et à pétales entiers, d'abord verts et ensuite rougeâtres; fruit petit, rond, orangé. Même culture.

8. GROSEILLIER ODORANT, *Ribes palmatum*, HORT. ♄. De l'Amérique septentrionale. Il diffère du précédent par ses rameaux divergens, ses feuilles plus grandes, ses grappes de fleurs plus longues, leurs pétales échancrés passant au pourpre, l'odeur de girofle qu'elles exhalent, et la couleur de son fruit ressemblant au cassis. Même culture.

HARICOT, *Phaseolus*, LIN., page 602, tome IV.

Ajoutez :

3. HARICOT D'ESPAGNE, *Phaseolus multiflorus*, WILLD.; *Ph.*

coccineus, Lin. ☉. Tiges de dix à douze pieds ; belles grappes de fleurs rouges écarlates pendant tout l'été. Elle a une variété à fleurs et graines blanches ; une nouvelle variété à fleurs rouges et blanches vient d'être introduite d'Angleterre ; l'étendard est d'un beau rouge et les deux ailes sont blanches. Les graines sont variées de brun et de blanc, et peuvent être comestibles. Culture ordinaire des haricots.

HÉLIANTHÈME, *Helianthemum*, Juss., page 76, tome IV. Ajoutez :

Hélianthème des Algarves, *Helianthemum Algarvense*, Dec.; *Cistus algarvensis*, Bot. mag. (Journal et Flore des Jardins, pl. 34). ♄. Du Portugal. Tige haute d'un à deux pieds ; rameaux opposés, velus ; feuilles à la base, opposées, presque sessiles, ovales, incanes, tomenteuses en dessous, longues d'un demi-pouce ; à la partie supérieure, sessiles, ovales, lancéolées, plus longues que les inférieures. Du 15 mai à la fin de juillet, fleurs terminales en panicule, à pétales grands, d'un beau jaune, avec une macule brune à l'onglet. Multiplication de graines, boutures, marcottes et greffe. Serre tempérée l'hiver.

HÉMÉROCALLE, *Hemerocallis*, Lin., page 120, tome III. Ajoutez :

7. Hémérocalle du Japon, *Hemerocallis Japonica*, Thumb. ♃. Du Japon. Feuilles radicales en cœur, un peu allongées, à nervures comme celles du plantain, d'un vert frais. En juillet et août, fleurs nombreuses semblables à de petits lis, d'un blanc pur, à odeur suave, en épi muni de larges bractées et porté sur une hampe d'un pied. Terre franche, légère. Exposition du midi, couverture l'hiver. Multiplication de semences par la séparation des racines en septembre.

8. Hémérocalle distique, *Hemerocallis distica*, Hort. ♃. Du Japon. Tige nue de deux pieds, glabre, légèrement glauque, ramifiée dans le haut ; feuilles étroites, longues de deux pieds, carénées, distiques sur chaque rameau ; cinq à six fleurs longues de quatre pouces, d'un jaune très-pâle en dessous, roussâtre en dessus. Orangerie, et même plein air, avec couverture l'hiver ; terre de bruyère mélangée de terre franche. Multiplication par la séparation des turions.

HÉMITOME, *Hemitomus*, L'Hérit., page 477, tome III. Ajoutez :

HÉMITOME A FEUILLES AIGUES, *Hemitomus acutifolius, Alonzoa acutifolia*, RUITZ et PAV. ; *A. elegans*, HORTUL. (Annales de Flore et de Pomone, 1832-1833, pl. 31.) ♄. Du Pérou. Petit sous-arbrisseau, diffus ; rameaux s'élevant de dix-huit pouces à deux pieds ; jeunes tiges et rameaux d'un vert teinté de brun, légèrement tétragones, glabres, et un peu luisantes ; feuilles opposées, lancéolées, aiguës, profondément dentées ; fleurs axillaires dans les aisselles des feuilles supérieures des tiges et rameaux, d'un beau rouge, pourpré au fond. Serre tempérée ; terre de bruyère. Multiplication de graines et boutures.

HOLMSKIOLDIE, *Holmskioldia*, RETZ. DESF. (Didynamie angiospermie, LIN. ; Viticées, JUSS.) Calice d'une seule pièce, grand, irrégulièrement anguleux, plane, arrondi, entier sur les bords ; corolle monopétale à cinq divisions inégales ; quatre étamines didynames, un style, stigmate bifide.

HOLMSKIOLDIE SANGUINE, *Holmskioldia sanguinea*, SPRENG. DESF. ; *Hastingia coccinea*, SMITH ; *Platunum rubrum*, JUSS. (Annales de Flore et de Pomone, 1832-1833, pl. 28.) ♄. De l'Inde. Tiges rameuses, grises ; rameaux nombreux, effilés, un peu tétragones ; feuilles opposées ; ovales, acuminées, dentées, glabres sur les deux surfaces, un peu rugueuses, à nervures saillantes en dessous ; fleurs nombreuses, en grappes rameuses, terminales, au nombre de trois à six sur les petits rameaux ; calice d'un rouge sanguinolent ; corolle tubuleuse longue, d'un beau rouge. Serre chaude. Multiplication de boutures.

HOVÉE, *Hovea*, HORT. KEW. (Décandrie monogynie, LIN. ; Légumineuses, JUSS.) Calice à deux lèvres, la supérieure divisée en deux parties peu profondes, larges et obtuses ; l'inférieure, également en deux parties. Carène obtuse ; étamines réunies, ou la dixième libre par le sommet ; légume sessile, presque sphérique, contenant deux graines, dont l'une avorte souvent.

1. Hovée a feuilles lancéolées, *Hovea lanceolata*, Bot.
mag. (Annales de Flore et de Pomone, 1833–1834, pl. 39.) ♄.
De la Nouvelle-Hollande. Tige de trois à six pieds, à rameaux
alternes, érigés, peu ramifiés, légèrement velus. Feuilles simples, alternes, dressées, lancéolées, mucronées, d'un vert
foncé, luisant en dessus, ferrugineuses et tomenteuses en-
dessous. En avril et mai, fleurs se développant par deux,
dont une de chaque côté du pétiole, d'un violet foncé, avec
une petite macule blanche à la base de l'étendard. Serre tempérée, terre de bruyère. Multiplication de marcottes et de
graines. Arrosemens fréquens pendant l'été.

2. Hovée a feuilles linéaires, *Hovea longifolia*, R. Brown.
♄. De la Nouvelle-Hollande. Tige droite de deux pieds; feuilles
linéaires, raides, ferrugineuses en dessous, longues de deux
pouces. En février, petites fleurs axillaires d'un bleu vif. Même
culture.

HUGÈLE, *Hugelia*. (Pentandrie digynie, Lin.; Ombellifères, Juss.)

Hugèle bleue, *Hugelia cœrulea*, Reich.; *Didiscus cœruleus*,
Hook, Bot. mag. (Journal et Flore des Jardins, pl. 16.) ⊙.
De la Nouvelle-Hollande. Plante herbacée, dressée, rameuse,
velue; feuilles trifides, à lobes incisés; fleurs en ombelle simple
d'un bleu clair. Semer de bonne heure sur couche, et repiquer
en terre douce terreautée.

IRIS, *Iris*, Lin., page 220, tome III.

§ Ier. —*Fleurs barbues; feuilles ensiformes.*

4. Iris jaune, *Iris lutescens*, Willd. Ajoutez : Cette plante
a produit une variété à fleurs pourpres, *Iris lutescens*, Var.
purpurea. Elle diffère de son type non-seulement par la hauteur de sa hampe et de son feuillage, mais encore par la couleur de sa fleur, dont les trois divisions extérieures, renversées
en dehors, sont d'un violet pourpre foncé, et comme velouté
sur la lame : l'onglet a quelques légères stries blanchâtres, et
une raie barbue jaunâtre; les trois intérieures sont rétrécies, et
d'un beau violet pourpre.

14. Iris plissée, *Iris plicata*, Lam. Ajoutez : Une variété
existe de cette iris sous le nom d'*Iris barbensis*. Elle est infi-

niment plus belle que son type. Le feuillage est vigoureux ; la hampe s'élève de trente à trente-six pouces. Les fleurs sont grandes, à pétales extérieurs blancs, bordés de stries d'un pourpre violet ; la barbe blanche à pointes jaunes ; pétales intérieurs redressés, d'un beau blanc, striés de violet ; stigmates pourprés ; odeur douce et agréable.

24 a IRIS A TROIS FLEURS, *Iris triflora*, BALBIS. (Annales de Flore et de Pomone, 1833-1834, pl. 34.) ♃. D'Italie. Feuilles engaînantes, linéaires, glabres, très-pointues, hautes de dix-huit à vingt-quatre pouces ; tige arrondie, glabre, d'un violet pourpre, haute de douze à quinze pouces, portant une spathe renfermant trois fleurs qui paraissent en mai. Les trois divisions extérieures grandes, spatulées, d'un beau violet pourpre au sommet, marquées à la base de quelques points blancs, et de brun et de jaune sur la partie la plus étroite ; les trois intérieures sont lancéolées, redressées et d'un beau violet ; les trois stigmates sont d'un violet pourpre. Plein air, à bonne exposition, et couverture l'hiver. Multiplication par la séparation des touffes.

24 b. IRIS DE BELGIQUE, *Iris Belgica*, NOB. Fleurs grandes comme celles de l'*Iris Germanica;* les pétales extérieurs sont colorés d'un jaune citron foncé, les intérieurs d'un jaune plus pâle. C'est peut-être une variété de l'*Iris variegata.*

§ II. — *Fleurs sans barbes ; feuilles ensiformes.*

29. IRIS FAUX AÇORE, *Iris pseudo-acorus*, LIN. Ajoutez : Une variété de cette iris est connue sous le nom d'*Iris lechnavensis*, HORT. Elle est moitié moins grande ; tige un peu flexueuse, terminée par une spathe renfermant deux à trois fleurs petites, d'un jaune serin uniforme. Plein air ; terrain frais.

IXORA, *Ixora*, page 139, tome IV. Ajoutez :

9. IXORE ROSE, *Ixora incarnata*, SWETT. ♄. De la Chine. Tige haute de trois à quatre pieds, bifurquée, très-ligneuse, à écorce brune ; feuilles sessiles, opposées, oblongues, de trois à quatre pouces de longueur sur dix-huit lignes de largeur, un peu ondulées, nerveuses, d'un beau vert ; stipules subulées ; fleurs terminales, odorantes, en corymbe élargi, de couleur rose carné. Serre tempérée l'hiver ; plein air à bonne exposition l'été.

JASMIN, *Jasminum*, Lin., page 419, tome III.
Ajoutez :

12. Jasmin a feuilles variées, *Jasminum heterophyllum*, Roxb. (Annal. de Flore et de Pomone, 1832–1833, pl. 6.) ♄. Du Népaule. Tiges droites, effilées, grises, pouvant s'élever à huit et dix pieds. Rameaux bruns ponctués de blanchâtre ; feuilles éparses, portées sur des pétioles bruns comme les rameaux ; limbe tantôt simple, ovale, acuminé, entier, d'un beau vert, lisse des deux côtés ; tantôt à deux ou trois folioles, ayant la même forme, mais alors les latérales sont beaucoup plus petites que la terminale, qui a quelquefois six pouces de long, et trente lignes de large. Fleurs en panicule, d'un beau jaune, paraissant en juillet et août. Orangerie. Multiplication de marcottes et boutures.

13. Jasmin a feuilles pointues, *Jasminum acuminatum*, Spreng. ♄. De la Nouvelle-Hollande. Feuilles entières, acuminées, d'un beau vert ; fleurs petites, blanches, nombreuses, à odeur suave et douce. Serre chaude.

14. Jasmin de Wallich, *Jasminum Wallichii*, Hortul.; *J. pubigerum*, Don. ♄. Du Népaule. Tiges un peu volubiles, anguleuses, glabres ; feuilles ailées avec impaire de cinq à neuf folioles. De mai en août, fleurs en ombelles terminales, de couleur jaune. Multiplication de boutures et de marcottes, et par la greffe. Orangerie, ou châssis froid l'hiver.

KETMIE, *Hibiscus*, Lin., page 337, tome IV. Ajoutez :

19. Ketmie moscheutos, *Hibiscus moscheutos*, Lin. De l'Amérique septentrionale. ♃. Tiges de trois à quatre pieds ; feuilles ovales, pointues, dentées, blanches, et tomenteuses en dessous. En septembre, fleurs larges de quatre pouces, à pétales blancs, dont l'onglet est pourpre. Plein air ; terre douce, fraîche, mi-soleil ; couverture au pied pendant les fortes gelées.

20. Ketmie rose, *Hibiscus roseus*, Thor. ♃. De l'Amérique septentrionale. Tige rameuse, haute de trois à quatre pieds ; feuilles cordiformes, pointues, dentées, tomenteuses en dessous ; pédoncule géniculé vers le haut. En septembre, fleurs larges de cinq pouces, à pétales roses, dont l'onglet est pourpre. Même culture.

21. Ketmie militaire, *Hibiscus militaris*, Cuv. ♃. De l'A-

mérique septentrionale. Tiges de quatre pieds; feuilles lancéolées, glabres des deux côtés, dentées. En septembre, fleurs larges, d'un rose foncé. Même culture.

22. KETMIE A FEUILLES DE CHANVRE, *Hibiscus cannabinus*, LIN. ☉. Du Sénégal. Tiges droites, hautes de quatre à six pieds; feuilles alternes, presque cordiformes à la base, trifides ensuite, et palmées vers le haut, dentées; fleurs grandes, presque sessiles, axillaires, à pétales d'un jaune pâle, dont l'onglet est taché d'une large macule pourpre foncé. Fleurs de juillet en septembre. Multiplication de graines sur couche et sous châssis, en pots de terre légère. On repique lorsque le plant a développé sa deuxième ou troisième feuille, et on replace sous châssis pendant quelque temps; ensuite à l'air libre en mai, en terre meuble et légère. Arrosemens copieux en été.

KAULFULSSIE, *Kaulfulssia*. (Syngénésie polygamie superflue, LIN.; Corymbifères, JUSS.)

KAULFULSSIE AMELLOÏDE, *Kaulfulssia amelloïdes*, BOT. REG. ♂. Du Cap de Bonne-Espérance. Tiges diffuses, grêles, tombantes, un peu redressées au sommet. Feuilles sessiles, linéaires, velues, opposées à la base des tiges, alternes en haut. Pédoncules solitaires, velus, terminés par un calice à douze ou quatorze folioles, velues et cartilagineuses. En septembre et octobre, fleurs composées de douze à quatorze demi-fleurons femelles, d'un joli bleu d'azur; les fleurons du centre à cinq divisions égales et bleuâtres. Multiplication de graines semées au printemps, en pot, sur couche, et repiquer le plant en pleine terre, à bonne exposition.

LAVANÈSE, *Galega*, LIN., page 616, tome IV.

Ajoutez :

3. LAVANÈSE D'ORIENT, *Galega Orientalis*, LIN. ♃. Du Levant. Tiges cylindriques de trois à quatre pieds; feuilles alternes ailées avec impaire, à cinq paires de folioles ovales lancéolées, accompagnées de stipules. De mai en juin, fleurs d'un beau bleu, nombreuses, disposées en épis terminaux. Plein air. Multiplication faite par éclat du pied, à l'automne, et de graines semées aussitôt après la maturité ou au printemps.

LEBRETONIE, *Lebretonia*, Dec. (Polyandrie, Lin.; Malvacées, Juss.)

Lebretonie écarlate, *Lebretonia coccinea*, Dec. (Annales de Flore et de Pomone, années 1833–1834, pl. 31). ♄. Du Brésil. Tige droite, peu rameuse, de trois à quatre pieds; feuilles simples, alternes, ovales, cordiformes, dentées régulièrement, acuminées, ciliées; pendant une partie de l'année, fleurs axillaires terminales, d'un beau rouge écarlate, ressemblant à quelques espèces d'*Hibiscus*. Air libre et bonne exposition pendant l'été. Serre tempérée pendant l'hiver. Bonne terre meuble légère; arrosemens fréquens pendant sa végétation.

LECHENAULTIE, *Lechenaultia*, R. Brown. (Pentandrie monogynie, Lin.; Campanulacées, Juss.)

Lechenaultie gracieuse, *Lechenaultia formosa*, R. Brown. ♄. De la Nouvelle-Hollande. Arbrisseau à port de bruyère; feuilles subulées, éparses, ponctuées. Fleurs coccinées, bilabiées, axillaires, et dans la dichotomie des rameaux. Terre de bruyère. Serre tempérée. Culture et multiplication comme les bruyères.

LILAS, *Syringa*, Lin., page 410, tome III. Ajoutez :

Lilas Josika, *Syringa Josikæa*, Jacq. ♄. De la Transylvanie. Nouvelle espèce découverte par la baronne de Josika, dont il porte le nom. Il a la grandeur du lilas commun; feuilles opposées, entières, ovales, pointues à leur base et à leur extrémité, d'un vert luisant en dessus, glauque en dessous, glabres, longues de trois à quatre pouces, et larges de deux; fleurs en thyrses, longs d'un pied, dressés et médiocrement garnis de fleurs d'un bleu violacé, ayant une très-faible odeur de jasmin. Terre substantielle mêlée de terreau de feuilles. Exposition un peu ombragée. Multiplication par racines, par la greffe et de boutures.

LIMODORE, *Limodorum*, Swartz., page 286, tome III. Ajoutez :

8. Limodore mignon, *Limodorum pulchellum*, Hortul.; *Limodorum hyacinthinum*, Smith. ♃. Feuilles radicales, lancéolées,

aiguës, nerveuses, plissées longitudinalement, d'un beau vert ; hampe simple, de quinze à dix-huit pouces, d'un violet pourpre foncé, surmontée d'une grappe de dix à douze fleurs grandes, et attachées autour de la hampe par des pédoncules cylindriques, d'un rose foncé. Fleurs d'un pourpre violacé brillant. Serre tempérée ; culture du n° 1.

LISERON, *Convolvulus*, Lin., page 507, tome III.
DIVISION PREMIÈRE. — *Tiges grimpantes*.

8. A. Liseron de Buénos-Ayres, *Convolvulus Bonariensis*, Cav. ♃. De Buénos-Ayres. Tiges filiformes, volubiles, de trois à cinq pieds. Feuilles alternes, variables ; fleurs solitaires, grandes, d'un beau rose, striées de lignes plus foncées. Plein air l'été. Serre tempérée l'hiver. On peut le cultiver comme plante annuelle en semant ses graines en mars, dans des petits pots sur couche. On repique en place en avril ou mai ; arrosemens fréquens en été, nuls en hiver.

LITTA, *Littæa*, Thagl. (Hexandrie monogynie, Lin. ; Broméliacées, Juss.)

Litta a fleurs géminées, *Littæa geminiflora*, Thagl. ♃. De l'Amérique méridionale. Tiges hautes d'un à deux pieds sur deux à quatre pouces de diamètre, terminées par un faisceau de feuilles éparses, nombreuses, longues d'un à deux pieds, jonciformes, triangulaires, très-acérées et piquantes, avec un renflement à la base de la grosseur du pouce : celles de la partie supérieure sont droites, raides et munies sur les bords de filamens blanchâtres plus ou moins longs ; les autres sont réfléchis. Du centre de ces feuilles se développe une hampe simple, s'élevant de quatorze à dix-huit pieds, garnie sur toute sa longueur de fleurs géminées ; calice coloré, verdâtre, tubuleux, luisant, à six divisions égales, réfléchies et roulées inférieurement, d'un vert jaunâtre à la partie supérieure, avec une ligne verte sur le milieu de chaque sépale, qui est bordée de violet purpurin. Filets des étamines rose violacé, anthères jaunes. Culture des Agavés.

LOASA, *Loasa*, Adan. (Polyandrie monogynie, Lin. ; Loasées, Juss.)

Loasa tricolore, *Loasa tricolor*, Bot. reg. (Annal. de Flore et de Pomone, année 1832–1833, pl. 47.) ⊙. Pérou et Chili. Racines fibreuses; tige forte, charnue et cassante, se ramifiant de bonne heure, et poussant plusieurs branches longues d'un à deux pieds, qui tendent à ramper. Feuilles opposées, pétiolées, subcordées à la base, les inférieures aussi larges que la main, échancrées en trois lobes principaux, subdivisés eux-mêmes en plusieurs lobes aigus et en sinuosités arrondies; les supérieures plus étroites, et profondément découpées; toutes d'un vert luisant en dessus, pâle en dessous, munies, ainsi que les rameaux, de poils blancs, droits, qu'il faut se garder de toucher, parce qu'ils sont plus brûlans que ceux de l'ortie. Fleurs solitaires dans la dichotomie des rameaux, pédonculées, larges d'un pouce, à pétales d'un beau jaune, au milieu desquels on remarque un demi-cercle rose au centre, et pourpre à la circonférence. Étamines nombreuses, les unes stériles, les autres fertiles, à filets blancs et anthères grosses et jaunâtres. Semer en pots sur couche et sous châssis en mars. Vers la fin de mai, planter en pleine terre légère, à bonne exposition. Elle y fleurit jusqu'aux gelées, et y mûrit ses graines.

LOBÉLIE, *Lobelia*, Lin., page 613, tome III.

Section Ire. — *Feuilles entières.*

Ajoutez : 2. A. Lobélie a belles fleurs, *Lobelia speciosa*, Hortul. (Annal. de Flore et de Pomone, 1834–1835, pl. 2.) ♃. Tiges de deux à trois pieds, rameuses, droites, un peu anguleuses; feuilles alternes, entières, sessiles, lancéolées, oblongues, pointues, sinuolées, douces au toucher, d'un vert foncé, pubescentes. Fleurs grandes, d'un beau violet pourpre, en grappes terminales. Serre tempérée; terre franche, mêlée par moitié avec du sable de bruyère. A passé en pleine terre l'hiver de 1833 à 1834. Multiplication du n° 1.

Section II. — *Feuilles dentées ou incisées.*

Ajoutez : 21. Lobélie a feuilles cunéiformes, *Lobelia cuneifolia*, Link et Otto. (Annales de Flore et de Pomone, 1833–1834, pl. 40.) ♃. Cap de Bonne-Espérance. Tige haute de cinq à six pouces, à rameaux alternes, flexueux, anguleux, munis de quelques poils fins; feuilles alternes, les inférieures subcordiformes, dentées en scie; les supérieures lancéolées, sessiles, inégalement dentées. Fleurs terminales, portées chacune sur un pédoncule aplati, simple, long de deux pouces. Corolle longue de six lignes, à tube, d'un bleu tendre, et limbe d'un blanc pur. Fleurit de mai en août. Pleine terre l'été, serre tempérée l'hiver. Du reste, même culture.

LUPIN, *Lupinus*, LIN., page 593, tome IV. Ajoutez :

1. LUPIN POLYPHYLLE, *Lupinus polyphyllus*. ♃. Plante entièrement glabre ; feuilles dont les radicales sont portées par des pétioles d'un pied de longueur, composées d'une quinzaine de folioles longues et étroites, en verticilles étagés ; tige de deux ou trois pieds, terminée par un épi pyramidal long d'un pied, et composé d'un grand nombre de jolies fleurs bleues. Culture du n° 1.

6. LUPIN CHANGEANT, *Lupinus mutabilis*, SWETT, (Annales de Flore et de Pomone, année 1832-1833, pl. 13.) ☉. De l'Amérique méridionale. Tige droite, simple du bas, rameuse au sommet, grise dans sa partie inférieure, couverte d'une poudre glauque dans sa jeunesse, cylindrique, haute de trois à quatre pieds ; feuilles alternes, portées sur des pétioles arrondis, composées de sept à neuf folioles, ovales, oblongues, obtuses, d'un vert glauque ; fleurs en épi terminal, papillonacées, d'un beau blanc au moment de l'épanouissement, avec l'étendard marqué d'une tache jaune ; l'étendard passe successivement au rose et au violet pâle ; les ailes sont d'un bleu violacé foncé. Semer au premier printemps, dans des petits pots, sur couche chaude et sous châssis ; repiquer ensuite en pleine terre de bruyère qui lui convient parfaitement.

MACLURE, *Maclura*, MICH. (Diœcie tétrandrie, LIN. ; Urticées, JUSS.)

MACLURE DORÉ, bois d'arc, *Maclura aurantiaca*, NUTTAL.; *Broussonetia aurantiaca*, KUNTH. (Annales de Flore et de Pomone, 1832–1833, pl. 21.) ♄. Du Missouri et du pays des Osages. Arbre vigoureux, dont les rameaux peuvent croître en une année de six à huit pieds, et qui sous notre climat paraît cependant devoir plutôt former un large et haut buisson qu'un arbre à tige élevée. La tige et les branches sont d'un rouge cannelle, les jeunes branches et rameaux d'un beau vert très-glabres ; feuilles alternes portées sur des pétioles de quinze à dix-huit lignes, à limbe ovale acuminé, un peu cordiforme à la base, très-entier sur les bords, d'un beau vert mat et luisant en dessus, plus pâle en dessous, où les nervures sont apparentes : à l'aisselle de chacune des feuilles se trouve une épine longue de six à douze lignes, aiguë et très-forte. Les fleurs femelles sont rassemblées en tête sphérique, portée par un pédicule de six à huit lignes de long, à l'aisselle des feuilles inférieures des jeunes rameaux, et prenant alors la place d'une épine ; elles ressemblent à celles du *Broussonetia papirifera*. Les individus mâles que je cultive étant encore trop petits, je n'ai vu que le fruit femelle, mais stérile. Il est de forme sphérique légèrement allongée, ayant près de six pouces de circonférence, glabre et rugueux à sa surface. Il doit être de couleur jaune, mais il s'est détaché étant encore vert. Plein air, terre plutôt chaude qu'humide. Multiplication facile par tronçons de racines, et par marcottes faites en juin, et qui sont bien enracinées pour l'automne. Très-convenable pour faire des haies solides.

MADI, *Madia*, Molina, page 59, tome IV.
Ajoutez :

2. Madi élégant, *Madia speciosa*, Don.; *Gyropsis elegans*, Hort. ⊙. De l'Amérique méridionale. Tige de deux pieds et plus, simple du bas ; feuilles alternes, sessiles, linéaires, lancéolées, pointues, longues de trois à quatre pouces, couvertes, ainsi que toute la plante, de poils glanduleux, visqueux ; fleurs en corymbe rameux et terminal, composées de seize à vingt rayons d'un beau jaune serin, à trois dents profondes au sommet, avec une tache brune à la base, ce qui forme un cercle de cette couleur au moment de l'épanouissement complet, qui a lieu lorsque le soleil baisse sur l'horizon ; la fleur se referme lorsque cet astre la frappe à son lever. Fleurit de juillet en octobre. Semer en pot, en mars, et repiquer également en pot quand la plante est assez forte.

MAGNOLIER, *Magnolia*, Lin., page 352, tome IV.
Ajoutez :

18. Magnolier odorant, *Magnolia odoratissima*, Parm. ♄.

Belle espèce mise dans le commerce par M. Parmentier d'Enghien, et qui est très-rare en France. Sa fleur, aussi grande et d'un blanc plus pur que le *Magnolia grandiflora*, répand une odeur suave. Orangerie.

19. Magnolier strié, *Magnolia striata*, Hort. ♄. Fleurs ayant beaucoup de rapport avec celles du n° 8, *Magnolia cordata;* mais l'arbre en diffère par son port et par ses feuilles allongées et aiguës.

MALOPE, *Malopa*, Lin., page 330, tome IV.
Ajoutez :

2. Malope a trois lobes, *Malopa trifida*, Cav. ⊙. Touffes d'environ deux pieds, se couvrant pendant tout l'été de fleurs assez grandes, ressemblant à celles des mauves, d'un joli rose foncé. Elle a une variété sous le nom de *Malope grandiflora*. Ses fleurs se développent de juin en août, et sont d'un rose foncé, striées longitudinalement de rose pourpre. Elles sont très-grandes, ainsi que toutes les parties de la plante, en général plus développée que son type. On sème l'une et l'autre en avril sur couche en terre meuble, substantielle et légère, soit en pots, soit à nu. On repique ensuite lorsque le plant est assez fort. Il est préférable de semer en place.

MARICE, *Marica*, Willd., page 253, tome III.
Ajoutez :

2. Marice bleue, *Marica cærulea*, Bot. reg. ♃. De l'Amérique méridionale. Feuilles de deux à trois pieds et très-larges, gladiées ; tige ailée foliiforme, produisant latéralement, vers son sommet, plusieurs fleurs d'un beau bleu barbeau, présentant au centre une coupe dont l'intérieur rappelle celle des tigridia, et qui s'épanouissent successivement. Serre chaude, terre légère et humide. Multiplication de graines et par la séparation du pied.

MÉLALEUQUE, *Melaleuca*, Lin., page 457, tome IV. Ajoutez :

17. Mélaleuque écailleux, *Melaleuca squamea*, Hort. ♄. Tiges grêles, pubescentes, peu élevées; feuilles sessiles, alternes, irrégulièrement rangées en spirale, ovales, allongées, petites, pubescentes, d'un vert grisâtre, terminées par une

petite pointe coriace. En avril, fleurs terminales fort jolies, d'un rose lilacé assez foncé. Orangerie éclairée, terre de bruyère. Du reste, même culture.

MENZIEZIE, *Menziezia*, Juss., tome III, page 561. Ajoutez :

3. MENZIEZIE PETITE, *Menziezia pumila*, HORT. ♄. Petit arbrisseau de quatre à huit pouces de hauteur, à rameaux nombreux, grêles, ressemblant beaucoup au thym. Feuilles opposées en croix, étroites et subulées, longues au plus d'un demi-pouce, velues et blanches en dessous. Serre tempérée, terre de bruyère. Il est probable que lorsqu'il sera multiplié, on en plantera en pleine terre pour bordure.

MÉTHONIQUE superbe, *Methonica*, Juss.; *Gloriosa*, LIN., page 122, tome III. Ajoutez :

3. MÉTHONIQUE DU SÉNÉGAL, *Methonica Senegalensis*, HORT. ♃. Rapporté du Sénégal en 1828 par M. Richard. Feuilles terminées par une vrille comme les précédentes, mais plus larges; tige grêle, glauque, longue de quatre à cinq pieds. En mai, fleurs grandes, pédonculées, penchées, dont les divisions de la corolle sont d'un jaune serin dans leur moitié inférieure, et d'un rouge de sang dans l'autre moitié, à sommet pointu et jaunâtre. Culture du n° 1.

MIMULE, *Mimulus*, LIN., page 474, tome III. Ajoutez :

5. MIMULE DES RIVAGES, *Mimulus rivularis*, HORT. ♃. Du Chili. Se rapproche du *Mimulus guttatus;* mais ses fleurs plus grandes, d'un plus beau jaune, ont sur le lobe inférieur une large macule pourpre. Plein air l'été, serre tempérée l'hiver. Il a fourni de semis une fort belle variété (figurée pl. 31, Flore et Journal des Jardins) sous le nom de MIMULE DES RIVAGES A BELLES FLEURS, *Mimulus rivularis*, VAR. *speciosus*. Ses fleurs diffèrent de celles du type par les larges macules pourpres qui se trouvent sur chacune des divisions.

6. MIMULE MUSQUÉ, *Mimulus moschatus*, BOT. REG. ♃. De la Colombie. Petite plante étalée, rampante, velue, à petites fleurs jaunes, répandant de toutes ses parties une forte odeur de musc. Multiplication facile de boutures et de graines.

Terre meuble, légère ; exposition ombragée, et plein air l'été ;
serre tempérée l'hiver.

MONARDE, *Monarda*, Lin., tome III, page 35.
Ajoutez :

6. Monarde a fleurs roses, *Monarda rosea*, Lodd. ♃.
Cette plante, qui tient le milieu entre les *Monarda didyma* et
fistulosa, s'en distingue par la couleur rose tendre de ses fleurs.
Même culture.

7. Monarde violette, *Monarda violacea*, Hort. Par. ♃. Se
distingue de ses congénères par la couleur violette de ses fleurs.
Même culture.

MORELLE, *Solanum*, Lin., page 484, tome III.
Ajoutez :

27. Morelle argentée, *Solanum argenteum*, Rhæm. et
Schl. ♄. Du Mexique. Rameaux grêles d'un gris cendré ;
feuilles alternes, courtement pétiolées, lancéolées, pointues, entières, légèrement ondulées sur les bords, glabres et d'un vert
pâle en dessus, blanches et argentées en dessous, avec les nervures saillantes ; fleurs au sommet des rameaux en petites
grappes de trois à cinq, blanches et de peu d'apparence. Serre
chaude. Multiplication de boutures.

28. Morelle a feuilles glauques, *Solanum glaucophyllum*.
♄. Du Brésil. Tige à feuilles alternes, pointues, en gouttière,
recourbées, pétiolées, longues d'environ neuf pouces, et d'un
beau vert glauque ; fleurs pédicellées, en panicule, tantôt
opposées aux feuilles et tantôt dans leurs aisselles, d'une belle
couleur violette. Plein air, en rabattant les tiges à l'automne ;
elles repoussent au printemps. Tout terrain, exposition du
midi. En pot, faite de boutures, elle donne des fleurs une
fois plus grandes qu'en pleine terre. Du reste, même culture
et multiplication.

29. Morelle de Quito, *Solanum Quitoense*, Lam. ♃. De la
Guyane. Tige simple, droite, rousse, épineuse, haute de
trois à six pieds ; feuilles grandes, ovales, sinueuses ; fleurs
les plus grandes du genre, d'un beau bleu. Serre chaude. Multiplication de boutures étouffées.

MUFLIER, *Antirrhinum*, Lin., tome III, page 468.
3. Muflier des jardins, *Antirrhinum majus*, Lin. Ajoutez:

5° Var. panaché, *A. Majus*, var. *Discolor*, Hort. ♂.
Obtenu de semis et à fleurs panachées de rouge et de blanc.

MURIER, *Morus*, Lin., tome IV, page 686.

Ajoutez :

4. Murier du Japon, *Morus Japonica*. ♄. De la Chine.
Feuilles entières, grandes, longuement pétiolées, ovales, acuminées, profondément et régulièrement dentées en scie ; fruits
hâtifs, longs d'un pouce à un pouce et demi, et d'un noir très-
prononcé. Ce bel arbre, quoique poussant vigoureusement,
ne se plaît pas sous le climat de Paris ; j'en cultive une variété
beaucoup plus rustique et à feuilles très-profondément lobées,
et que je désigne sous le nom de Murier du Japon a feuilles
de figuier.

5. Murier multicaule, *Morus multicaulis*, Hort. ♄. Arbre
plus propre à élever en buisson qu'en tige, à rameaux longs
et grêles, beaucoup plus espacés que dans les autres mûriers ;
à feuilles très-grandes, mais extrêmement minces. Se montre
délicat sous le climat de Paris, et ne paraît pas mériter tous
les éloges qui lui ont été donnés pour l'excellence et le nombre
de ses feuilles, relativement à la nourriture des vers à soie.

6. Murier de l'Inde, *Morus Indica*, Hort. ♄. Arbre très-
vigoureux, à feuilles d'un vert foncé luisant, larges et un
peu fermées. Très-robuste sous le climat de Paris.

7. Murier luisant, *Morus lucida*, Hort. ♄. De la Chine.
Arbre d'un beau port ; rameaux plus faibles, limbe des feuilles
presque double de celui des feuilles du mûrier blanc ; elles sont
glabres, luisantes et croquantes, et paraissent beaucoup convenir aux vers à soie.

8. Murier du Canada, *Morus Canadensis*, Hort. ♄. Arbre
assez vigoureux, à feuilles bien développées, et ayant beaucoup de rapports au suivant quant au port et aux feuilles.
Ce n'est que lorsque j'aurai vu les fruits que je pourrai déter-
miner si ce sont deux espèces.

9. Murier de la Chine, *Morus Sinensis*, Hort. ♄. Arbre
vigoureux ressemblant au précédent ; feuilles très-grandes, un
peu rudes, et dont les vers à soie se nourrissent bien.

10. Murier a feuilles de peuplier, *Morus populifolia*,
Hort. ♄. Arbre d'une grande dimension, à rameaux faibles,

grisâtres ; feuilles de la grandeur de celles du peuplier noir, mais plus arrondies, planes, luisantes et peu charnues. Très-robuste sous notre climat. Sa végétation est hâtive, et finit de façon que les gelées d'automne ne l'atteignent pas. Il paraîtrait convenir aux climats froids.

MURIER BLANC, *Morus alba*, LIN., tome 2, page 259. Ajoutez : Je possède plusieurs variétés intéressantes de cette espèce.

1° À LARGES FEUILLES, *M. alba latifolia.*

2° D'ESPAGNE, *M. alba Hispanica.*

3° À TRÈS-GRANDES FEUILLES, *M. alba macrophylla.*

4° À FEUILLES LISSES, *M. alba lævigata.*

Ces deux dernières variétés ont été obtenues de mes semis. Le *Macrophylla* est surtout fort intéressant par l'ampleur et le rapprochement de ses feuilles ; elles ne sont distantes que d'un pouce et demi à deux pouces, et leur limbe a huit ou neuf pouces de longueur sur presque autant de largeur ; elles sont fermes, et sont mangées avec avidité par les vers à soie. Celles du *Lævigata* leur conviennent aussi très-bien.

5° À FEUILLES LACINIÉES, *M. alba laciniata.*

6° À FEUILLES VARIABLES, *M. alba heterophylla.*

On a signalé encore deux autres variétés du mûrier blanc : la première, sous le nom de *Morus alba nervosa longifolia*, vigoureuse, à rameaux gros, pubescens dans leur jeunesse, et à feuilles oblongues, aiguës, sinueuses, irrégulièrement dentées, luisantes, épaisses, marquées de larges nervures, d'un blanc jaunâtre ; l'autre, sous le nom de *Morus alba nervosa*, moins vigoureuse, à rameaux plus grêles, à feuilles cordiformes, ovales, acuminées, lobées et dentées inégalement. Les feuilles sont moins épaisses, et ont aussi des nervures blanches, très-saillantes en dessus, quoique moins grosses. Toutes deux ont été obtenues de semis au Jardin des Plantes.

Je suis étonné que les mûriers ne soient pas plus employés dans la décoration des grands jardins paysagers. Peu d'arbres, cependant, peuvent produire un effet plus pittoresque au milieu de nos grands végétaux indigènes.

MURUCUYA, *Murucuja*, PERS., page 680, tome IV. Ajoutez :

MURUCUYA A FEUILLES D'ADIANTHE, *Murucuja adianthifolia,*

Hort. ♄. De l'île Norfolk. Tiges grêles, longues, sarmenteuses et grimpantes, munies de vrilles à l'articulation de chaque feuille ; celle-ci composée de deux ailes arrondies et soudées à la base, ce qui lui donne la forme d'un croissant. En mai, fleurs d'un écarlate brillant. Serre tempérée. Terre ordinaire, mêlée par moitié avec du terreau. Multiplication de boutures étouffées sur couche chaude, et sous châssis.

MUTISIE, *Mutisia*, Ait. (Syngénésie polygamie superflue, Lin. ; Composées, Juss.)

Mutisie gracieuse, *Mutisia speciosa*, Desf. Cat., Bot. mag. ♄. Du Brésil. Tige grimpante ; rameaux quadrangulaires, presque ailés, rougeâtres, ligneux dans leur vieillesse, de huit à dix pieds, cotonneux à l'extrémité ; feuilles composées, ailées, sans impaire, terminées par une vrille rameuse ; huit à dix folioles glabres, ovales, irrégulièrement nerveuses, de douze à quinze lignes, sessiles, d'un beau vert. Fleurs solitaires, portées sur un long pédoncule ; involucre conique, allongé, serré dans le haut, composé d'écailles foliacées peu nombreuses, lancéolées, pointues, d'un vert glauque. Rayons d'un rose pourpre, à languette longue, un peu roulés au sommet qui se termine par trois dents ; fleurons peu nombreux et peu apparens. Serre tempérée ; plein air l'été ; terre ordinaire. Multiplication de boutures.

MYRSINE, *Myrsine*, Lin., page 546, tome III.

Ajoutez :

3. Myrsine a feuilles de myrte, *Myrsine myrtifolia*, Hort. ♄. Petit arbuste de dix-huit pouces à deux pieds, à rameaux grêles, diffus ; feuilles ovales, allongées, légèrement dentées, épineuses, un peu épaisses, persistantes. Au printemps, fleurs petites, d'un pourpre foncé. Serre tempérée ; terre légère. Multiplication de boutures et marcottes.

NARCISSE, *Narcissus*, Lin., page 201, tome III.

Ajoutez :

21. Narcisse a fleurs pendantes, *Narcissus pendulus*, Hort. ♃. De Naples. Feuilles glauques, planes, à peu près de la longueur des hampes, à trois nervures bien prononcées en dessous ; hampe presque cylindrique ; portant une spathe mem-

braneuse s'ouvrant d'un seul côté pour laisser sortir cinq à six fleurs pendantes ; corolle blanche et nectaire d'un jaune jonquille, un peu crénelé au bord. Serre tempérée. Multiplication de caïeux. Fleurit en mars.

22. NARCISSE RAYONNANT, *Narcissus radiatus*, RED. Lil. ♃. Du midi de la France. Feuilles longues de neuf à douze pouces. Hampe de la hauteur des feuilles, portant une spathe membraneuse, se fendant latéralement, et contenant une ou deux fleurs à tube grêle ; limbe de la corolle d'un jaune jonquille, pâlissant ensuite ; nectaire ou couronne d'abord d'un jaune paille, prenant une teinte jaune très-foncée ensuite. Odorant. Fleurit en avril en plein air. Culture du n° 1.

NÉRION, Laurose, Laurelle ou Laurier-Rose, *Nerium*, LIN., tome 3, page 531.

1. NÉRION LAURIER-ROSE ou commun, *Nerium oleander*, WILLD. ♄. France méridionale. Ajoutez les variétés suivantes :

a. NÉRION A FEUILLES MACULÉES, *Nerium oleander*, var. *maculatum*, HORT. Ne diffère du type que par ses feuilles maculées de jaune.

b. NÉRION A FLEURS PANACHÉES, *N. oleander*, var. *flore variegato*, HORT. Fleurs plus petites que dans l'espèce, d'un rose plus foncé, et panachées de blanc. Il faut pour sa floraison plus de chaleur que pour celle du type.

c. NÉRION CARNÉ DOUBLE, *Nerium carneum plenum*, HORT.; *N. splendens pomponia*, HORT. NEAP. Plus petit et plus grêle que le Nérion commun. Fleurs doubles, d'un carné tendre, petites et fort jolies. A besoin d'être tenu sous châssis pour obtenir une belle floraison.

d. NÉRION REMARQUABLE, *N. formosum*, HORT. Port du Nérion commun, feuillage souvent terné ; fleurs en panicule peu fournie ; calice rouge, du tiers moins long que le tube de la corolle ; celle-ci d'un rose très-tendre ; appendices du même rose, avec trois stries plus foncées.

e. NÉRION ROUGE POURPRE, *N. atro-purpureum*, HORT. Fleurs d'un beau rouge s'épanouissant bien en plein air.

f. NÉRION ÉLÉGANT, *N. elegans*, HORT. Feuilles étroites, d'un vert pâle en dessus ; fleurs petites, d'abord de couleur cerise, passant ensuite au rose foncé. Appendices à trois pointes, et marquées au milieu d'une strie pourpre.

2. NÉRION ODORANT, *Nerium odorum*, WILLD. ; *N. odoratum*, LAM. ♄. De l'Inde. Ajoutez les variétés suivantes :

a. NÉRION ÉCLATANT, *N. splendens*, HORT. ; *N. grandiflorum*, DESF. ; *N. odorum*, BOT. MAG. Variété connue depuis long-temps, à fleurs d'un beau rouge.

. b. NÉRION RAGONOT, *N. splendens Ragonoti*, HORT. Port du précédent ; feuilles plus grandes, d'un rouge plus foncé, à corolle double ou triple, dont les divisions sont souvent panachées de blanc. Odeur agréable.

c. NÉRION D'HACVILLE, *N. splendens Hacvillei*, HORT. Fleurs plus larges et plus doubles que dans la variété *a*. Feuilles semblables, même odeur.

d. NÉRION ÉCLATANT A FEUILLES PANACHÉES, *N. splendens folio variegato*, HORT. Ne diffère de la variété *a* que par les belles panachures de ses feuilles.

e. NÉRION REMARQUABLE, *N. spectabile*, HORT. Assez semblable à la variété *a*. Fleurs semi-doubles, d'un rose carné. Appendices d'un rose très-pâle, striées de pourpre au milieu; pétales ouverts horizontalement.

f. NÉRION A FLEURS PLEINES VARIÉES, *N. flore roseo variegato pleno*, HORT. Fleurs plus petites et plus doubles que celles du Nérion Ragonot, d'un rose plus tendre, mais nuancées de même.

g. NÉRION MAGNIFIQUE, *N. splendentissimum*, HORT. Fleurs roses semi-doubles, quelquefois maculées de blanc ; appendices grandes, avec trois stries pourpres, à filamens longs et irréguliers.

h. NÉRION DE RICCIARDI, *N. Ricciardinum*, HORT. Feuilles souvent ternées, épaisses, lancéolées, presque épineuses ; fleurs en panicule rameuse ; corolle à tube cylindrique jaunâtre dans le bas, rosé et à cinq angles en haut. Limbe très-développé, d'un beau rose. Appendices très-longues, du même rose, avec une strie pourpre au centre. Fleurs très-grandes, odeur agréable.

i. NÉRION DE L'INDE, *N. Indicum*, HORT. Fleurs en panicule érigée ; calice pointu, tube jaunâtre en bas, carné en haut ; corolle à divisions demi-ouvertes, blanches en dedans, carnées en dehors. Filamens blancs avec trois stries pourpres. Fleurs à peine odorantes.

j. NÉRION A PÉTALES ONDULÉS, *N. undulatipetalum*, HORT. Tube de la corolle jaune en bas, rose au sommet. Corolle à divisions un peu ondulées, obtuses, d'un rose tendre; appendices à trois ou cinq filamens, du tiers moins longues que la corolle.

k. NÉRION DUSAULGET, *N. odorum Saulgetii*, HORT. Fleurs grandes, d'un beau rose, et nombreuses sur les panicules; appendices à filamens nombreux et roses, avec trois stries pourpres à la base. Peu odorant.

l. NÉRION A GRANDES FLEURS, *N. grandiflorum*, HORT. Fleurs grandes, d'un rose foncé, à tube plus intense; appendices divisées au sommet en six ou huit filamens longs et velus; odeur légère et douce.

m. NÉRION A ODEUR D'AUBÉPINE, *N. oxiacantholens*, HORT. Fleurs blanches de moyenne grandeur; limbe plane à dix ou quinze divisions, entre lesquelles on aperçoit quelques longs filets de la couronne. Tube jaune; odeur douce d'aubépine.

n. NÉRION JAUNE D'OCRE, *N. ochroleucum*, HORT. Fleurs blanches, planes, d'un beau blanc, à couronne d'un jaune pâle uniforme, à divisions terminées par trois filamens, dont un très-court.

o. NÉRION JAUNE ORANGÉ, *N. aurantiacum*, HORT. Fleurs d'un jaune orangé plus foncé sur le tube, couronne striée de lignes pourpres.

p. NÉRION JAUNE PALE, *N. luteum*, HORT. Fleurs petites, à lobes étroits, d'un jaune pâle, sans ligne pourpre sur le tube.

NICOTIANE ou TABAC, *Nicotiana*, LIND., page 479, tome III. Ajoutez :

4. NICOTIANE GLAUQUE, *Nicotiana glauca*, BOT. MAG. ♄. De Buénos-Ayres. (Annales de Flore et de Pomone, 1833–1834, pl. 18.) Tiges s'élevant de dix à douze pieds, d'un vert glauque, ainsi que les feuilles, surtout en dessous; feuilles très-développées, ovales, entières, à nervure médiane saillante, et à pétioles plus ou moins allongés et cylindriques. Fleurs jaunes terminales, ressemblant, en plus petit, à celles du tabac. Il est avantageux de le cultiver comme plante annuelle. Semer sur couche tiède en janvier,

repiquer en pots sous châssis , et au commencement d'avril mettre en place en plein air. Elle fleurit en août. Multiplication de boutures sur couche sourde et sous châssis.

NYCTERIE , *Nycterium* , Lin. (Pentandrie monogynie, Lin. ; Solanées , Juss.)

Nycterie de l'Amazone , *Nycterium Amazonium* , Bot. mag.; *Solanum Amazonium* , Bot. reg. ♄. Arbrisseau à rameaux blanchâtres ; feuilles alternes , pétiolées , obliques, blanchâtres en dessous ; fleurs en grappes terminales grandes et d'un beau violet ; produit un effet charmant. Plein air l'été, serre tempérée l'hiver. Multiplication de boutures.

ONAGRE , *OEnothera, Lin.* , page 45 , tome IV. Ajoutez :

Onagre élégant , *OEnothera speciosa* , Nuttal. (Flore et Journal des Jardins, pl. 26.) ♄. De la Louisiane. Tiges sous-ligneuses de deux à trois pieds ; feuilles alternes , variables, à pétioles courts ; fleurs terminales, d'un beau blanc à peine rosé, à anthères jaunes, en forme d'épis, se redressant pendant la floraison ; une ou deux fleurs s'ouvrent à la fois. Sa floraison dure depuis mai jusqu'aux gelées. Serre tempérée si on veut qu'elle conserve ses feuilles toute l'année. En plein air il faut rabattre les anciennes tiges au printemps, presque au niveau du sol. Multiplication de boutures et de drageons, et par le semis.

Onagre à feuilles de pissenlit , *OEnothera taraxacifolia* , Swett; *OE. grandiflora* , Flor. Peruv. ♃. Du Chili. Feuilles plus ou moins pinnatifides, blanchâtres ; tiges presque rampantes et peu élevées ; grandes et belles fleurs blanches. Plein air ; quelques pots en orangerie pour réparer les pertes. Multiplication de graines.

Onagre glauque , *OEnothera glauca* , Mich. ♃. Amérique septentrionale. Feuilles radicales en rosette , d'un vert un peu glauque ; tiges rameuses , de neuf à douze pouces ; fleurs moyennes d'un beau jaune , se montrant pendant deux mois. Multiplication de graines et d'éclats ; même culture.

Onagre a gros fruits , *OEnothera macrocarpa* , Pursh. ; *OE. Missouriensis*, Bot. mag.; *OE. alata*, Nuttal. (Fig.,pl.15,

Annales de Flore et de Pomone, 1833-1834.) ♄. Des bords du Missouri. Tiges droites, peu rameuses, pourpres. Feuilles alternes, lancéolées, pointues, pétiolées, entières, glabres ; fleurs axillaires d'un beau jaune serin. En pots sous châssis ou en orangerie. Multiplication de marcottes et boutures d'une reprise difficile. N'a pas encore mûri de graines.

Onagre en gazon, *OEnothera cespitosa*, Bot. mag., Decand.; *OE. scapigera*, Pursh. ♃. Des bords du Missouri. Tige épaisse, charnue, grosse, ne s'élevant que d'un pouce au-dessus de terre. Feuilles au sommet en rosette assez garnie, lancéolées, linéaires, incisées, dentées, longues de quatre à six pouces, larges de six à huit lignes. Fleurs axillaires d'u n beau blanc, devenant rose vingt-quatre heures après, et se passant ensuite. Fleurit en avril et mai. Multiplication d'éclats et de boutures faites avec les racines.

Onagre de Frasère, *OEnothera Fraseri*, Pursh. ♃. De l'Amérique septentrionale. Tiges de dix-huit pouces ; feuilles lancéolées ; fleurs grandes, terminales, de couleur jaune d'or, en mai et juin. Multiplication d'éclats.

Onagre tardif, *OEnothera serotina*, Swett. ♃. De l'Amérique septentrionale. Tige droite sous-frutiqueuse, de dix-huit pouces ; feuilles lancéolées, glabres ; fleurs jaunes nombreuses, se succédant jusqu'aux gelées.

Onagre agréable, *OEnothera amœna*, Lhem. ☉. Du Pérou. Tige rameuse de six à dix pouces ; feuilles lancéolées blanchâtres. En juillet et août, fleurs nombreuses, grandes, d'un blanc rosé, ayant le milieu de chaque pétale marqué d'une macule pourpre. Semis au printemps.

ORME, *Ulmus*, Lin., page 692, tome IV. Ajoutez :

10. Orme en spirale, orme d'Excester, *Ulmus Oxoniensis*, Hort. ♄. Arbre de première grandeur. Branches érigées comme celles du peuplier d'Italie, se rapprochant du tronc, et faisant affecter à l'arbre la forme d'une colonne, comme le cyprès pyramidal. Feuilles d'un vert sombre, larges, irrégulièrement et assez profondément dentées, très-rudes au toucher, presques sessiles, ovales, acuminées, redressées, appliquées le long des branches, imbriquées l'une sur l'autre, et se déjetant d'un seul côté de la tige, ordinairement celui op-

posé au tronc. Cet arbre, par la beauté et la singularité de son port, serait propre à remplacer le peuplier d'Italie et le cyprès, dans les terrains qui ne conviennent pas à ces espèces, pour planter des avenues ou produire de certains effets pittoresques dans les jardins paysagers. On le greffe sur l'orme ordinaire, et on le cultive de la même manière.

ORME POURPRE, *Ulmus purpurea*, HORT. Arbre à tige droite ; écorce très-lisse sur les fortes branches, violâtre sur les jeunes rameaux ; pétioles violets, très-courts, d'une ligne à peu près. Feuilles longues, acuminées, dentées irrégulièrement et profondément, demi-fermées, très-rudes au toucher, coriaces, d'un vert foncé vernissé ; les jeunes, d'un vert plus tendre et teintes de rose ; elles ne paraissent pas devoir être atteintes par les chenilles, ou du moins je n'en ai point encore remarqué sur les sujets que je cultive.

Les rameaux de cet arbre sont disposés à angle ouvert, ce qui lui donne un aspect très-agréable, et le rend très-propre aux plantations publiques, et digne de figurer dans nos jardins paysagers. Son bois me paraît devoir être d'une très-bonne qualité. Il vient très-bien en terrain léger et sec. Je le greffe sur l'orme ordinaire.

ORME D'ESPAGNE, *Ulmus Hispanica*, HORT. Je le cultive aussi depuis peu d'années, et il n'est pas moins recommandable. Son port est un peu débile ; ses feuilles sont longues de quatre à cinq pouces, et larges de trois ; son écorce est très-lisse et grisâtre. Cet arbre est d'une végétation très-forte. Même culture que les autres.

ORNITHOGALE, *Ornithogalum*, LIN., page 167, tome III. Ajoutez :

13. ORNITHOGALE EN OMBELLE, *Ornithogalum umbellatum*, LIN. Ajoutez sous le nom d'ORNITHOGALE DE MONTAGNE, *Ornithogalum umbellatum*, var. *Latifolium*, une variété dont les fleurs à pétales linéaires, s'ouvrant en étoile, sont d'un blanc pur en dedans, et en dehors verts, bordés de blanc. Elle fleurit en mai, et la fleur ne s'ouvre qu'au soleil.

OROBE, *Orobus*, LIN., tome IV, page 620. Ajoutez :

8. OROBE NOIR POURPRE, *Orobus atro-purpureus*, DESF.

♃. Des environs d'Alger. (Figuré pl. 9, Flore et Journal des Jardins.) Tiges droites peu ou point rameuses, glabres, de dix-huit pouces à deux pieds; feuilles composées de deux à six folioles linéaires, glabres; pédoncules plus longs que les feuilles, terminés par une grappe unilatérale, de six à douze fleurs penchées, pourpres, maculées de pourpre plus foncé. Multiplication de graines semées de bonne heure et d'éclats; terre de bruyère; plein air l'été, orangerie l'hiver.

9. OROBE A FEUILLES DE GALÉGA, *Orobus galegiformis*, HORT. ♃. Tiges s'élevant à dix-huit pouces; feuilles ailées à quatre paires de folioles ovales aiguës; fleurs d'un pourpre foncé en grappe unilatérale. Même culture.

ORTIE, *Urtica*, LIN., page 687, tome IV. Ajoutez :

ORTIE BLANCHE, *Urtica nivea*, LIN. ♃. De la Chine. Tiges s'élevant de trois à douze pieds, ramifiées, formant des touffes épaisses. Feuilles alternes, ovales, aiguës, vertes et rudes en dessus, d'un blanc de neige en dessous, à pétioles gros et velus. Plein air en coupant les tiges qui repoussent au printemps. Très-propre à la décoration des grands jardins pittoresques. Multiplication facile par l'éclat des pieds, et par boutures de tronçons de racines.

OXALIDE, *Oxalis*, LIN., page 324, tome IV. Ajoutez :

34. OXALIDE A PÉTALES CRÉNELÉS, *Oxalis crenata*, DOUG.; *O .crassicaulis*, HORT. ♃. De Lima. Tiges herbacées succulentes, d'un pied à dix-huit pouces, rameuses, terminées par des feuilles à trois folioles, d'un vert gai; tiges florales de même hauteur, terminées par neuf ou dix fleurs pédonculées, à pétales crénelés et d'un jaune doré. Multiplication de boutures et par ses tubercules. Cette plante se recommande aux amateurs autant comme plante d'ornement que pour l'utilité que présentent ses tiges et ses feuilles, qui peuvent remplacer l'oseille, et ses tubercules, qu'on dit comestibles, quoique jusqu'ici les essais tentés ne l'aient pas prouvé. Du reste, elle les fournit fort tard et fort petits, et peut-être n'acquièrent-ils pas leur volume et leur maturité. La fleur ne s'épanouit qu'au soleil; et en 1834, peu de fleurs ont été obtenues. C'est une plante à étudier.

OXALIDE DE BOWE, *Oxalis Bowii*, AIT. (Figurée pl. 21, Annales de Flore et de Pomone, 1834-1835.) ♃. Du Cap de Bonne-Espérance. Racines tubéreuses ; feuilles à pétioles d'un à deux pouces, composées de trois folioles sessiles, obcordées, glabres et d'un beau vert, à saveur acidulée ; scape de six à huit pouces, terminée par une ombelle de six à neuf fleurs d'un beau pourpre léger, teintées de jaune à l'onglet des divisions, en septembre et octobre. Multiplication par la séparation de ses tubercules que l'on plante en pots de terre de bruyère. Serre tempérée, ou châssis froid pendant l'hiver.

OXALIDE DE DEPPE, *Oxalis Deppei*, HORT. ANGL. (Fig. pl. 22, Annales de Flore et de Pomone, 1834-1835.) ♃. Racines tubéreuses ; feuilles à pétioles d'un vert pourpré, longs de six à sept pouces, composées de quatre folioles en croix, obrondes, glabres, sessiles, d'un vert frais, tachées de pourpre en dessus, ciliées et à saveur acidulée ; scapes de huit à dix pouces, pourprées, velues, terminées par une ombelle de huit à dix fleurs ; corolle petite, d'un rose cerise. Multiplication et culture de la précédente.

PATERSONIE, *Patersonia,* ROB. BROW., (Monadelphie triandrie, LIN. ; Iridées, JUSS.). Périanthe simple d'une seule pièce, à tube court et à six divisions profondes, égales ; trois étamines réunies par leur base seulement ; style court, divisé en trois stigmates divergens et papilleux au sommet ; capsule allongée triloculaire, s'ouvrant par les côtés ; semences globuleuses.

PATERSONIE A LONGUE SCAPE, *Patersonia longiscapa*, SWETT ; *Patersonia glauca*, BOT. MAG. (Figurée pl. 41, Annales de Flore et de Pomone, 1833-1834.) De la Nouvelle-Hollande. ♃. Racines fibreuses ; feuilles linéaires, engaînantes, longues de dix à quinze pouces, larges de deux à trois lignes au plus, glabres et d'un beau vert, entières, aiguës. Scapes un peu plus hautes que les feuilles, un peu flexueuses au sommet, qui est garni de deux à trois feuilles spathiformes, et terminées par de longs pédoncules portant des spathes vertes, membraneuses, divisées en deux parties contenant chacune trois à quatre fleurs, d'un bleu de ciel léger, qui en sortent successivement en mai, Elles s'ouvrent à huit heures du matin, et se ferment de quatre à six du soir. Culture des ixia.

PÉLARGONIER, *Pelargonium,* AIT., page 296, tome IV.

Ce que j'ai dit à l'égard des Dahlia peut parfaitement s'appliquer aux Pélargonium. Les semis successifs produisent tous les jours de nouvelles variétés, qui, plus belles les unes que les autres, s'éclipsent mutuellement. Il faut donc aussi, pour ce genre de plantes, voir pour faire un choix, car la nomenclature n'est pas mieux fixée ; et il règne une telle confusion, que le nom qui chez un marchand désignera une plante d'un coloris, s'appliquera chez un autre à un pélargonier d'une couleur différente. Moi-même, depuis la publication de mon Manuel, j'ai fait quelques gains remarquables, dont les fleurs se recommandent aux amateurs, ou par leur ampleur, ou par leur coloris uniforme ou nuancé ; mais je n'ai pas jugé à propos de les décrire, parce que je n'eusse appris rien de plus à mes lecteurs. Les pélargoniers sont aujourd'hui en position de fournir autant de variétés que les roses ; mais il est peut-être plus difficile parmi eux, que pour ces dernières, de les grouper utilement et convenablement. J'ajouterai toutefois à ce que j'ai dit de leur culture, qu'il est nécessaire pour obtenir une belle floraison de les tenir en serre tempérée depuis le 15 septembre jusqu'à la fin de mai. Il faut aussi dans le courant d'août passer la revue de toutes les plantes que l'on possède, afin de supprimer les rameaux grêles et malvenans, et de couper les gros à un pouce environ de longueur, en s'efforçant de donner une forme arrondie et régulière à la plante, avec un petit nombre de branches qui permettent à l'air d'y pénétrer mieux. On rempote en même temps les sujets qui en ont besoin, en leur donnant des vases plus grands. Ces soins sont indispensables à la santé de la plante et au développement des fleurs dans toute leur beauté.

PÉLÉGRINE, *Alstrœmeria,* LIN., page 185, tome III. Ajoutez :

8. a. PÉLÉGRINE ROSE, *Alstrœmeria rosea,* HOOK. Flor. ex., DESF. Cat. ; *A. Hookeri,* SWETT. (Figurée pl. 15, Annal. de Flore et de Pomone, 1832–1833.) N'est pas la même que le n° 13. ♃. Du Chili. Racines fasciculées, épaisses, produisant plusieurs tiges de cinq à sept pouces ; feuilles éparses, sessiles, linéaires,

pointues, un peu contournées, d'un vert glauque. Fleurs terminales, en ombelles irrégulières de trois à six fleurs; divisions extérieures d'un rose tendre, verdâtres au sommet; dans les trois intérieures, celle du milieu est du même rose; les deux autres sont teintées de jaune au milieu, et ponctuées de pourpre. Serre tempérée. Multiplication d'éclats et de graines.

§ II. — *Tige volubile.*

17. a. Pélégrine a feuilles aiguës, *Alstrœmeria acutifolia*, Link. et Otto. (Pl. 17, Annales de Flore et de Pomone, 1832-1833.) ♃. Du Mexique. Tige cylindrique, volubile, de six à sept pieds; feuilles aiguës, longues de trois à quatre pouces, larges de huit à neuf lignes, lisses en dessus, légèrement velues, courtement pétiolées. Fleurs en panicule terminale, garnies de bractées à la base; les divisions extérieures d'un beau rouge, les intérieures jaunes, élargies à l'extrémité, terminées par une pointe. Terre meuble et légère, en plein air. En enfonçant les tubercules de huit pouces à un pied, les tiges seules périssent, et repoussent au printemps si on a soin de couvrir la souche d'une litière. Elle fleurit bien, et donne des graines qui lèvent semées sur couche chaude. On la multiplie encore par la division de ses tubercules.

17. b. Pélégrine de Jacques, *Alstrœmeria Jacquesii*, Hort. (Pl. 4, Annales de Flore et de Pomone, 1833-34.) ♃. Du Brésil. Tige volubile de dix pieds, cultivée en pots. Fleurs terminales en panicule formée de sept pédoncules divergens, terminés chacun par trois fleurs, portées sur des pédicelles inégaux, et fleurissant successivement; plusieurs bractées, ressemblant à des feuilles, garnissent la base des pédoncules, qui sont eux-mêmes munis de trois bractées, dont la première est pourpre et plus grande. Les pétales extérieurs roses, terminés par une teinte verte; les intérieurs d'un beau vert maculé de brun. Même culture que la précédente. Elle est fort rare.

17. c. Pélégrine a feuilles ovales, *Alstrœmeria ovata*, Cav., Pers. (Pl. 12, Annal. de Flore et de Pomone, 1834-1835.) ♃. Du Chili. Tige simple, faible, volubile, de deux à quatre pieds; feuilles ovales, pointues, d'un beau vert, et glabres en dessous, blanchâtres et velues en dessus. Fleurs en ombelle

au sommet des tiges, composée de trois à cinq pédoncules, portant deux fleurs pédicellées, avec une bractée ; les trois pétales extérieurs d'un cocciné jaunâtre, verts au sommet ; les intérieurs verts, ponctués de brun en dedans. Même culture que l'*A. acutifolia.*

PENTSTÉMON, *Pentstemon*, Schr., page 5,6, tome III. Ajoutez :

5. Pentstémon a feuilles ovales, *Pentstemon ovatum*, Doug. (Pl. 45, Annales de Flore et de Pomone, 1832-1833.) ♃. De l'Amérique septentrionale. Tiges herbacées ; feuilles opposées entières ; les radicales en rosace, sur de petits rameaux courts, glabres, ovales, en cœur, avec quelques grandes dents obtuses, à pétiole long, cannelé, pourpré, velu ; les caulinaires sessiles, ovales, pointues à la base des rameaux florifères. Fleurs terminales, grandes, d'un beau bleu violacé. Multiplication de graines semées au printemps en pleine terre meuble et légère ; par éclats du pied en septembre et octobre, et de boutures faites à l'ombre en pleine terre, pendant tout le temps que dure la végétation. Exposition à mi-soleil.

6. Pentstémon de Richardson, *Pentstemon Richardsonii*, Doug. (Pl. 6, Annales de Flore et de Pomone, 1833-1834.) ♃. De l'Amérique septentrionale ; tiges droites, rameuses, pubescentes, hautes d'un à deux pieds ; feuilles opposées, sessiles, variables. Fleurs terminales et axillaires, fleurissant par deux, à l'extrémité de chaque rameau ; de couleur pourpre violacé. Même culture.

7. Pentstémon glanduleux, *Pentstemon glandulosum*, Hort. Par. ♃. Feuilles radicales, pétiolées, dentées, glabres sur les deux surfaces ; tige cylindrique, droite, simple, de douze à dix-huit pouces. Fleurs terminales, d'un violet clair et transparent. Même culture.

8. Pentstémon gracieux, *Pentstemon venustum*, Doug. (Pl. 9, Annales de Flore et de Pomone, 1834-1835.) ♄. Amérique septentrionale. Tiges ligneuses, glabres, d'un à deux pieds ; feuilles opposées en croix, sessiles, glabres, un peu coriaces, persistantes, ovales, lancéolées, pointues, dentées en scie. De juillet en septembre, fleurs en panicule, longue de

six à huit pouces, composée de petits rameaux, longs au moins d'un pouce, opposés en croix, et terminés par deux, trois et quatre fleurs, portées sur des pédicelles courts, d'un beau violet bleuâtre. Multiplication de boutures en mai ou juin. Il faut renouveler les pieds au moins tous les deux ans. Du reste, même culture.

PÉRESKIE, *Pereskia*, PLUM. ; Icosandrie monogynie, LIN. ; Cierges, JUSS.

PÉRESKIE A GRANDES FEUILLES, *Pereskia grandifolia*, SWETT. ♄. Tige rougeâtre, géniculée, rameuse, aiguillonnée, s'élevant à douze ou quinze pieds ; feuilles elliptiques de trois à six pouces, d'un beau vert. Fleurs en corymbes terminaux, nombreuses, portées chacune sur un pédoncule d'un demi-pouce de long ; calice presque double, à divisions inégales ; corolle de deux pouces, de sept à dix pétales, d'un beau rose hortensia. Multiplication facile de boutures. Il suffit l'hiver de placer cet arbrisseau dans un lieu sec, et de ne pas l'arroser de la mi-octobre aux premiers jours d'avril. Il perd ses feuilles et les reproduit au printemps. Il ne faut pas confondre cette plante avec le *Cactus Pereskia*, LIN., PERS., N° 24, page 432, tome 4.

PÉRIPTÈRE, *Periptera*, DECAND. ; Monadelphie polyandrie, LIN. ; Malvacées, JUSS.

PÉRIPTÈRE PONCEAU, *Periptera punicea*, DECAND. ; *Sida périptera*, BOT. MAG.; *Sida rubra*, TENOR. ♄. Du Mexique. Tiges droites, effilées, très-rameuses, vertes, couvertes dans leur jeunesse de poils courts et étoilés ; feuilles pétiolées, cordiformes, hastées, comme à trois lobes, dont les deux latéraux courts, et l'intermédiaire plus long, pointu ; tous dentés, presque glabres, d'un beau vert en dessus, plus pâle en dessous, et munis de petits poils simples. Fleurs axillaires, solitaires, portées sur des pédoncules grêles, longs de dix à vingt-quatre lignes, articulés vers leur sommet ; calice d'une seule pièce, à cinq divisions, blanchâtre, et muni, ainsi que le pédoncule, de petits poils blancs et glanduleux ; corolle composée de cinq pétales d'un beau rouge-ponceau, deux fois plus longue que le calice, comme tubuleuse; pétales dentés au sommet, réunis par leur base au tube anthérifère; celui-ci est plus long qu'eux, il s'ouvre au sommet, et se divise en dix-huit ou vingt parties portant chacune une anthère, d'abord d'un beau rouge, puis devenant jaunâtre; dix ou douze stigmates, autant de capsules, disposées en étoile et monosperme. Serre chaude ou au moins bonne serre tempérées. Multiplication de graines ou de boutures.

PÉRONIE, *Peronia*, RED., page 266, tome III.

PÉRONIE BLANCHATRE, Péronie à tige droite, *Peronia stricta*, RED. Ajoutez : ♃. De la Caroline. Fleurs longues d'un pouce, d'un rose violacé, dont les divisions inférieures et la spathe qui les enveloppe sont couvertes d'une poussière glauque, et nuancées de violet. Feuilles engaînantes, pétiolées, ovales, pointues, lisérées de violet, avec une macule de même couleur à la base. D'abord cultivée en serre chaude, on la plante maintenant dans les pièces d'eau pendant l'été, et le développement de ses tiges est beaucoup plus considérable; elle y passe bien l'hiver, pourvu que ses racines soient couvertes de huit à dix pouces d'eau. Floraison en juillet et août. Multiplication par éclats du pied.

PÉTROPHILE, *Petrophila*, HORT. ANGL., page 70, supplément, N° 1. Ajoutez :

PÉTROPHILE A FEUILLES LINÉAIRES, *Petrophila linearis*. ♄. Tiges de trois à quatre pieds; feuilles persistantes, composées d'un grand nombre de lobes linéaires et acuminés. En mai, fleurs lilas, placées sur un disque conique, et prenant naissance chacune sous une bractée écailleuse, réunies en tête; corolle très-petite, d'un pourpre violacé, à tube filiforme, très-grêle, long de neuf lignes, terminé par quatre lobes roulés et portant chacun une anthère; pistil en forme de petite massue jaunâtre de deux lignes, au milieu du tube. Cette plante, aussi jolie que singulière, se cultive en orangerie et terre de bruyère; elle se multiplie de marcottes et de boutures.

PÉTROPHILE TRILOBÉE, *Petrophila triloba*. ♄. Arbrisseau de deux à trois pieds, à feuilles épaisses, coriaces, cunéiformes, tronquées, à trois lobes aigus au sommet, d'un vert glauque et ponctué, se rétrécissant en pétiole à la base. En mai, fleurs semblables à celles de l'espèce précédente, mais jaunes. Orangerie, et même culture.

PÉTUNIE, *Petunia*, Juss.; Pentandrie monogynie, Lin.; Solanées, Juss. Calice monophylle à cinq divisions profondes; corolle campanulée, monopétale, dont le limbe a cinq échancrures obtusément pointues; cinq étamines, dont deux plus longues que les autres, insérées au fond du tube de la corolle et plus courtes qu'elle; un style filiforme, un stigmate; capsule oblongue, s'ouvrant longitudinalement en deux valves, et renfermant plusieurs semences.

Pétunie odorante, *Petunia nyctaginiflora*, Juss.; *Nicotiana nyctaginiflora*, Lehm. ♃. De la Plata. Tige rameuse, visqueuse, de deux à trois pieds; feuilles ovales, entières, trinervées. Pendant l'été et l'automne, fleurs infundibuliformes, grandes, blanches, odorantes, pédonculées, axillaires et terminales.

Pétunie pourpre, *Petunia Phœnicea*, Hort. Angl.; *P. integrifolia*, Hort. Angl.; *Nieremberghia phœnicea*, *salpiglossis integrifolia*, Bot. mag.; *Nicotiana phœnicea*, Hort. (Pl. 48, Annales de Flore et de Pomone, 1832-1833.) ♃. De l'Amérique méridionale. Tiges de vingt à vingt-quatre pouces, ramifiées, velues, d'un vert-brun au soleil; feuilles entières, ovales, subcordées, un peu crénelées, tomenteuses en dessous. De mai en novembre, fleurs axillaires, solitaires, d'un pourpre éclatant sur le limbe de la corolle, à tube rose strié de violet.

Multiplication de graines, d'éclats et de boutures en bonne terre légère. Tenir les plantes en pots pour les rentrer en serre tempérée. En pleine terre, depuis le mois de mai elles forment des touffes superbes qui se couvrent de fleurs innombrables. Quelques pieds ont passé dehors l'hiver de 1834-1835, avec une légère couverture au pied. L'une et l'autre se cultivent de même.

PEUPLIER, *Populus*, Lin., page 697, tome IV.
Ajoutez :

14. Peuplier blanc de neige, *Populus nivea*, Willd. ♄.
De Russie. Tige droite, ressemblant beaucoup à celle du peuplier blanc ; branches ouvertes à quarante-cinq degrés à peu près ; ramilles faibles et tombantes ; feuilles d'un vert foncé et luisant en dessus, d'un blanc de neige en dessous à trois lobes bien développés, dont le supérieur très-long ; pétioles larges, comprimés, présentant à l'air une surface assez étendue, d'où il résulte que la feuille est presque constamment agitée. J'ai introduit cette espèce en France depuis vingt-cinq ans, et cependant, malgré l'effet pittoresque de son feuillage, elle est encore peu répandue. Sa croissance est presque aussi rapide que celle du Peuplier blanc, et son bois me paraît propre aux mêmes usages. Cet arbre est très-intéressant pour la décoration des jardins paysagers, et doit aussi fixer l'attention des économistes.

15. Peuplier de l'Ontario, *Populus Ontariensis*, Hort. Par. ♄. De l'Amérique septentrionale. Tige droite, s'élevant à soixante ou quatre-vingts pieds ; branches assez ouvertes ; rameaux rougeâtres ; gemmes longs de huit lignes, très ouverts, sécrétant une liqueur visqueuse d'une odeur très-suave ; feuilles de neuf à dix pouces de longueur, larges de six, dentées régulièrement et peu profondément, blanchâtres en dessous. Ce bel arbre croît sur les bords du lac Ontario. Il n'était pas connu en France il y a dix ans, époque à laquelle je l'ai apporté d'Angleterre, quoique cependant il en existât un pied, il y a plus de vingt ans, dit-on, dans le jardin d'un amateur des environs d'Orléans : on ignorait son nom et sa patrie.

16. Peuplier de Virginie, *Populus Virginiana*, Hort. ♄. Cet arbre est connu sous la dénomination vulgaire de peuplier suisse. Tige droite, cylindrique, d'un gris blanchâtre, s'élevant à plus de cent pieds ; rameaux ouverts presque à angle droit ; feuilles cordiformes, glabres, dentées, portées par des pétioles rouges. Aujourd'hui c'est à cet arbre que l'on donne la préférence dans toute la France pour les grandes plantations ; il le doit à la rapidité de sa croissance et à la qualité de son bois. L'élégance de son port, qui tranche agréablement avec le *Populus fastigiata*, N° 6, le rend du plus bel effet dans nos jardins paysagers. Il aime les terrains humides.

17. PEUPLIER PLOMBÉ, *Populus livida*, HORT. ♄. Cet arbre, que j'ai reçu du nord de l'Amérique septentrionale en 1825, a quelque ressemblance avec le *Populus monilifera* de Michaux, mais à ces différences près : ses branches sont beaucoup plus droites, ses rameaux d'un vert-olive vernissé ; ses jeunes tiges très-anguleuses, ses gemmes plus rapprochées et ses feuilles d'un vert livide, larges, ovales, allongées, crénelées, longues de six à sept pouces, portées par des pétioles blanchâtres et comprimées sur les côtés.

Ce bel arbre a une croissance assez rapide ; je le crois susceptible de s'élever autant que le Peuplier de Virginie. Ses rameaux sont peu visqueux et n'exhalent que très-peu d'odeur ; son bois me paraît dur et compacte.

18. PEUPLIER PENDANT DE SIBÉRIE, *Populus Sibirica*, var. : *pendula*, HORT. ♄. Cet arbre, que j'ai reçu du nord de l'Europe, a quelque ressemblance avec le *Populus tremuloïdes* de Michaux. Tige droite, cendrée ; rameaux grêles, tombans ou réfléchis aux extrémités des nouvelles branches ; feuilles cordiformes légèrement dentées, velues jusqu'à ce qu'elles aient acquis la consistance coriace qu'elles ont lorsqu'elles sont formées : elles ont quelquefois trois pouces de largeur sur les branches vigoureuses, tandis qu'elles sont très-petites sur les brindilles ; pétioles longs de deux pouces, roussâtres, fortement comprimés dans toute leur longueur ; ce qui permet à l'air d'agiter presque continuellement le joli feuillage de cet arbre.

Je ne le crois pas devoir faire un arbre de très-grande dimension ; mais il sera d'un joli effet pour les jardins paysagers. Il paraît croître avec assez de vigueur dans les terrains secs. Il ne réussit pas de bouture, ou du moins je n'ai pas encore pu l'obtenir par ce moyen ; la greffe ne m'a pas été beaucoup plus favorable ; mais je l'ai multiplié de racines, et ce moyen me paraît être le plus certain.

19. PEUPLIER DE LA VISTULE, *Populus Polona*. ♄. De la Pologne. Arbre de première grandeur, quatre-vingt-dix à cent pieds, et acquérant à la base du tronc un diamètre d'environ six

pieds. Son feuillage est remarquable par son ampleur, et la beauté de son bois est telle, qu'on l'emploie en Prusse à la confection de meubles élégans. Je l'ai obtenu de boutures qui m'ont été envoyées par M. Léraud, directeur des parcs et jardins de Varsovie.

20. PEUPLIER A FEUILLES LISSES, *Populus lævigata.* ♄. De l'Amérique septentrionale. Arbre vigoureux, à feuilles amples et étalées, et d'un effet très-pittoresque dans les jardins paysagers.

Je crois devoir indiquer ici une méthode fort simple pour former une pépinière permanente de peupliers. On coupe des branches de trois à quatre pouces de diamètre et de quinze à dix-huit pouces de longueur ; la partie qui doit être en terre se taille en pied de biche. Dans un sol bien défoncé, on trace des lignes espacées de dix pieds, et on plante les boutures à trois pieds les unes des autres sur chaque ligne. Dès la troisième année elles ont assez poussé pour fournir un plançon que l'on coupe à un pied ou quinze pouces de terre.

Ces boutures, plançons ou plantards, pour être mis en place doivent aussi se tailler en pied de biche. Avec un pieu ferré qu'on enfonce dans la terre, on fait un trou de quinze à dix-huit pouces ; on y place le sujet et on remplit le trou de terre meuble. Celle des taupinières est excellente pour cet usage, et on en trouve ordinairement assez sur les lieux mêmes. On la presse avec le pieu, et il ne reste plus qu'à préserver l'arbre de la dent du bétail, en l'entourant d'épines, et à le garantir de l'effort des vents en le fixant à un tuteur. On enfonce ce dernier verticalement au pied du sujet, ou on le place dans une position oblique en l'implantant à une certaine distance du collet de la tige. Il faut, pour attacher l'arbre à son tuteur, user de quelque précaution ; on met de la mousse ou une poignée de vieux foin entre eux, et on lie avec un lien d'osier.

Lorsque tous les plantards sont enlevés de la pépinière, on laboure le terrain ; on dégage les sujets en coupant toutes les petites branches et ne laissant que les troncs. Trois ans après on a une seconde coupe à faire, et chaque souche peut fournir deux ou trois plançons. Lorsque la pépinière est à sa seconde coupe, on obtient, en bon terrain, de trois à cinq sujets. Quand la plantation a douze ou quinze ans, elle n'exige que peu de frais de culture, et elle est dans toute sa force.

On établit encore des pépinières d'une autre manière : dans un pré très-humide on plante des arbres de quatre à six pouces de circonférence, en lignes espacées de douze pieds, et à la distance de neuf pieds sur chaque ligne. On fait les coupes de plançons de la même manière et aux mêmes époques que ci-dessus. Cette méthode offre l'avantage de pouvoir faire paître le bétail dans la pépinière, sans inconvénient.

En plantant les peupliers en boutures, comme je viens de le dire, on évite beaucoup de frais et on ne gâte pas les prés comme lorsqu'il faut faire des trous pour planter des arbres enracinés, et néanmoins les plançons réussissent aussi bien. Les espèces auxquelles cette culture convient plus particulièrement, sont les *Populus Virginiana, fastigiata* et *nigra*. Beaucoup de personnes confondent le *Populus nigra* avec le *Virginiana* ou suisse, et demandent souvent le *nigra* pour le Peuplier suisse.

PHLOMIDE, *Phlomis*, Lin., page 452, tome III.
Ajoutez :

9. Phlomide de Samos, *Phlomis Samia*, Lin., Desf. (Pl. 18, Annales de Flore et de Pomone.) ♃. De Barbarie. Tiges herbacées, droites, d'un à trois pieds, tétragones, velues et cotonneuses à la base ; feuilles opposées ; rugueuses, pointues, crénelées, vertes en dessus, blanchâtres et tomenteuses en dessous, à pétioles cannelés, velus et longs de trois à cinq pouces ; les radicales, grandes et cordiformes, les caulinaires plus petites et ovales lancéolées. De juillet en septembre, fleurs en verticilles, axillaires et terminales, grandes, jaunes, longues d'un pouce. Plein air, terre meuble, légère, plutôt sèche qu'humide ; replanter à neuf tous les deux ou trois ans.

PHLOX, *Phlox*, Lin., page 511, tome III.
Ajoutez :

3. Phlox blanc, *Phlox suaveolens*, Ait. Ajoutez : Sous le nom de *Phlox virginalis*, il existe une variété intéressante

qui de la base au sommet se couvre de fleurs blanches odorantes, depuis août jusqu'en novembre.

6. PHLOX DE LA CAROLINE, *Phlox Carolina*. Ajoutez : **Variété à GRANDES FLEURS PANACHÉES**, *Phlox grandiflora variegata*. **D**'août en octobre, larges panicules de fleurs arrondies, d'un pouce de diamètre, à fond blanc marqué de lignes d'un beau rouge ou flagellé de même couleur.

15. PHLOX SOUS-ARBRISSEAU, *Phlox suffruticosa*. Ajoutez : Variété, PHLOX ÉLÉGANT, *P. suffruticosa*, var. : *speciosa*, WILLD. D'Amérique. Deux ou trois fois plus grande que son type. Fleurs nombreuses, très-grandes, d'un rouge violacé très-vif. Plein air.

16. PHLOX EN CROIX, *Phlox decussata*. Ajoutez : Il existe une variété à fleurs d'un rose pur sous le nom de *Phlox rosea.*

17. PHLOX DE NEIGE, *Phlox nivalis*, HORT. ♃. Tiges longues de cinq à huit pouces, diffuses, un peu couchées, formant une touffe épaisse ; feuilles longues de deux à trois lignes, étroites, canaliculées, aiguës. Fleurs grandes d'un blanc pur. Terre de bruyère, plein air. Fleurit fin d'avril, ou en mars sous châssis froid.

18. PHLOX AGRÉABLE, *Phlox amœna*, HORT. KEW. ♃. Tiges grêles, diffuses, longues de cinq à six pouces ; feuilles linéaires velues. Fleurs grandes, de couleur rose pourpre. Culture du N° 1.

19. PHLOX A FEUILLES RÉFLÉCHIES, *Phlox reflexa*, SWETT. ♃. Tige de quatre pieds, pourprée ; feuilles lancéolées, glabres, les inférieures réfléchies. En septembre et octobre, fleurs grandes, en panicule touffue, d'un pourpre violet vif et brillant. Même culture.

20. PHLOX A TROIS FLEURS, *Phlox triflora*, PURSH. (Pl. 5, Annales de Flore et de Pomone, 1832-33.) ♃. De l'Amérique septentrionale. Tiges droites, tomenteuses, hautes de dix-huit à vingt-quatre pouces, vertes au sommet, ponctuées de brun à la base. Fleurs presque sessiles, entières, lancéolées, opposées, d'un beau vert, nervure médiane profonde. De juin en août, fleurs roses lilacées, plus pâles en dessous, portées par de courts pédoncules réunis par trois à l'extrémité des tiges. Même culture.

21. PHLOX A TIGES COUCHÉES, *Phlox procumbens*, LODD. ♃. De l'Amérique septentrionale. Tiges longues d'un à quatre pouces, pubescentes, couchées, mais se redressant à la partie supérieure ; feuilles lancéolées, pointues, longues d'un pouce, larges de deux lignes, opposées en croix. En avril et mai, et au mois de septembre, fleurs assez grandes, d'un violet clair, à pétales échancrés au sommet. Rustique. Même culture.

PIMÉLÉE, *Pimelea*, SMITH, page 320, tome III. Ajoutez :

2. PIMÉLÉE A FEUILLES EN CROIX, *Pimelea decussata*, R. BROWN ; *Pimelea ferruginea*, LABILL. ♄. De la Nouvelle-Hollande. Rameaux opposés, nombreux ; feuilles courtes, persistantes, opposées, en croix, sessiles, ovales, pointues. Fleurs roses en ombelle à l'extrémité de chaque petite branche. Fleurit d'avril en juin. Même culture.

3. PIMÉLÉE DRUPACÉE, *Pimelea drupacea*. LABILL. Du Diémen. ♄. Tiges de deux pieds, rameuses ; feuilles lancéolées, pubescentes. Involucre plus long que les fleurs. Drupe charnu. Même culture.

PITCAIRNE, *Pitcairnia*, L'HÉRIT., page 136, tome III. Ajoutez :

8. PITCAIRNE A LONGUES ÉTAMINES, *Pitcairnia staminea*, LOIS. DESL. ♃. Feuilles en faisceaux, longues de dix-huit pouces, gladiées, inermes, fermées à la base, glabres en dessus, pulvérulentes en dessous. Hampe de deux pieds, couverte d'une poussière blanche et cotonneuse, munie de bractées longues et étroites, terminée par un épi lâche et simple ; pédoncules d'un pouce, placés chacun au-dessus d'une bractée longue et étroite ; calice coloré, composé de trois folioles lancéolées, corolle longue de deux pouces, grêle, du plus beau rouge ; un faisceau d'étamines saillantes d'un pouce, à filets rouges, et anthères longues et jaunes, produisant le plus agréable effet. Culture du N° 1.

9. PITCAIRNE A FEUILLES ENTIÈRES, *Pitcairnia integrifolia*. ♃. Feuilles longues de deux à trois pieds, larges de huit à neuf lignes, glabres, absolument inermes. Hampe de deux

pieds et demi, ayant, surtout vers le sommet, quelques légers flocons laineux ; elle est droite, grêle, ferme, élégante, munie de quelques feuilles lancéolées, étroites et embrassantes. En février, épi très-joli, de trente à quarante fleurs redressées, portées par des pédicelles s'étendant horizontalement ; calice coloré rouge ; pétales d'un rouge-carmin très-vif ; étamines moins longues que les divisions de la corolle. Culture du N° 1.

10. PITCAIRNE A FLEURS BLANCHES, *Pitcairnia albiflos*, BOT. MAG. ♃. Feuilles en faisceau, longues de dix-huit pouces à deux pieds, glabres, très-pointues, canaliculées en dessus, d'un beau vert, brunes à la base. De leur centre s'élève une hampe plus haute qu'elles, droite, cylindrique, glabre, munie de feuilles ou bractées sessiles et demi-embrassantes. Elle est terminée par une grappe de fleurs un peu unilatérales, pédicellées, soutenues chacune par une feuille en forme de bractée ; pédicelles longs de huit à neuf lignes, d'un vert-pomme, ainsi que le calice. Ces fleurs exhalent une douce odeur de tubéreuse ou de jasmin. Terre de bruyère. Même culture. La floraison a lieu en novembre et décembre, et les fleurs ne durent que vingt-quatre ou trente heures.

11. PITCAIRNE ÉCARLATE, *Pitcairnia coccinea*, HORT. ♃ Du Brésil. Feuilles radicales, gladiées, longues de deux à trois pieds, larges d'un pouce, pulvérulentes en dessous, d'un beau vert luisant en dessus, fermées vers la base, canaliculées dans tout le reste, armées à la base seulement d'épines courtes, acérées et noirâtres. Hampe de quinze à dix-huit pouces, arrondie à la base, un peu cannelée au-dessous de l'épi, couverte d'une poussière un peu cotonneuse, munie de bractées grandes et ovales, lancéolées. En mai, fleurs d'un rouge écarlate très-vif, nombreuses, formant un épi qui couvre la moitié de la hampe ; corolle ayant près de deux pouces de longueur ; pédoncules longs d'un demi-pouce, insérés chacun au-dessus d'une bractée assez longue. Même culture.

PIVOINE, *Pœonia*, page 209, tome IV.

1. PIVOINE EN ARBRE, *Pœonia Moutan*, SMITH. Ajoutez les variétés suivantes, obtenues de graines récoltées dans mon établissement.

5° PIVOINE PAPAVÉRACÉE A FLEURS ROSES, *Pœonia papave-racea*, var.: *rosea* (figurée Annales de Flore et de Pomone, 1834-35, pl. 7). Fleurs de sept à huit pouces de diamètre, formées par deux rangs de pétales, au nombre de cinq cha-cun, d'un rose tendre, marqués à l'onglet d'une large ma-cule d'un pourpre foncé, s'étendant en stries de même couleur jusqu'au tiers inférieur du pétale. Ces fleurs, qui paraissent de mars en avril, font un effet superbe lorsque le vent vient les agiter.

6° PIVOINE EN ARBRE A FLEURS BLANCHES, *Pœonia arbo-rea*, var.: *alba*. Arbuste de la même dimension que le *Pœo-nia Moutan;* feuilles irrégulièrement biternées, à folioles la plupart incisées ou lobées, ovales, oblongues, pointues, d'un vert roussâtre en dessus et glauque en dessous, portées sur un pé-tiole rougeâtre et velu aux articulations. Fleurs très-doubles, terminales, de la grandeur de celles de la Pivoine en arbre, un peu moins bombées; pétales frangés, bien découpés, fer-més à leur base et rouges au centre jusqu'au tiers de leur lon-gueur.

7° PIVOINE EN ARBRE A FLEURS VIOLETTES, *Pœonia arborea*, var.: *violacea*. Arbuste assez vigoureux, peu rameux, de cinq à six pieds de hauteur; feuilles de dix-huit pouces de longueur, à folioles assez rapprochées, larges, violâtres en dessus, glauques en dessous. Fleurs très-doubles, de huit à neuf pouces de diamètre, violettes, à pétales très-amples, moins larges à la base qu'au sommet. De toutes les variétés connues jusqu'à ce jour, celle-ci est la plus élevée et celle qui fournit les fleurs les plus grosses et du plus bel effet.

8° PIVOINE EN ARBRE A FLEURS ROUGES, *Pœonia arborea*, var.: *rubra*. Arbuste peu élevé, à tiges faibles et très-nombreuses; feuilles petites, nombreuses, incisées, d'un vert pâle. Fleur charmante, de moyenne grandeur, très-double, d'un beau rouge, à pétales très-nombreux, frangés, de différentes formes et grandeurs, ce qui lui donne beaucoup d'élégance.

9° PIVOINE EN ARBRE A FLEURS PALES, *Pœonia arborea*, var.: *Pallida*. Arbuste beaucoup plus vigoureux que le *P. Moutan* ordinaire, moins rameux, s'élevant davantage. Feuilles plus longues, à folioles beaucoup plus larges et roussâtres. Fleur moyenne, double, à pétales de la circonférence d'un rouge pâle, d'un rouge assez vif au centre.

10° PIVOINE EN ARBRE A FEUILLES PANACHÉES, *Pœonia arlorea*, var.: *variegata*. Je ne cite cette anomalie que pour la singularité et l'élégance de son feuillage bordé de rouge, et pointillé de vert et de blanc. Il produit un joli effet.

2. PIVOINE OFFICINALE, *Pœonia officinalis*, RETZ. Ajoutez les variétés suivantes;

6° PIVOINE OFFICINALE A FEUILLES D'ANÉMONE, *Pœonia warrata*, HORT. Fleur moins volumineuse que celle de la Pivoine officinale, composée de huit grands pétales érigés, creusés en cuillère, et formant bien la coupe, d'un beau rouge pourpre, et ayant quatre pouces de diamètre ; le centre est rempli par les nombreuses étamines dont les filets et les anthères se sont changés en pétales étroits, d'un pourpre foncé sur les deux faces, et dont quelques-uns sont bordés de jaune.

7° PIVOINE ÉCLATANTE, *Pœonia fulgens*. A fleurs simples, d'un écarlate très-vif.

8° PIVOINE SAFRANÉE, *Pœonia crocata*. Tiges de dix-huit pouces ; feuilles plus petites, plus crénelées au sommet, laciniées plus profondément que dans le type ; fleurs grandes, simples, affectant la forme d'une tulipe demi-ouverte, d'un rouge safrané très-vif, tirant sur la capucine, puis pâlissant et devenant carmin vif.

PLAQUEMINIER, *Diospyros*, LIN., page 549, tome III. Ajoutez :

7. PLAQUEMINIER LUISANT, *Diospyros lucida*, HORT. ♄. Tige droite, écorce lisse ; feuilles plus longues et plus larges que celles des autres, et d'un beau vert luisant.

8. PLAQUEMINIER A GRAND CALICE, *Diospyros calycina*, HORT. ♄. Rameaux réfléchis, feuilles ovales, allongées, très-grandes, presque aussi larges à la base qu'au sommet, d'un vert assez mat, pubescentes en dessous, épaisses ; pétioles d'un pouce à un pouce et demi de longueur, pubescens, ainsi que les rameaux, dont l'écorce est grisàtre. En juin, fleurs très-larges ; fruit presque aussi gros que celui du *Diospyros kaki*, très-recherché au Japon ; se mange comme les nèfles.

9. Plaqueminier a feuilles étroites, *Diospyros angusti-folia*, Hort. ♄. Arbre d'un très-beau port, à rameaux grêles, à écorce violacée ainsi que les pétioles ; feuilles ovales, lancéolées, moins larges et plus longues que dans les autres espèces, tombantes, d'un vert luisant et glabres en dessous.

Ces trois espèces se multiplient comme les autres et paraissent devoir résister à nos hivers.

PODOLÉPIDE, *Podolepis*, Labill. Syngénésie superflue, Lin. ; Flosculeuses, Juss. Calice commun, presque sphérique, imbriqué d'écailles scarieuses au sommet, pédicellées à leur base, rayonnantes ; réceptacle nu ; aigrettes composées de plusieurs poils, sessiles et simples. Graines chagrinées.

Podolépide grêle, *Podolepis gracilis*, Labill. (Pl. 18, Annales de Flore et de Pomone, 1832-33.) ☉. De la Nouvelle-Hollande. Tige simple du bas, lisse, brunâtre, rameuse du haut, de dix-huit à vingt-quatre pouces ; feuilles alternes, semi-amplexicaules, lancéolées, pointues, glabres, à nervure médiane, très-saillante en dessous ; rameaux de cinq à neuf pouces, portant ordinairement trois fleurs, à demi-fleurons linéaires échancrés, d'un rose pur, avec un disque composé de fleurons de même couleur. Il existe une variété d'un blanc à peine rosé. Semer sur couche en mars ; repiquer en pots, ou en pleine terre en place, au mois de mai. Les fleurs se montrent en août et septembre.

Podolépide papilleuse, *Podolepis papillosa*, R. Brown. (Pl. 26, Annales de Flore et de Pomone, 1834–35.) ♃. Nouvelle-Hollande. Tige sous-ligneuse, grise, de douze à dix-huit pouces ; feuilles sessiles, pointues, entières sur les bords, à une seule nervure, glabres, d'un beau vert. Fleurs solitaires, terminales, sur des pédoncules longs de quatre à six pouces, munis de feuilles semblables aux premières, et diminuant de grandeur à mesure qu'elles approchent du calice ; fleurs jaunes ; demi-fleurons de la circonférence, ligulés, rayonnans, tridentés ; fleurons du centre d'une seule pièce, à cinq dents. Serre tempérée pendant l'hiver. Multiplication de boutures étouffées.

PODOLOBE, *Podolobium*, R. Brown. Diadelphie décandrie, Lin. ; Légumineuses, Juss.

Podolobe a feuilles de houx, *Podolobium trilobatum*, R. Brown. ♄. Nouvelle-Hollande. Tige droite, rameuse, à rameaux comprimés s'élevant de deux à cinq pieds. Feuilles trilobées, opposées, coriaces, mucronées. En juin et juillet, fleurs jaunes en grappes latérales. Serre tempérée. Terre de bruyère. Multiplication de boutures.

POTENTILLE, *Potentilla*, Lin. , page 531, tome IV. Ajoutez :

15. Potentille élégante, *Potentilla formosa*, Hort. Par. ♃. Jolie plante à tiges nombreuses et feuilles à cinq divisions, se couvrant de juin en octobre de fleurs charmantes d'un carmin brillant, à anthères cramoisies.

16. Potentille noir-pourpre, *Potentilla atropurpurea*, Hook. ♃. Du Népaule. Feuilles radicales ternées, **argentées** en dessous. Tiges diffuses de deux à trois pieds. Belles fleurs, d'un pourpre noir, pendant tout l'été. Culture du N° 1.

PRIMEVÈRE, *Primula*, Lin., page 482, tome III.

4. Primevère de la Chine, *Primula Sinensis*, Hort. Angl.

Ajoutez les deux variétés suivantes :

a. A fleurs blanches, *P. Sinensis*, var. : *alba*. Ne différant du type que par la couleur blanc pur de ses fleurs.

b. A fleurs pourpres, *P. Sinensis*, var. : *purpurea*. Cette variété, dont les fleurs sont d'un rouge vif, est souvent semi-double ; les divisions de la corolle sont frangées, et la fleur plus grande que celle des autres.

16. Primevère de Palinure, *Primula Palinuri*, Tenor. ; Fl. Neap. , Roemer et Sch. ; Syst. veg. , Swett. ♄. Du Promontoire de Palinure, royaume de Naples. Tige haute de quatre à six pouces ; feuilles étalées, nues, spatulées, longues de huit à dix pouces. Fleurs jaunes odorantes, en ombelle, calice, collerette et pédicelle farineux. Serre tempérée, où elle fleurit en mars. On la tient en pot, et on la multiplie de boutures et d'œilletons.

PULMONAIRE, *Pulmonaria*, Lin., tome III, page 5o1. Ajoutez :

5. Pulmonaire en panicule, *Pulmonaria paniculata*, Hort. Par. ♃. Tiges un peu anguleuses, de douze à dix-huit pouces ; feuilles alternes, sessiles, lancéolées, pointues. Fleurs en trois ou quatre petites panicules, terminales, penchées, d'un beau bleu d'émail dans leur entier développement. Plein air. Multiplication par la séparation des racines. Fleurit d'avril en mai.

RAISINIER, *Coccoloba*, Lin., page 342, tome III. Ajoutez :

11. Raisinier a feuilles de rhubarbe, *Coccoloba rheifolia*, Desf. ♄. Tige droite, peu rameuse, écorce grise, crevassée ; celle des jeunes rameaux verte et un peu striée ; feuilles alternes, de sept à huit pouces de diamètre, très-entières, d'une consistance ferme, raide, très-glabres ; grappe terminale de six à huit pouces, garnie d'une grande quantité de petites fleurs rouges. Serre chaude. Multiplication de boutures étouffées et de marcottes en pots.

RAPHIOLÉPIDE, *Raphiolepis*, Decand. Icosandrie digynie, Lin. ; Rosacées, Juss.

Raphiolépide a feuilles de saule, *Raphiolepis salicifolia*, Decand. (Flore et Journal des Jardins, pl. 17.) ♄. De la Chine. Tige droite et grêle de quatre à six pieds ; rameaux peu nombreux, grêles, bruns et glabres ; feuilles éparses, rapprochées au sommet des rameaux, lancéolées, pointues, dentées excepté à la base. De novembre en janvier, fleurs blanches à tube rouge au sommet, en petites grappes paniculées terminales ; filets des étamines rougeâtres. Serre tempérée. Multiplication de greffes sur épine et coignassier, et de boutures.

RENOUÉE, *Polygonum*, Lin., page 345, tome III. Ajoutez :

7. Renouée a fleurs en cime, *Polygonum cimosum*, Hort. Par. ♃. Du Népaule. Tige droite peu rameuse, de sept à huit pieds ; stipules engaînantes ; feuilles glabres, hastées, aiguës. Fleurs blanches en cime paniculée. Plante vigoureuse ; tout terrain, mieux humide. Multiplication de graines. Plein air. Peut être utilisée pour fourrage vert.

RHINCANTHÈRE, *Rhincanthera*, KUNTH. Pentandrie monogynie, LIN. ; Mélastomes, JUSS.

RHINCANTHÈRE A CINQ ÉTAMINES, *Rhincanthera pentandra*, KUNTH. ♄. De l'Amérique méridionale. Tige de dix-huit pouces, quadrangulaire, mais à angles peu saillans, velue; feuilles opposées, pétiolées, ovales, allongées, cordiformes à la base, terminées en pointe, à sept nervures principales, régulières et se rendant de la base au sommet, avec des nervures transversales serrées, parallèles, ce qui fait paraître le limbe comme plissé; elles sont très-finement dentées en scie, ciliées, pubescentes sur leurs deux surfaces. Fleurs en long épi feuillé, nombreuses, assez grandes, d'un lilas violacé; calice monophylle, à cinq dents longues et filiformes; cinq pétales ovales attachés au calice; un style plus long que les pétales; cinq étamines, portant chacune une anthère ovale, oblique, jaune dans la moitié inférieure, rouge au sommet, terminée par une appendice mince, longue, arquée, en forme de bec, d'où est venu le nom de la plante. Serre chaude et terre légère. Multiplication de boutures et d'œilletons.

RIPSALIDE, *Ripsalis*, GREENT., HAW., DESF. Icosandrie monogynie, LIN. ; Cactées, JUSS.

Calice à tube libre, adhérant à l'ovaire, trois à six écailles extérieures, comme membraneuses, lisses; six à sept pétales ouverts, oblongs, insérés au calice; douze à dix-huit étamines au plus, fixées à la base des pétales; style filiforme; trois à six stigmates ouverts; fruit en baie, luisant, un peu arrondi, couronné par le calice, marcescent; semences petites, nichées dans la pulpe. Deux cotylédons, courts, obtus.

RIPSALIDE A GRANDES FLEURS, *Ripsalis funalis*, DECAND.; *R. grandiflora*, HARVORT.; *Cact. funalis*, SPRENGEL. ♃. De l'Amérique méridionale. Tiges et branches très rameuses, souvent verticillées, cylindriques, vertes, glabres. De janvier en mars, fleurs nombreuses naissant autour des articulations terminales, à pétales ouverts et d'un blanc légèrement lavé de jaune. Filets des étamines blancs, et anthères d'un jaune soufre. Sur les tablettes d'une serre chaude, ou même d'une serre tempérée; le point essentiel étant de la tenir sèchement pendant l'hiver.

RIPSALIDE SALICORNE, *Ripsalis salicornoïdes*, LINK. ♃. Tiges d'un pied très-rameuses, composées d'articulations ovales, oblongues, ou claviformes, séparées par des étranglemens; chaque articulation terminale portant une ou plusieurs fleurs très-petites, d'un jaune roussâtre. Les articulations de cette plante parasite contiennent des sucs visqueux propres à les coller aux arbres. Même culture.

ROBINIER, faux Acacia, Acacia. *Robinia*, LIN., page 617, tome IV.

1. ROBINIER FAUX ACACIA, acacia blanc, acacia commun. *Robinia pseudo acacia*, WILLD. Ajoutez la variété suivante :

ROBINIER PENCHÉ, *Robinia pseudo acacia*, VAR. *nutans*. Arbre de moyenne grandeur, à rameaux nombreux, cylindriques, grisâtres, recourbés en demi-cercle à leur extrémité, sillonnés dans leur jeunesse, tordus sur divers points; deux épines noirâtres et très-courtes placées sous les feuilles dans les grosses branches, et manquant constamment dans les ramilles. Feuilles composées de treize à vingt folioles, ovales, allongées, assez distantes les unes des autres, un peu lâches. Fleurs en grappes, d'un blanc assez pur ressemblant beaucoup à celles de son type. J'ai obtenu cette intéressante variété de semis en 1825, et elle a fleuri pour la première fois en 1830. On la multiplie par la greffe en fente ou à œil poussant sur son type.

RONCE, *Rubus*, LIN., page 535, tome IV.
Ajoutez :

11. RONCE REMARQUABLE, *Rubus spectabilis*, PURSH. (Annales de Flore et de Pomone, 1832-1833, pl. 38.). ♄. De l'Amérique septentrionale. Tiges de trois à six pieds, munies de jeunes rameaux étalés, un peu inclinés, glabres et aiguillonnés. Feuilles alternes, glabres, inermes, à trois folioles, dont les deux inférieures presque sessiles, ovales aiguës, cordiformes à la base, à bords dentés et nervures saillantes. Fleurs grandes, solitai-

res, d'un rose pourpre, portées sur un pédoncule droit, glabre, long de deux pouces, qui se développe à l'aisselle de la dernière feuille sur chaque rameau. Fruits de couleur rouge. Mi-soleil, terre très-meuble, plutôt humide que sèche. Multiplication de boutures, ou mieux de marcottes par l'extrémité la plus herbacée de chaque rameau, en lui faisant décrire un arc de cercle suffisant.

ROSAGE, *Rhododendron*, LIN., page 555, tome III. Ajoutez :

ROSAGE HYBRIDE, *Rhododendron altaclerense*, LINDL. ♄. Arbuste formant buisson de trois pieds et plus ; jeunes rameaux d'un vert blanchâtre comme poudreux, ainsi que le pétiole des feuilles dont le limbe est ovale, pointu, presque cordiforme à la base, un peu ferrugineux en dessous. Fleurs terminales en corymbe serré, au nombre de vingt-cinq à quarante, d'un rose carné très-frais, avec quelques points bruns sur le pétale supérieur. Chaque fleur a plus de trois pouces de diamètre.

Le ROSAGE EN ARBRE A FLEURS BLANCHES, *Rhododendron arboreum*, var.: *album*, a fleuri pour la première fois dans mon établissement en mars 1833. Les fleurs sont blanches, campanulées, avec un nectaire violet pourpre dans le fond et quelques points pourpres. C'est une plante du plus bel effet. Elle a été figurée, pl. 35, Annales de Flore et de Pomone, 1832-1833.

13. ROSAGE AZALOÏDE, *Rhododendron azaloïdes*, HORT. ANGL. Ajoutez une variété sous le nom de ROSAGE AZALOÏDE ODORANT, *Rh. azaloïdes*; Var. : *odoratum*. Cette variété charmante diffère principalement de son type par ses tiges un peu plus grêles et plus droites, par ses feuilles beaucoup plus étroites, et ayant parfaitement la forme allongée de celles du pêcher. Ses fleurs, d'un blanc violacé, exhalent une odeur agréable de vanille et de girofiée. Sa culture est la même.

ROSIER, *Rosa*, LIN., page 491, tome IV, et page 77, Supplément N° 1. Ajoutez :

Les roses sont toujours au premier rang des plantes dont les amateurs aiment à faire collection ; et ce genre, déjà si nombreux, ne cesse de fournir de nouvelles variétés qui semblent vouloir s'éclipser les unes les autres. Cette fécondité à l'égard de fleurs aussi attrayantes n'a pas autant d'inconvénient que dans quelques autres plantes de collection, car ici la greffe multiplie identiquement les variétés, et l'on a la certitude d'obtenir exactement ce qu'on a vu ; ce qui est loin d'avoir lieu dans les dahlia, par exemple. Cependant la quantité de nouveautés que les semis produisent dans les diverses tribus, engage les amateurs d'un goût pur à faire quelques réformes afin de ne conserver dans chacune que ce qui est véritablement supérieur. C'est pourquoi, dans l'immensité de variétés introduites dans les collections marchandes ou d'amateurs depuis la publication de mon premier Supplément, je n'indiquerai que celles qui m'ont paru dignes d'être citées sous les divers rapports qui font rechercher les roses, la forme, le coloris, l'odeur et l'abondance des fleurs.

4. ROSIER DU KAMTSCHATKA, *Rosa Kamtschatica*, VENT., tome IV, page 493.

Rose damossine. Hybride de mes semis. En juillet, fleurs en bouquets de trois à cinq, pleines et d'un rose foncé.

26. ROSIER PIMPRENELLE, *R. spinosissima*, LINDL.; *R. pimpinellifolia*, LIN.; *R. scotica*, MILLER.; tome IV, page 500, et page 83, Supplément N° 1.

Rose pimprenelle Hardy. Arbuste de deux pieds environ. Feuilles de sept à neuf folioles très-petites, doublement dentées ; fleurs doubles, solitaires à pétales d'un blanc de neige, coupés au milieu par une ligne de carmin. Obtenue par M. Girardon de Bar-sur-Aube.

Rose Ben-Lomond. Arbrisseau petit. Fleurs solitaires, petites, semi-doubles très-régulières, à pétales d'un beau rose tendre.

Rose Lady Finck-Hotton. Fleurs solitaires, semi-doubles, grandes, bien faites, à pétales d'un beau pourpre violet, très-peu échancrés, et à odeur très-agréable. Fort intéressante.

Pimprenelle rose à très-grandes fleurs. Fleurs nombreuses, grandes, presque doubles, bien faites, affectant la forme des cent-feuilles, souvent solitaires ; pétales d'un beau rose, marginés de blanc, et irrégulièrement échancrés.

Pimprenelle jaune soufre. Fleurs nombreuses semi-doubles,

assez grandes , régulières et solitaires. Pétales d'un beau jaune soufre, longs et larges à la circonférence , petits et ondulés au centre, irrégulièrement incisés.

Pimprenelle carnée de Pelletier. Arbuste de trois à quatre pieds. Fleurs grandes très-doubles, bien faites, **un peu** odorantes; pétales d'un rose tendre et régulièrement **rangés.** Très-jolie. Ces trois dernières variétés ont été obtenues par M. Pelletier.

Pimprenelle marx. Petit arbuste élégant. Fleurs nombreuses, doubles, petites, bien faites, presque toujours solitaires. Pétales d'un jaune soufre bien rangés, les uns cordiformes, les autres irrégulièrement incisés, à odeur de citron. Obtenue par M. Cartier.

Pimprenelle Charlotte. Fleurs grandes semi-doubles; pétales de la circonférence grands, échancrés au sommet, d'un lilas foncé.

31. **Rosier de Damas**, des quatre saisons, bifère. *R. Damascena*, **Lind.**; *R. Bifera*, **Poir.**; *R. Calendarum*, **Munch.** Tome IV, page 502, et page 83 , Supplément Nº 1.

Rose Bélisaire. Fleurs nombreuses, moyennes, très-doubles, en corymbe, pédoncules et ovaires garnis de poils glanduleux. Pétales d'un rose tendre lors de l'épanouissement, carnés ensuite.

Rose belle Damas. De mes semis. Arbuste vigoureux. Fleurs grandes, **très-pleines**, d'un rouge assez vif, réunies en bouquets au nombre de cinq à sept et couronnant l'arbuste.

Rose Billard. Fleurs très-doubles, odorantes, à pétales chiffonnés, d'un rose carné avec quelques étamines au centre.

Rose Louis-Philippe Iᵉʳ. Obtenue , par M. Duval à Chaville, de la *Rose du Roi.* Fleurs très-grandes , pleines, d'un violet foncé et d'une odeur suave.

Rose Reine des Belges. Obtenue , par le même cultivateur, du semis de la précédente. Fleurs semi – doubles , aplaties, d'un coloris rouge très-vif et d'un diamètre de quatre pouces. Très-florifère.

33. **Rosier cent-feuilles.** *Rosa centifolia* , **Lindl.**; *R. pro-*

vincialis, MILLER.; *R. caryophillea*, POIR.; *R. unguiculata*, DESF. Tome IV, page 504, et page 87, Supplément N° 1.

Rose cent-feuilles de Chaville. Arbuste vigoureux, peu épineux; feuilles très-amples. Fleurs très-doubles d'un rose tendre, à pétales chiffonnés au centre où l'on voit quelques étamines, de deux pouces de diamètre, et très-odorantes; les divisions du calice sont garnies de quelques folioles linéaires. Obtenue par M. Duval.

Rose cent feuilles à calice crété, *Rosa centifolia*, var.: ***cristata***. L'arbuste ne diffère en rien du type; ce sont les divisions du calice qui font toute la différence. Des cinq divisions, deux sont bordées de chaque côté, et une troisième d'un côté seulement, d'appendices quatre ou cinq fois divisés et subdivisés, en lanières courtes munies de poils glanduleux et odorans qui les rendent très-crépus. Quelquefois ces mêmes appendices se retrouvent à la base des pédicelles des folioles les plus rapprochées des fleurs. Celles-ci sont moyennes, d'un rose vif, et très-odorantes. Cette variété a été figurée pl. 46, Annales de Flore et de Pomone, 1832–1833.

34. ROSIER DE PROVENCE, *R. Provincialis*, PRONV.; *R. centifolia*, LIND. Pages 505, tome IV, et 81, Supplément N° 1.

Rose Agathe à feuilles glauques. Fleurs en corymbe de cinq à sept, très-jolies, d'un rose tendre, moyennes, très-doubles, et bien faites. Obtenue par mon frère Ét. Noisette.

Rose de Jessaint. Fleurs réunies par bouquet de trois ou quatre, de trois à quatre pouces de diamètre, bien pleines; pétales régulièrement rangés en forme de cocarde, d'un rose violacé tendre; odeur très-suave.

Rose Madame Rolland. Fleurs réunies en bouquets de trois, larges de deux pouces et demi, doubles, exhalant une odeur suave; pétales ondulés d'un joli rose tendre.

35. ROSIER DE PROVINS, *Rosa Gallica*, LINDL.; *R. centifolia*, MILLER; *R. rubra*, LAM.; *R. caprea*, JACQ. Pag. 507, tome IV, et 77, Supplément N° 1.

Rose Duc de Valmy. Fleurs bien faites, très-doubles, à pétales courts, d'un rose vif, de deux pouces de diamètre, avec quelques étamines au centre. Le calice est garni de quelques très-petites folioles.

Rose Marjolin. Fleurs par deux ou trois, nombreuses, pleines, d'une très-grande dimension (quelquefois cinq pouces de diamètre), bien faites ; pétales d'un violet cramoisi foncé, roulés en anneau au centre, larges, souvent cordiformes à la circonférence.

Rose Président de Sèze. Fleurs assez nombreuses, grandes, très-doubles, bien faites, en forme de coupe au moment de l'épanouissement, ensuite légèrement bombées, réunies en corymbe. Pétales d'un rose violacé au centre, lilacés à la circonférence, bien plissés dans le milieu, peu échancrés.

Rose Honorine d'Esquermes. Fleurs grandes, pleines, plates, d'un rouge pâle marbré de pourpre.

Rose cire d'Espagne. Fleurs moyennes, pleines, d'un rouge de feu ou de cire d'Espagne.

Rose Otaïtienne. Fleurs très-grandes, pleines, d'un pourpre velouté sur les bords ; le centre d'un cramoisi vif.

Rose Jeanne Hachette. Fleurs très-grandes, pleines, très-bien faites, roses, d'une couleur plus foncée au centre.

Rose Moïse. Fleurs grandes, pleines, d'un superbe rouge cerise feu.

Hybrides.

Rose Casimir Périer. Fleurs grandes, très-doubles, bien faites, un peu aplaties, réunies en corymbe redressé ; pétales d'un rouge feu à l'intérieur, d'un rouge vineux à la circonférence, crispés et plissés dans toutes les parties de la fleur.

Rose Rigoulot. Arbuste vigoureux. Fleurs nombreuses, d'une très-grande dimension, pleines, atteignant quatre pouces et demi environ de diamètre, régulières, d'une forme parfaite, en coupe lorsqu'elles commencent à s'épanouir, au nombre de trois ou quatre ensemble sur chaque rameau ; pétales d'un beau rose tendre, roulés en anneau au centre, chiffonnés et plissés intérieurement, échancrés irrégulièrement au sommet. Obtenue de semis par M. Rigoulot.

Rose Malvina. Arbrisseau vigoureux. Fleurs nombreuses grandes, bien faites, très-doubles, naissant trois ou quatre ensemble sur le même rameau, ayant d'abord la forme d'une coupe lorsqu'elles s'épanouissent, puis ensuite devenant bombées au centre. Pétales du milieu d'un rose lilacé, serrés et crispés, irrégulièrement découpés au sommet; ceux de la circonférence, d'un rose pâle tirant sur le gris de lin.

Rose Desbrosses. Fleurs peu nombreuses, très-doubles, moyennes, bien faites et bombées, réunies en corymbe. Pétales bien rangés, souvent cordiformes, roses et parfois veinés sur les bords.

Rose Lady Morgan. Arbrisseau vigoureux. Fleurs grandes très-pleines, bien faites, réunies en corymbe. Pétales d'un rouge clair et brillant, larges à la circonférence, plus courts et rangés symétriquement au centre. Belle variété.

Rose délice de Flandre. Fleurs d'un carné superbe, grandes, n'ayant que trente à quarante pétales mais rangés de manière à rendre la fleur pleine.

Rose enchantée. Fleurs très-grandes, pleines, bien faites, couleur de chair.

37. ROSIER DE FRANCFORT. *Rosa turbinata*, LINDL.; *R. Francofurtiana*, MUNC.; *R. campanulata*, EHRH. Pag. 514, tome IV.

Rose Ancelin. De mes semis. Tige droite, rameaux très-vigoureux, glauques, un peu colorés du côté du soleil; aiguillons assez nombreux, un peu élargis à leur base et se terminant en crochets réfléchis au sommet. Feuilles composées de cinq folioles arrondies, légèrement dentées, blanchâtres, en dessous, les jeunes teintées de rose. Fleurs en corymbe de cinq à sept, bien portées par leurs pédoncules, rouges, doubles, grandes, très-belles.

Rose Psyché. Fleurs grandes, pleines, lilas, d'un effet superbe.

41. ROSIER BLANC, *Rosa alba*, LINDL.; *R. stativa*, DODON; *R. usitatissima*, GAT. Page 515, tome IV, et page 87, Supplément N° 1.

Rose Ernestine. Pédoncules érigés, couverts de soies noires; fleurs réunies en bouquets de trois, bien doubles, larges de deux pouces et demi, en forme de coupe, légèrement rosées, répandant une odeur agréable et douce; ovaire glabre.

Rose aimable Félix. Fleurs nombreuses, petites, doubles, bien faites, en coupe lorsqu'elles s'épanouissent, ensuite d'une forme aplatie, naissant par deux ou trois ensemble sur le même rameau; pétales petits, d'un blanc très-pur, un peu plissés au centre, plus larges et lobés à la circonférence; pédoncules et tube du calice hispides.

45. **Rosier rouillé** ou Églantier odorant, *R. rubiginosa*, Lindl.; *R. eglanteria*, Mill., page 517, tome **IV**.

Rose à petites fleurs, *parviflora*. Fleurs peu nombreuses, semi-doubles, petites, d'un rose tendre en corymbe; pédoncules courts, hispides; calice glabre, quelquefois muni de petits poils; sépales glanduleuses.

Rose à bois lisse, *lævigata*. De mes semis. Fleurs grandes, semi-doubles, bien faites, naissant deux ou trois ensemble sur le même rameau; pétales d'un beau rose cerise, un peu crispés au centre, souvent cordiformes, ceux de l'extérieur réfléchis; tube du calice glabre; sépales glanduleuses; pédoncule hispide.

Rose aiguillonnée, *aculeata*. Fleurs nombreuses, doubles, grandes, bien faites, disposées en corymbe; pétales d'un beau rose, sensiblement nuancés de violet, presque tous cordiformes, petits et peu chiffonnés au centre; onglets blancs, calice et pédoncules hispides, ayant une viscosité très-prononcée.

Rose à long pédoncule, *pedunculata*. Fleurs peu nombreuses, semi-doubles, moyennes, en corymbe; pétales cordiformes, d'un rose clair; pédoncules garnis de nombreux poils glanduleux; calice hispide à la base, glabre au sommet.

Rose à corymbes, *corymbosa*. Fleurs nombreuses, moyennes, doubles, d'un rouge assez vif, en corymbe, pédoncules et calice hispides, ayant une viscosité très-odorante; sépales glanduleuses.

54. **Rosier de l'Inde**, *Rosa Indica*, de Pron., page 520, tome **IV**.

Rose thé hyménée. Arbrisseau peu vigoureux, à rameaux étalés et recouverts d'une écorce lisse; les jeunes pousses rougeâtres au sommet; aiguillons peu nombreux, droits et comprimés à la base. Feuilles de trois à cinq folioles oblongues, d'un vert luisant; pédoncules munis de petits poils glanduleux. Fleurs grandes, doubles, assez bien faites, souvent solitaires, parfois deux ou trois ensemble; pétales épais, d'un blanc jaunâtre, un peu lâches, assez bien rangés, peu incisés au sommet; tube du calice glabre.

Rose thé coccinée. Arbrisseau assez vigoureux, à rameaux d'un rouge foncé, luisans, peu aiguillonnés. Feuilles de trois à cinq folioles ovales, assez profondément et régulièrement dentées en scie, d'un vert violacé en dessus, et pourpre changeant en dessous; cette dernière couleur, selon qu'on l'expose à la lumière, joue absolument la gorge de pigeon. Fleurs doubles, régulières, larges de deux pouces, d'un rouge pourpre extrêmement foncé, exhalant une odeur de thé très-prononcée.

Rose thé lilas. Arbuste vigoureux; tiges d'un vert violacé, armées d'aiguillons nombreux, droits et lilacés; feuilles de sept folioles oblongues, d'un vert luisant, marginées de violet, à dentelures petites et inclinées. Fleurs grandes, doubles, régulières, s'ouvrant bien, souvent en corymbe; pétales d'un beau lilas clair, assez bien rangés, ceux de la circonférence cordiformes.

Rose thé jaune panachée. Arbrisseau très-vigoureux, à rameaux armés d'aiguillons peu nombreux; feuilles d'un beau vert, de cinq folioles ovales-lancéolées, assez régulièrement dentées en scie. Fleurs très-grandes, doubles, bien faites; pétales assez régulièrement rangés, cordiformes, arrondis, grands, d'un joli jaune serin, panachés au sommet par une teinte très-prononcée de rose pourpre.

Rose thé triomphe de Navarin. Petit arbuste à rameaux garnis d'aiguillons rares et blanchâtres; feuilles de trois à cinq folioles arrondies, légèrement dentées; pédoncules uniflores, raides. Fleurs doubles, d'une très-grande dimension, bien faites et d'un rouge aurore. C'est une des plus belles variétés de thé.

Rose thé anémone. Charmant arbrisseau assez vigoureux; écorce lisse; rameaux garnis de quelques aiguillons larges, peu courbés, épars sur les branches; pétioles aiguillonnés; folioles ovales, irrégulièrement dentées, d'un vert luisant en dessus, rougeâtres en dessous. Fleurs doubles, moyennes, ayant une forme de coupe, disposées en panicule; pétales d'un beau rose tendre lors de l'épanouissement, prenant ensuite une couleur de chair, plissés, et rangés régulièrement.

Rose Eusèbe Salverte. Tiges assez élevées ; aiguillons peu nombreux, d'un rouge prononcé, larges à leur base, décrivant un angle droit avec la tige ; petits aiguillons des pétioles formant le crochet à pointe tournée du côté de l'insertion des feuilles ; ces dernières composées de folioles en nombre variable, souvent de trois, cinq ou sept ovales, assez larges, luisantes, distantes les unes des autres, d'un vert pâle, régulièrement placées, peu dentées. Rameaux florifères très-vigoureux, terminés par un corymbe de vingt à trente fleurs, larges de deux pouces, très-pleines ; pétales blancs, légèrement nuancés de rose à leur surface supérieure, ayant une teinte de jaune soufre vers l'onglet ; pédoncules longs de deux pouces au moins, fléchis en demi-cercle, ce qui fait que les fleurs sont penchées.

55. ROSIER NOISETTE, *Rosa noisettiana*, Bosc, page 521, tome IV, et page 84, Supplément N° 1.

Rose Noisette Labiche. Tiges pourpres, touffues ; feuilles à sept folioles, d'un vert luisant, dentelées, à nervures aiguillonnées. Fleurs bien faites, pleines, d'un blanc carné, exhalant une odeur sensible de thé ; pédoncule moyen, garni d'une brac-tée purpurine ; très-remontante.

Rose Noisette jaune de Smith. Var. : *Lutea Smithii.* (Pl. 2, Annales de Flore et de Pomone, 1833-1834). Arbuste vigoureux ; bois brunâtre à aiguillons pourpre foncé, éloignés, gros, courts et droits. Feuilles pétiolées et alternes, à cinq folioles ovales, presque arrondies, dentées, terminées par une pointe plus ou moins aiguë, d'un vert frais ; bractées purpurines. Fleurs bien faites, d'un jaune citron, très-pleines et très-odorantes, ayant de cent trente à cent soixante pétales courts, un peu roulés et bien rangés.

Rose Noisette Anatole de Montesquiou. Petit arbrisseau à branches teintées de violet dans leur jeunesse, d'un vert pâle étant adultes, munies d'aiguillons épars, peu nombreux et droits. Feuilles de trois à cinq folioles petites, ovales, presque en cœur à leur base, pointues au sommet, à dents aiguës et non glanduleuses ; pétioles munis de petits aiguillons en dessous; stipules courtes, bordées de poils glanduleux. Fleurs au nombre d'une á neuf, terminant les rameaux, doubles, arrondies, assez bien faites, petites, de dix-huit à vingt lignes de diamètre, d'un pourpre violacé et d'une odeur douce et suave; pétales arrondis, échancrés au sommet; pédoncules munis à la base de deux ou trois bractées entières, garnies de cils glanduleux, ainsi que le pédoncule lui-même; tube du calice glabre, cylindrique, tronqué au sommet; sépales aiguës, à peine foliacées au sommet : toutes sont ciliées, glanduleuses en dessus, un peu laineuses en dedans : deux sont munies de petites appendices.

Rose Noisette prolifère. Arbrisseau extrémement remarquable par la singularité et la beauté de ses fleurs; tiges vigoureuses; feuilles composées de cinq folioles ovales-lancéolées, régulièrement dentées en scie, d'un beau vert foncé. Fleurs très-nombreuses, en corymbe, très-doubles et très-régulières, larges de deux pouces; pétales extérieurs grands, d'un rose pâle, formant une coupe parfaitement arrondie et régulière; pétales du centre très-courts, pliés longitudinalement en carène, réunis en plusieurs faisceaux régulièrement placés, d'un jaune pourpre sur le limbe, et tirant sur le brunâtre au sommet et sur les bords; un bouton d'un joli vert, petit, mais muni de ses folioles calicinales, entouré de quelques étamines, est placé dans le centre de la fleur.

Rose Apollinie. Arbrisseau à tiges érigées, coudées à la base, presque dépourvues d'aiguillons; écorce lisse, pétioles aiguillonnés; feuilles de sept folioles oblongues, d'un vert foncé, régulièrement dentées. Fleurs nombreuses, petites, très-doubles, plates et bien faites, disposées en corymbe; pétales minces, d'un blanc parfaitement pur, roulés en anneau au centre et régulièrement rangés à la circonférence, presque tous mucronés; pédoncule velu; tube du calice glabre et allongé.

Rose Noisette Putaux. Arbrisseau à tiges fortes de quatre à cinq pieds, d'un assez beau violet aux extrémités, presque sans aiguillons; feuilles de cinq à sept folioles ovales oblongues, à sommet acuminé, dentées régulièrement, glabres, d'un vert luisant en dessus, plus pâle en dessous. Fleurs terminant les jeunes rameaux en corymbe de quatre à douze, semi-doubles, forme et couleur du Bengale commun. Fleurit de juin en octobre. Obtenue par M. Putaux, jardinier en chef de la Porte-Jaune.

Rose Noisette rampante. Arbuste à tiges longues de dix à douze pieds, un peu colorées, rampantes comme celles du *rubus fruticosus*, et dont les extrémités semblent vouloir s'enfoncer dans la terre comme le font quelques espèces de ronces; aiguillons très-rapprochés, larges à leur base, terminés en pointe recourbée, d'un violet assez prononcé; stipules assez larges et pectinées, dentées assez profondément, d'un vert foncé un peu vernissé; pétioles courts; feuilles composées de sept à neuf folioles arrondies, planes, rapprochées. Fleurs doubles, d'un blanc éclatant, de moyenne grandeur, réunies en bouquets de cinq à vingt, portées par des ramilles sortant de dessus les branches qui couvrent le sol.

Rose Noisette à fleurs solitaires. Arbrisseau très-vigoureux, émettant des tiges de six à huit pieds dans une année; tiges glabres, d'un vert clair; aiguillons très-distans, courts, minces et comprimés à leur base, très-aigus et formant un peu le crochet, d'un violet foncé. Feuilles de cinq à sept folioles ovales allongées, planes, dentées régulièrement et peu profondément; pétioles garnis à leur base de stipules pinnatifides, longues de quinze à dix-huit lignes, ayant au sommet deux lobes pectinés recourbés; entre les dents des stipules sont placés des filets courts, violets, portant des glandes sphériques. Fleurs pleines, solitaires, d'un blanc moiré légèrement rosé, formant un peu la coupe, de deux pouces à deux pouces et demi de diamètre. Cette fleur, la plus grande des noisettes, en est, à mon avis, la plus élégante. Je dois cette nouvelle variété à mon frère, habitant les États-Unis d'Amérique.

Rose Noisette à petites fleurs. Arbrisseau peu vigoureux, à tiges grêles; aiguillons peu nombreux, rougeâtres, quelques-uns assez développés, les autres sétacés et terminés par une glande assez grosse; pétioles rougeâtres; feuilles composées de trois à sept folioles ovales, dentées régulièrement. Fleurs blanches, doubles, en forme de coupe, réunies en bouquets de cinq à dix; pétales de la circonférence ponctués de pourpre:

ceux du centre très-courts ; styles très-allongés, terminés par un stigmate d'un beau rouge ; étamines tranchant agréablement sur le blanc de la corolle.

Rose Noisette Jacques. Cette variété a été obtenue par M. Jacques, jardinier en chef du roi à Neuilly. Tiges droites, vigoureuses, d'un pourpre violet, glabres, munies d'aiguillons épars et non stipulaires ; feuilles longuement pétiolées, composées de trois, cinq ou sept folioles, les unes oblongues, les autres ovales, d'un vert luisant, irrégulièrement dentées. Fleurs doubles, moyennes, très-régulières, naissant au sommet des jeunes tiges et rameaux, en corymbe ; pétales d'un blanc sensiblement teinté de rose, les uns mucronés, les autres irrégulièrement échancrés, un peu chiffonnés au centre.

Rose Noisette boule-de-neige. Arbuste très-joli, assez vigoureux ; tiges violâtres, étalées, armées d'aiguillons rougeâtres, courbés, dilatés à leur base ; pétioles aiguillonnés ; feuilles composées de sept folioles oblongues, terminées en pointe, d'un vert lisse et luisant, à dentelures étroites et profondes. Fleurs nombreuses, assez grandes, très-doubles, bien faites, en forme de coupe, réunies en corymbe ; pétales d'un blanc transparent, un peu crispés au centre, peu incisés au sommet.

Rose Noisette à grandes fleurs lilas. Arbuste vigoureux assez élevé ; tiges glabres, roussâtres, minces, penchées à l'extrémité ; aiguillons rares et courts ; feuilles de cinq à sept folioles assez distantes, ovales-allongées, légèrement dentées, planes, d'un vert luisant. Fleurs terminales, en bouquets de cinq à quinze, très-doubles, fort jolies, d'un lilas foncé ; pétales uniformes, assez amples ; pédoncules longs, ce qui fait que les fleurs sont un peu penchées.

Rose Noisette lilas foncé. Arbrisseau peu vigoureux, à tiges redressées, armées d'un petit nombre d'aiguillons égaux, courbés, dilatés à leur base ; écorce lisse ; pétioles munis de très-petits aiguillons crochus ; feuilles de cinq, plus ordinairement de sept folioles lancéolées, d'un vert jaunâtre, à dentelures couchées et peu profondes. Fleurs nombreuses, petites, très-doubles, bien faites, en corymbe ; pétales minces, d'un lilas rose foncé, crispés, roulés en anneau au centre, irrégulièrement découpés au sommet, à onglet blanc; pédoncule et calice glabres.

Rose Noisette aurore. Arbrisseau très-vigoureux, à tiges articulées, armées d'aiguillons égaux, courbés, dilatés à leur base, rougeâtres, épars; écorce lisse; pétioles rouges, aiguillonnés; feuilles de sept folioles oblongues, pointues, épaisses, à dentelures peu profondes et régulières. Fleurs nombreuses, petites, doubles, irrégulières, réunies en corymbe; pétales épais, d'une teinte aurore au centre et couleur de chair à la circonférence, divergens, peu échancrés; pédoncule et tube du calice garnis de petits poils glanduleux.

Rose Comte Foy. Arbrisseau vigoureux, à tiges et rameaux un peu étalés, armés d'aiguillons très-courts, inégaux, peu nombreux; pétioles aiguillonnés et munis de petites glandes; feuilles de trois à cinq folioles lancéolées, d'un beau vert foncé, à dentelures assez régulières et recourbées en dessous, peu profondes. Fleurs assez nombreuses, d'une très-grande dimension, pleines, bien faites, naissant par deux ou trois ensemble; pétales d'un rose ordinaire au centre, d'un rose pâle et un peu violacé sur les bords, prenant ensuite une teinte plus foncée et violacée dans toute la fleur, roulés au milieu, chiffonnés dans les autres parties, réfléchis à l'extérieur, irrégulièrement echancrés au sommet.

Rose Noisette Félicia. Arbuste vigoureux, à tiges érigées, d'un violet clair; aiguillons gros, rougeâtres, presque égaux, très-dilatés à leur base, légèrement courbés; pétioles aiguillonnés; feuilles composées de cinq à sept folioles divergentes, oblongues, à dentelures peu régulières. Fleurs jolies, très-doubles, d'une moyenne grandeur et d'une forme très-élégante, disposées en corymbe; pétales d'un très-beau rose clair, nuancés légèrement de lilas, quelquefois linéés de blanc, souvent cordiformes, bien rangés intérieurement.

Rose Félicité-Perpétue. Ce charmant arbrisseau a les tiges et les rameaux rougeâtres et grimpans; aiguillons épars, un peu courbés; feuilles composées de cinq à sept folioles petites, d'un beau vert en dessus et en dessous, ovales lancéolées, à dentelures aiguës; pétioles rougeâtres. Fleurs petites, bien doubles, parfaites, de dix-huit à vingt lignes de diamètre, peu odorantes, disposées en corymbes ; pétales d'un rose très-pâle et comme légèrement soufré, passant au beau blanc après l'épanouissement. Pédoncule glabre ; les boutons sont roses avant l'épanouissement.

Rose Noisette rose. Arbrisseau vigoureux et élégant, à tiges divergentes, souvent réfléchies et articulées, d'un violet pourpre dans leur jeunesse, glabres ; aiguillons comprimés à leur base, très-courbés ; pétiole rouge et aiguillonné ; feuilles de cinq folioles oblongues, terminées en pointe, d'un vert luisant et lisse, marginées de rougeâtre, à dentelures couchées. Fleurs nombreuses, très-doubles, régulières et parfaites, disposées en beaux corymbes ; pétales d'un très-beau rose foncé, parfois légèrement lilacés, roulés en anneau au centre, irrégulièrement échancrés au sommet.

Rose Noisette Angevine. Arbrisseau vigoureux ; tiges droites, d'un vert pâle ; aiguillons peu nombreux, petits, courbés, d'un rose violacé, placés assez régulièrement, souvent stipulaires ; feuilles à pétiole violet en dessus, vert en dessous ; de sept folioles d'un vert tendre, peu dentées. Fleurs grandes, doubles, parfaites, disposées en corymbes ; pétales blancs à la circonférence, roses au centre, bien rangés ; fruits ronds, plus gros que ceux de la Noisette ordinaire.

Rose Noisette Buret. Arbrisseau très-vigoureux ; tiges fortes, d'un rouge violacé, armées d'aiguillons inégaux et de même couleur que les rameaux, gros et courbés ; feuilles de neuf folioles d'un rouge violacé sur les jeunes pousses, à dentelures petites et courbées. Fleurs doubles, très-belles et très-nombreuses, bien faites, réunies en beaux corymbes, s'ouvrant bien ; pétales d'un rouge pâle, passant quelquefois au violet.

Rose Baillif de Suffren. Fleurs très-doubles, odorantes, du diamètre de trois pouces et demi, à pétales d'un rose tendre bordés de blanc. Cette variété est fort remarquable et très-florifère. Obtenue par M. **Duval** de **Chaville**. Hybride de Noisette.

56. Rosier du Bengale, *Rosa semperflorens*, Pronv., page 521, tome IV, et page 85, Supplément n° 1.

Rose du Bengale à grandes fleurs. Variété magnifique. Tiges glabres, munies de quelques aiguillons pourpres ;

feuilles à cinq folioles finement dentées. Fleurs d'un pourpre violet, ressemblant par la forme à une pivoine à moitié développée; pétales sur six rangs, larges, ovales en cœur, avec quelques étamines au centre.

Rose du Bengale Bisson. Arbrisseau vigoureux, à rameaux divergens, armés d'un petit nombre d'aiguillons inégaux, peu courbés, glauques; pétioles aiguillonnés; feuilles de cinq à sept folioles lancéolées; d'un vert luisant en dessus, glauques en dessous, à dentelures petites et régulières. Fleurs moyennes, très-doubles, d'une forme parfaite, quelquefois solitaires, plus ordinairement disposées en corymbes; pétales d'un rouge vif, passant au cramoisi foncé, crispés au centre, cordiformes. Semis de M. Laffey.

Rose du Bengale caméléon. Arbrisseau très-vigoureux; tiges fortes; écorce lisse, d'un beau vert; aiguillons rosés, peu nombreux; feuilles de trois à cinq folioles larges, épaisses, d'un vert foncé, luisantes, à pétioles d'un vert pâle et aiguillonnés. Fleurs petites, doubles, en corymbes; pétales d'un rose tendre, prenant, après quelques heures d'épanouissement, une nuance d'un rouge foncé.

Rose Fonceir. Arbuste élevé, à rameaux grêles, glabres, luisans, colorés du côté du soleil; aiguillons peu nombreux, assez longs; légèrement crochus à l'extrémité; feuilles de cinq folioles ovales, allongées, planes, assez distantes, finement et très-régulièrement dentées; fleurs petites, très-doubles, d'un blanc pur, à pétales un peu chiffonnés. Cette variété a été obtenue par M. Fonceir, propriétaire à Marcoussis.

Rose Jeanne Shore. Arbuste d'une faible végétation; écorce lisse; rameaux généralement dépourvus d'aiguillons, rougeâtres dans leur jeunesse; feuilles de trois à cinq folioles petites, oblongues, irrégulièrement dentées, luisantes. Fleurs pleines, moyennes, bien faites, disposées en corymbes; pétales d'un blanc légèrement rosé, serrés et involutés intérieurement.

Rose Colocotroni Arbrisseau très-vigoureux; rameaux divergens; aiguillons épars, d'un brun foncé; jeune bois toujours rougeâtre; feuilles ordinairement à cinq folioles ovales, pointues, à dentelures aiguës et irrégulières. Fleurs pleines, d'une moyenne grandeur, très-régulières, naissant plusieurs ensemble sur le même rameau ; pétales d'un beau violet foncé, passant quelquefois à un rouge de lie de vin, très-serrés, incisés irrégulièrement.

Rose Nicétas. Joli arbrisseau vigoureux, à rameaux verticaux ; écorce d'un vert clair et lisse ; aiguillons droits, dilatés à leur base, disposés irrégulièrement ; feuilles de trois à cinq folioles ovales, petites, à dentelures couchées et rougeâtres. Fleurs très-doubles, d'une moyenne grandeur, et parfaitement formées, réunies en corymbes ; pétales d'un beau rose vif, bien rangés dans l'intérieur, réfléchis à la circonférence.

Rose Royer-Collard. Arbuste peu élevé ; tiges garnies d'aiguillons menus ; feuilles composées de trois à cinq folioles allongées, dentées peu profondément. Fleurs moyennes, d'un pourpre velouté à la circonférence et d'un rouge carmin au centre, en bouquets de trois, d'un effet admirable.

Rose Amiral de Rigny. Fleurs grandes, pleines, bien faites, d'un beau rouge, soutenues avec grâce par leurs pédoncules.

Rose Duchesse de La Vallière. Fleurs moyennes, bien faites, pleines, d'un beau rose.

Hybrides.

Rose Marie de Goursac. Obtenue de semis par M. Gondouin. Buisson de trois à quatre pieds de hauteur ; branches nombreuses, vertes, parsemées d'aiguillons ; rameaux rougeâtres ; pétioles allongés, stipules conniventes, bordées de soies ; folioles cinq à sept, ovales-lancéolées, d'un vert foncé, plus pâle en dessous, crénelées. Fleurs en corymbes à l'extrémité des rameaux, de sept à neuf ; pédoncules glabres, très-allongés ; bractées trois, placées à la base du corymbe, et lancéolées ; corolle pleine, d'un rose vif ; pétales nombreux, inclinés en dessous dans l'épanouissement ; étamines peu nombreuses, disque épais, odeur exquise.

Rose Rœser. Arbrisseau vigoureux ; tiges verticales ; aiguillons petits, très-fins, violacés, inégaux et presque droits ; feuilles de cinq à sept folioles rapprochées, les unes oblongues, les autres lancéolées, d'un vert foncé un peu luisant en dessus, d'un vert clair en dessous, irrégulièrement dentées. Fleurs en beaux corymbes redressés, très-nombreuses, grandes, pleines, d'une forme parfaite et régulière ; quelques-unes sont prolifères avec un petit bouton vert au centre. Pétales d'une belle couleur de chair légèrement glacée de violet, symétriquement rangés, quelques-uns cordiformes, les autres irrégulièrement échancrés ; pédoncules garnis de petits poils raides à la base, glabres au sommet ; tube du calice court, presque plat.

Rose Héraclius. Arbrisseau très-vigoureux, à rameaux divergens, souvent étalés horizontalement, munis d'un bon nombre d'aiguillons rougeâtres dans leur jeunesse ; feuilles souvent réfléchies, de cinq à sept folioles, les unes ovales, les autres oblongues, d'un vert clair un peu luisant, à dentelures fortes, profondes et irrégulières ; pédoncules très-courts et glanduleux. Fleurs très – nombreuses, très-pleines, disposées en corymbes ; pétales carnés, légèrement nuancés de rose, serrés au centre, crispés et chiffonnés dans toute la fleur, souvent arrondis au sommet ; tube du calice très-étroit à la base, large au sommet, glabre ; odeur particulière, ayant quelque analogie avec celle du citron.

Rose Athalin. Tiges divergentes, aiguillons peu nombreux ; pétioles glanduleux ; feuilles de trois à cinq folioles ovales, d'un vert clair un peu luisant, dentelures larges, peu régulières, surmontées de petits poils. Fleurs doubles, d'une moyenne grandeur, bien faites, arrondies, réunies en corymbes ; pétales d'un rose violacé, à onglets blancs, peu serrés dans le centre, ceux de la circonférence révolutés, peu échancrés au sommet ; pédoncules munis de poils glanduleux ; calice glabre. Variété obtenue par M. Jacques.

Rose belle de Crécy. Arbuste à tiges droites, minces ; aiguillons assez nombreux ; feuilles d'un vert très-foncé, composées de folioles allongées, à dentelures très-fortes et irrégulières. Fleurs disposées en corymbes, nombreuses, moyennes, pleines ; pétales violets, ombrés et veloutés, roulés au centre, rangés avec symétrie dans les autres parties, irrégulièrement échancrés au sommet.

Rose Thurète. Tiges droites, vigoureuses, armées d'aiguillons nombreux, grands et petits, légèrement rosés ; feuilles de sept folioles allongées, distantes, légèrement dentées; fleurs d'un violet foncé, très-doubles, se succédant fort long-temps. Variété obtenue par mon frère Ét. Noisette.

Rose de Moyenna. Arbrisseau vigoureux; tiges droites, ar-mées d'aiguillons nombreux, roussâtres, comprimés, en cro-chets réfléchis; feuilles de cinq à sept folioles allongées, glabres, légèrement dentées, tourmentées et tombantes, glauques en dessous, d'un vert tendre; pédoncules longs de dix-huit lignes. Fleurs en bouquets de sept à neuf, très-dou-bles, d'une couleur ardoisée.

Rose Comtesse de Coutard. Arbuste très-vigoureux, à ra-meaux peu nombreux; aiguillons très-multipliés, de grosseur très-inégale, les uns assez longs et recourbés, les autres très-minces; feuilles de cinq à sept folioles allongées, glabres, légèrement dentées, lâches; fleurs roses, très-doubles, grandes, réunies en bouquet de cinq à sept, portées par des pédoncules courts. Obtenue par mon frère Ét. Noisette.

Rose Marié. Arbrisseau vigoureux, à rameaux d'un vert clair; aiguillons peu nombreux; feuilles de cinq folioles ovales-allongées, dentées régulièrement et peu profondément, blanchâtres en dessous, celles des jeunes bourgeons teintées de violet; pédoncules assez longs, raides, portant bien leurs fleurs; celles-ci en bouquet de cinq à sept, violettes, moyennes, très-doubles, à cœur enfoncé et formant la coupe.

Rose Burdin. Tiges érigées, se courbant un peu à l'extré-mité; aiguillons rares, rougeâtres, légèrement recourbés; feuilles composées de sept folioles allongées, d'un vert clair, luisantes en dessus, légèrement glauques en dessous, finement et régulièrement dentées. Fleurs très-doubles, disposées par trois sur le même rameau, d'une forme très-régulière et ap-prochant de celle d'une anémone double; pétales d'un lilas vio-lacé et foncé, blancs à l'onglet, larges à la circonférence, ceux du centre étroits et profondément échancrés; odeur fort singulière.

Rose Chevrier. Petit arbuste peu vigoureux; tiges droites, armées d'aiguillons très-petits; pétioles sans aiguillons; feuilles petites, rapprochées, à folioles, les unes ovales, les autres oblongues, régulièrement dentées. Fleurs petites, affectant la forme du pompon ordinaire ; pétales d'un violet très-foncé et bleuâtre, régulièrement et agréablement disposés.

Rose de Latour. Arbuste très-vigoureux, à rameaux nombreux, minces, à écorce violacée ; aiguillons nombreux, courts, teints de rose. Feuilles de cinq folioles ovales, allongées, blanchâtres en dessous. Fleurs grandes, très-doubles, d'une belle forme, d'un joli rose, réunies au sommet des branches en corymbes de cinq à sept.

Rose hybride du Bengale multiflore. Arbuste moyen ; tiges droites, nombreuses ; aiguillons assez multipliés, petits, teints de violet ; feuilles de cinq à sept folioles allongées, coriaces, d'un vert foncé, légèrement dentées, glauques en dessous ; fleurs nombreuses, d'un violet velouté éclatant, assez grandes et réunies en bouquets.

Rose de la Croix. Arbuste de moyenne grandeur, à rameaux droits et assez nombreux ; aiguillons nombreux et courts, teints de rose, un peu crochus à l'extrémité ; feuilles de cinq à sept folioles allongées, glabres, légèrement dentées, d'un vert tendre ; fleurs d'un rose foncé, moyennes, très-doubles, réunies en bouquets à l'extrémité des branches, d'un bel effet. De mes semis.

Rose Stylie de Kersabiec. Arbuste vigoureux, feuilles petites, fleurs doubles, odorantes et d'un rose vif et violacé.

Rose Eugénie. Fleurs d'un pouce et demi de diamètre, légèrement odorantes, à pétales cordiformes, d'un rouge vif à l'onglet, veloutés de violet foncé au sommet ; un groupe d'étamines d'un beau jaune au centre ; arbuste épineux, feuilles petites et d'un vert frais.

Rose Général Lawœstine. Fleurs moyennes, à pétales larges, d'un rouge sanguin. Ces trois variétés ont été obtenues par M. Duval.

57. Rosier de Laurence, *Rosa Lawrenceana*, de Pronv. ; *R. semperflorens minima*, Bot. mag. ; *R. Pusilla*, Maurit., page 523, tome IV.

Rose Laurence petite Laponne. Très-petit arbuste de deux pouces de hauteur ; tiges grêles, dépourvues d'aiguillons ; feuilles de trois à cinq folioles petites et lancéolées, marginées de rouge et finement dentées. Fleurs petites, d'environ quatre à cinq lignes de largeur, doubles, solitaires ; pétales d'un rouge violacé ; boutons foliacés. Fleurit sans interruption jusqu'aux gelées.

Rose Laurence mouche. Arbuste plus petit encore que le précédent ; fleurs n'atteignant que trois ou quatre lignes de diamètre, carnées, pleines, plates et bien faites.

Rose Laurence caprice des dames. Jolie miniature à fleurs doubles, d'un rouge pourpré.

Rose Laurence onguiculée. Arbuste de quatre à cinq pouces de hauteur ; fleurs très-doubles de cinq à six lignes de diamètre, réunies en corymbes assez grands ; pétales d'un rouge vif en lanières.

62. ROSIER TOUJOURS VERT, *Rosa sempervirens*, LINDL. ; *R. scandens*, MILLER ; *R. Balearica*, DESF., page 525, tome IV.

Rose Adélaïde d'Orléans. Joli arbrisseau, d'une végétation vigoureuse ; tiges rampantes, un peu coudées, armées d'un très-petit nombre d'aiguillons rougeâtres, courts, égaux, un peu dilatés à leur base, légèrement courbés, épars ; écorce lisse, d'un vert luisant ; feuilles à pétioles aiguillonnés ; stipules courtes, munies de soies ; folioles au nombre de cinq, épaisses, oblongues, terminées par une petite pointe, d'un vert luisant en dessus, clair en dessous, à dentelures couchées et irrégulières. Fleurs très-nombreuses, petites, quelquefois moyennes, très-doubles, élégantes, d'une forme parfaite, réunies au nombre de huit, dix, et souvent douze, en corymbes terminaux. Pétales blancs, avec une nuance sensible de lilas à la circonférence, crispés dans toute la fleur, roulés au centre, incisés irrégulièrement au sommet ; divisions calicinales garnies de quelques petites glandes ; tube du calice glabre ; pédoncule muni de quelques petits poils.

Rose Princesse Louise. Tiges grêles, cylindriques, comme grimpantes, atteignant six à huit pieds de hauteur ; jeunes pousses, légèrement violacées, aiguillons assez nombreux, forts, épars, non stipulaires, violets sur le jeune bois, d'un gris cendré sur l'ancien ; feuilles à sept folioles ovales, régulièrement dentées, à dents aiguës, vertes et glabres sur les

deux surfaces; stipules entières à deux dents, longues et sétacées. Fleurs en corymbes terminant les petits rameaux, au
nombre de trois à vingt; pédicelles longs d'un pouce environ ,
munis, ainsi que le tube et les divisions du calice , de poils
rouges et glanduleux ; tube du calice ovale-arrondi; divisions
munies quelquefois de deux appendices ; bouton arrondi, rose
avant l'épanouissement; corolle d'un rose très-pâle lors de
l'épanouissement , passant ensuite au blanc presque pur ;
pétales extérieurs plus larges, ceux du centre crénelés, un peu
crépus; fleurs doubles , petites , de dix-huit à vingt lignes de
diamètre, s'épanouissant vers la fin de juin et le commencement de juillet.

Rose Princesse Marie.Tiges semblables à celles de la variété
précédente ; aiguillons moins nombreux; feuilles à cinq ou
sept folioles ovales, pointues. à dents aiguës et sétacées au
sommet. Fleurs en corymbes de trois à douze ; pédicelles longs
d'un pouce , violets et presque glabres ; tube du calice ovale-
allongé ; divisions courtes , entières; bouton d'un beau rouge;
corolle d'un rose foncé d'abord , puis couleur de chair, petite ,
bien faite, en coupe ; pétales échancrés au sommet; styles
nombreux , peu ou point réunis à la base. C'est le plus rouge
des *sempervirens* à fleurs doubles.

Rose Léopoldine d'Orléans. Arbuste vigoureux , à tiges et
rameaux rampans, garnis d'aiguillons rougeâtres, la plupart
droits, quelques-uns légèrement courbés , dilatés à leur base,
d'autres épars et le plus grand nombre stipulaires ; écorce
lisse , luisante , d'un vert clair; feuilles divergentes , à pétioles
aiguillonnés, composées ordinairement de cinq folioles oblongues, pointues , d'un vert luisant; dentelures fines, couchées
et peu profondes. Fleurs nombreuses, doubles, d'une moyenne
grandeur , bien faites, réunies en corymbes parfois réfléchis ;
pétales d'un rose pâle, quelquefois couleur de chair, petits et
chiffonnés au centre, ceux de la circonférence plus grands, et les
uns cordiformes , les autres échancrés irrégulièrement; onglets jaunâtres ; boutons oblongs; calice glabre; pédoncule
légèrement garni de glandes.

Rose Eugène d'Orléans. Arbuste vigoureux ; tiges grosses ,
rougeâtres, rampantes , très-glabres , lisses , un peu luisantes,

munies d'aiguillons peu nombreux, rouges, presque droits; feuilles composées de cinq folioles, rarement de sept, presque sessiles, ovales, glabres, luisantes et coriaces, dentées irrégulièrement en scie; une à trois fleurs terminant les petits rameaux, doubles, petites, n'ayant que dix-huit à vingt-quatre lignes de diamètre, bien faites; pétales d'un rose tendre; tube du calice glabre; pédoncule muni de petits poils glanduleux.

Rose Mélanie de Montjoie. Arbuste vigoureux, tiges élevées et sarmenteuses, armées d'un petit nombre d'aiguillons égaux, droits, peu dilatés à leur base, épars; écorce lisse, teinte de rougeâtre; feuilles distantes, à pétioles munis seulement de quelques petits poils rares, à cinq folioles petites, lancéolées, d'un vert luisant; dentelures petites et couchées, peu profondes et peu régulières. Fleurs nombreuses, très-doubles, moyennes, bien faites, d'une forme aplatie, réunies en corymbe; pétales d'un beau blanc, légèrement rosés au milieu, petits, plissés et chiffonnés au centre, plus larges et souvent mucronés à la circonférence; tube du calice soyeux, ainsi que les sépales et les pédoncules; ceux-ci longs.

Toutes ces variétés sont dues à M. Jacques, jardinier du roi, à Neuilly.

RUELLIE, *Ruellia*, PLUM., tome III, page 404. Ajoutez :

12. RUELLIE A FEUILLES D'ANIS, *Ruellia anisophylla*, HORT. PAR. ♄. Du Brésil. Tige de deux à trois pieds à rameaux articulés, quadrangulaires, fléchis en zigzag à chaque articulation; feuilles persistantes, triplinerves, lancéolées, acuminées, la pointe très-prolongée et se déjetant un peu d'un côté; dentelures peu sensibles et nervures saillantes. Presque toute l'année, fleurs petites, peu ringentes, presqu'en cloche, à tube long et un peu courbé; corolle d'un lilas pâle, à cinq lobes légèrement cotonneux sur les bords. Serre chaude, terre de bruyère mélangée à moitié de terre d'oranger. Multiplication de marcottes et boutures.

SAGITTAIRE ou FLÉCHIÈRE, *Sagittaria*, LIN., page 105, tome III. Ajoutez :

SAGITTAIRE DE LA CHINE, *Sagittaria Sinensis*, BOT. MAG. ♃.

De la Chine. Tiges nues hautes de deux à trois pieds, terminées par des fleurs réunies en plusieurs petites verticilles grandes, d'un blanc rosé, crispées sur les bords. Feuilles lancéolées,
droites, très-glabres, engaînant la tige, hautes d'un à deux
pieds, à nervures très-saillantes. Cette espèce prend beaucoup
de développement ; on la cultive dans les bassins et rivières, où
elle fleurit de juin en août. Comme elle végète très-peu en
hiver, on la conserve au fond de l'eau pendant les fortes gelées,
et on la retire après qu'elles sont passées : il suffit de six à huit
pouces d'eau. Terre de bruyère tourbeuse. Multiplication par
l'éclat du pied en mai et septembre. On peut aussi en cultiver
en pots, dans l'eau et en orangerie.

SAINFOIN, *Hedysarum*, Lin., page 623, tome IV.
Ajoutez :

7. Sainfoin du Caucase, *Hedysarum Caucasicum*, Marsch.
(Pl. 1, Annales de Flore et de Pomone, 1833-1834). ♃. Du
Caucase. Tiges droites, pourpres, glabres et striées d'un à
deux pieds, ramifiées ; feuilles ailées avec impaire de dix à vingt
folioles ; pédoncules longs de dix à quinze pouces, terminés par
un grand nombre de belles fleurs en épi, d'un pourpre violacé,
pendantes et pédicellées. Fleurit d'avril en mai et d'août en
septembre. Culture du n° 2.

8. Sainfoin du Canada, *Hedysarum Canadense*, Lin. ♃.
Tiges de trois pieds ; feuilles ternées, à folioles oblongues,
lancéolées. Pendant tout l'été, fleurs en grappes paniculées,
d'un pourpre clair violacé. Même culture.

9. Sainfoin capité, *Hedysarum capitatum*, Desf. ☉. De
Barbarie. Tige diffuse, rougeâtre, rameuse, de deux pieds ;
feuilles ailées, à folioles lancéolées obtuses. De juillet en octobre, fleurs roses en tête. Multiplication de semis sur couche
pour l'avancer, et repiquer en terre ordinaire en place.

SALPIGLOSSE, *Salpiglossis*, Ruiz et Pav. Didynamie angiospermie, Lin. ; Scrophulariées, Juss. Calice à
cinq dents à peu près égales, un peu anguleux ; corolle
monopétale à cinq divisions presque régulières. Quatre
étamines didynames fertiles, un rudiment de la cinquième stérile ; style un peu plus long que les étamines ;

terminé par un stigmate en languette tubulée. Capsule à deux loges, remplie de semences menues.

1. **SALPIGLOSSE POURPRE**, *Salpiglossis atropurpurea*, SWETT. ♃. Du Chili. Tige de douze à quinze pouces, à fleurs grandes infundibuliformes d'un pourpre noirâtre. Multiplication de graines et d'éclats. Terre ordinaire douce.

2. **SALPIGLOSSE CHANGEANTE**, *Salpiglossis straminea*, HOOK. ♃. Du Chili. Plus grande et plus diffuse que la précédente. Fleurs moins grandes, plus nombreuses, striées et lavées de blanc, de bleu, de violet et de pourpre. Même culture.

3. **SALPIGLOSSE INTERMÉDIAIRE**, *Salpiglossis intermedia*, HORT. (Figurée pl. 22, Annales de Flore et de Pomone, 1832–1833.) ♃. Du Chili. Tiges rameuses de quinze à vingt-quatre pouces. Feuilles alternes, dont les inférieures oblongues, rarement dentées ; les supérieures, lancéolées, linéaires, entières. Fleurs axillaires, ou dans la dichotomie des rameaux, d'un violet noirâtre en dessus, d'un blanc légèrement soufré en dedans, veinées de jaune brillant et de violet pourpre. Semer au printemps sur couche en terre de bruyère ou au moins légère. Repiquer en plein air ou en pots à demi-ombre en terre pareille. Garantir de la gelée par des châssis, ou rentrer en serre les pieds qui ne fleurissent pas la première année, pour les replanter en plein air au printemps suivant ; ils fleuriront de juin en septembre.

SAPIN, *Abies*, TOURN., page 718, tome IV. Ajoutez :

9. **SAPIN REMARQUABLE**, *Abies spectabilis*, NOB. ; *Pinus spectabilis*, DONN. ♄. Du Népaule. Arbre vigoureux dont je ne connais qu'un individu dans les jardins de Neuilly, dirigés par M. Jacques. Il a beaucoup de ressemblance avec le sapin argenté, *abies taxifolia*. Il en diffère cependant par ses feuilles de quinze à dix-huit lignes de longueur, très-blanches en dessous et bidentées à leur sommet. Les branches paraissent assez constamment ternées ; il n'a pas fructifié. Il paraît devoir être de plein air.

SAUGE, *Salvia*, LIN., page 437, tome III. Ajoutez :

17. **SAUGE CARDINALE**, *Salvia cardinalis*, HUMB., BONPL. et

Kunth. ; *Salvia fulgens*, Bot. reg. Cav. (Figurée pl. 14, Annales de Flore et de Pomone, 1833–1834.) ♄. Du Brésil. Tiges ligneuses de trois à quatre pieds ; feuilles pétiolées, opposées, persistantes, légèrement dentées, presque cordiformes, rugueuses, longuement acuminées ; de mai en décembre, fleurs superbes, d'un rouge éclatant très-brillant, en épis s'allongeant successivement pendant la floraison jusqu'à quinze et dix-huit pouces. Calice persistant de couleur marron violet. Serre tempérée. Multiplication par éclats du pied et de boutures. Terre légère mélangée de terreau.

18. Sauge de Graham, *Salvia Grahami*, Bot. reg. ♄. Du Mexique. Tiges de deux à quatre pieds, feuilles petites opposées ovales. En juillet, fleurs grandes d'un beau violet pourpre, en épis longs de six à huit pouces. Même culture. On peut pincer l'extrémité des tiges pour l'empêcher de s'élever trop.

19. Sauge a grandes bractées, *Salvia involucrata*, Cav.; *Salvia concolor*, Hort. ♃. Du Mexique. Tiges de deux à trois pieds ; feuilles cordiformes, grandes, dentées en scie, lisses et douces. Fin de l'automne, fleurs rouges en longs épis terminaux et enveloppées de grandes bractées également rouges. Même culture.

SAULE, *Salix*, Lin., page 695, tome IV. Ajoutez :

15. Saule violet, *Salix acutifolia*, Willd. ♄. Rameaux très-souples à écorce violette et poudreuse ; feuilles lancéolées aiguës. Fait un joli effet, et pourrait fournir le meilleur osier.

16. Saule odorant, *Salix pentandra*, Lin. ♄. Indigène. Arbre élevé, à rameaux rougeâtres et cassans ; feuilles grandes, oblongues, dentées, luisantes, à stipules élégamment frangées.

17. Saule pédicellé, *Salix pedicellata*, Desf. ♄. De Tunis. Petit arbrisseau diffus, très-rameux, ne s'élevant que de deux à trois pieds au plus, écorce grise, jeunes rameaux, blanchâtres et pubescens ; feuilles lancéolées, rugueuses, dentées, nerveuses et tomenteuses en dessous, glabres et d'un vert pâle en dessus.

SAXIFRAGE, *Saxifraga*, Lin., page 421, tome IV.
Ajoutez :

20. Saxifrage a feuilles en coeur, *Saxifraga cordifolia*, Haw. ♃. De la Sibérie. Ressemble par son port au *S. crassifolia*, n° 4, mais en diffère par ses grandes feuilles en cœur, épaisses, persistantes, bullées et obtusément dentées ; fleurs plus grandes, d'un beau rose violacé, d'avril en mai. Multiplication par la séparation du pied. Replanter à neuf tous les trois ou quatre ans.

SCHIZANTHE, *Schizanthus*, Ruitz et Pav. Didynamie angiospermie, Lin. ; Scrophulaires, Juss.

Schizanthe a feuilles pinnées, *Schizanthus pinnatus*, Ruitz et Pav. ☉. Du Chili. Tiges herbacées, de deux pieds, munies dans toute la longueur de petits poils blanchâtres, horizontaux, glanduleux au sommet ; feuilles pinnées, à pinnules lobées ou dentées, d'un vert gai ; les caulinaires pétiolées et les florales sessiles. En juin, fleurs nombreuses, formant une très-grande panicule ; pédoncules assez longs, grêles, mais raides ; calice à cinq divisions étroites, dont les deux supérieures un peu plus petites ; corolle anomale, ayant à peu près la forme des papillonacées ; la carène, échancrée à l'extrémité, est violette ; elle renferme les étamines qui s'y retirent l'une après l'autre lorsque l'acte de la fécondation est consommé ; elle est recouverte par deux pétales étroits à la base, s'élargissant, se courbant et se touchant au sommet, ce qui leur donne la forme d'une lyre, d'un violet un peu plus pâle ; ailes lilas à deux lobes profonds, et eux-mêmes bilobés ; elles sont marquées, dans la partie qui touche l'étendard, d'une petite macule d'un violet foncé ; étendard redressé, bordé de lilas, à limbe blanc : sa moitié inférieure forme un palais analogue à celui des autres plantes de la même famille, d'un beau jaune piqueté, et quelquefois taché d'un violet velouté très-foncé. En terre ordinaire, et multiplication de graines.

SCILLE, *Scilla*, Lin., page 164, tome III.
Ajoutez :

25. Scille de Sibérie, *Scilla Sibirica*, Andr. ; *Scilla præcox*,

Donn. ♃. Petit ognon produisant trois ou quatre feuilles courbées en gouttière, d'un vert foncé, hautes de trois à quatre pouces ; les hampes sortent du centre des feuilles, et sont à peu près de leur hauteur, anguleuses et portant à leur sommet deux ou trois fleurs d'un beau bleu d'émail, à six pétales presqu'ouverts en étoiles, et dont les bords sont plus pâles ; elle fleurit de février en avril. On peut la cultiver en plein air, et elle se multiplie de caïeux et de graines. Lorsqu'on la cultive en pleine terre, il faut tous les deux ou trois ans relever ses ognons, en septembre ou octobre, et enlever les caïeux qu'on peut replanter aussitôt ou conserver comme ceux des autres lilacées.

SPARAXIDE, *Sparaxis*, Aɪᴛ. Triandrie monogynie, Lɪɴ. ; Iridées, Jᴜss.

Sᴘᴀʀᴀxɪᴅᴇ ᴀ ɢʀᴀɴᴅᴇs ꜰʟᴇᴜʀs, *Sparaxis grandiflora*, Aɪᴛ.; *Ixia grandiflora*, Cᴜʀᴛ. ♃. Feuilles gladiées, distiques, engaînantes à la base, hampe pauciflore ; en avril, grandes et belles fleurs d'un violet foncé, maculées de blanc à la base de chaque division.

Sᴘᴀʀᴀxɪᴅᴇ ʙᴜʟʙɪꜰᴇʀᴇ, *Sparaxis bulbifera*, Lᴏɪs. Dᴇsʟ. ♃. Plus petite que la précédente dans toutes ses parties ; fleurs d'un jaune uniforme; bulbilles dans les aisselles des feuilles. Culture des Ixia.

SPARTIER, *Spartium*, Lɪɴ., page 587, tome IV.
Ajoutez :

10. Sᴘᴀʀᴛɪᴇʀ ᴀ ꜰʟᴇᴜʀs ʙʟᴀɴᴄʜᴇs, *Spartium album*, Lɪɴ. ♄. De Portugal. Rameaux jonciformes de couleur cendré peu feuillés. Ils se couvrent dans toute leur longueur, pendant avril et mai, d'un grand nombre de fleurs blanches axillaires. Serre tempérée pendant l'hiver, s'il est franc de pied. Multiplication de graines. Il résiste mieux en plein air, greffé sur le *Cytisus laburnum*.

11. Sᴘᴀʀᴛɪᴇʀ ᴇꜰꜰɪʟᴇ, *Spartium virgatum*, Hᴏʀᴛ. Kᴇw. ♄. De Madère. Rameaux effilés garnis de quelques petites feuilles dressées le long des tiges, hautes de trois à quatre pieds. En mai et juin les tiges se couvrent d'un grand nombre de fleurs

blanches, sessiles par deux et trois dans l'aisselle de chaque feuille. Plein air. Multiplication de graines.

12. **Spartier monosperme**, *Spartium monospermum*, Lin. ♄. Tige pâle de six à huit pieds, à rameaux effilés, sans feuilles ; en avril et mai, fleurs blanches avec un calice rouge, disposées en épis latéraux. Terre de bruyère. Serre tempérée. Multiplication de graines en pots sur couche.

STREPTOCARPE, *Streptocarpus*, Lindl. Didynamie angiospermie, Lin. ; Bignonées, Juss.

Streptocarpe de Rexius, *Streptocarpus Rexii*, Lindl.; *Didimocarpus Rexii*, Hook. (Figuré pl. 19, Flore et Journal des Jardins.) ♃. Afrique méridionale. Racine fibreuse, menue, noire, produisant à son collet une rosette de quatre à plusieurs feuilles étalées, oblongues, linguiformes, crénelées régulièrement sur les bords, velues, d'un vert foncé en dessus, pâle en dessous, presque sessiles. Scape uniflore sortant d'entre les feuilles, longue de cinq à six pouces, terminée par un calice à cinq divisions égales, corolle infundibuliforme, longue de deux à trois pouces, à tube presque blanc velu, à limbe à cinq divisions inégales, d'un bleu léger à l'intérieur, avec sept lignes pourpres sur les trois divisions inférieures, dont trois sur celle du milieu ; quatre étamines, dont deux fertiles ; un style blanc terminé par deux lobes ouverts, blancs, lisérés de violet. L'ovaire devient une capsule longue de quatre à six pouces, cylindrique, amincie au sommet, un peu velue, d'un brun pourpre et tordue, d'où le nom de *Streptocarpus*. Elle s'ouvre en deux valves, contenant une grande quantité de semences fines. Serre chaude et même serre tempérée. Multiplication de graines.

TAMARISC, *Tamarix*, Lin., page 434, tome IV. Ajoutez :

4. **Tamarisc de l'Inde**, *Tamarix Indica*, Willd. ♄. De l'Inde. Branches d'abord vertes, prenant une teinte rougeâtre en hiver, grêles, un peu pendantes, feuilles courtes et menues. Fleurs terminales en panicule, d'un blanc rosé. Multiplication de boutures et marcottes que l'on fait en terre meuble ou de bruyère en plein air, en les relevant en pots pour les rentrer

pendant l'hiver. Pour activer la reprise, on peut les placer sur une couche tiède et les cultiver en pots pendant la première année, en les rentrant sous châssis froids. On les livre ensuite à la pleine terre. Un sable frais lui convient mieux qu'un sol gras et humide.

TELLIME, *Tellima*, Rob. Brown. Décandrie digynie, Lin.; Saxifragées, Juss. Calice d'une seule pièce, renflé à sa base, resserré sous le limbe qui est à cinq dents courtes; corolle à cinq pétales, insérés au calice et alternes avec ses divisions; dix étamines insérées aux parois internes du calice; deux styles égaux terminés par un stigmate renflé; ovaire uniloculaire. Graines menues attachées à deux réceptacles latéraux.

Tellime a grandes fleurs, *Tellima grandiflora*, Doug. Bot. reg. ♃. De l'Amérique septentrionale. Racines fibreuses; feuilles radicales, pétiolées, arrondies, cordiformes, à lobes peu profonds et dentés; glabres sur les deux surfaces, excepté sur les nervures en dessous; scapes sortant des feuilles radicales, droites, cylindriques, hérissées comme les pétioles, haute de dix-huit à vingt-quatre pouces, terminées par une grappe penchée de fleurs unilatérales; pétales d'abord verts, passant ensuite au rouge pourpre, roulés en dehors et découpés au sommet en cinq lanières filiformes. Plein air. Multiplication facile par l'éclat de sa touffe au printemps et à l'automne. Terrain à demi-ombragé, léger et frais.

THERMOPSIDE, *Thermopsis*, Dec. Décandrie monogynie, Lin.; Légumineuses, Juss. Calice régulier, campanulé, à cinq divisions; corolle papillonacée, dix étamines libres insérées au tube du calice, à filamens simples, enfermés dans la carène; ovaire lancéolé, soyeux, stipité; un style nu à stigmate petit, latéral, velu. Légume oblong, lancéolé, polysperme.

Thermopside du Népaule, *Thermopsis Nepaulensis*, Dec.; *Th. laburnifolia*, Don.; *Baptisia Nepaulensis*, Hook.; *Piptanthus Nepaulensis*, Swett.; *Sophora lupinoides*; Lin. (Figuré pl. 43, Annales de Flore et de Pomone, 1832-1833.) ♄. Du Népaule. Arbrisseau s'élevant à cinq ou six pieds, très-rameux; rameaux souples et étalés; feuilles alternes, pétiolées, à trois folioles oblongues elliptiques, d'un vert blanchâtre, légèrement soyeuses, longues de deux à quatre pouces. Chaque foliole est articulée sur le pétiole commun et s'en détache facilement. Deux stipules, soudées en une seule qui embrasse le rameau, autour duquel il reste un cercle quand cette stipule et sa feuille sont tombées. Il est remarquable que les boutons à fleurs naissent dans l'aisselle des stipules, tandis que les boutons à bois naissent à l'opposé dans l'aisselle des feuilles. Fleurs jaunes d'un pouce de diamètre, réunies au nombre de douze sur un pédoncule commun triangulaire, long de trois à quatre pouces, autour duquel elles sont alternativement étagées par trois. Chacune est portée par un pédicelle d'un pouce, muni à sa base d'une bractée échancrée au sommet.

Je cultive cette plante, encore peu répandue, dans la pleine terre d'une bâche, où sa végétation est presque continuelle. Son bois est tendre et ses rameaux ne s'aoutent jamais, de façon qu'elle végèterait toujours si l'abaissement de la température, en hiver, ne venait, malgré les panneaux de la bâche, resserrer les jeunes pousses sujettes à fondre pendant cette saison, mais repoussant vigoureusement au printemps. Cette plante a produit plusieurs fois des fruits qui mûrissent et germent parfaitement dans mon établissement. On peut encore la multiplier par boutures étouffées. Il lui faut une terre légère, substantielle, et des arrosemens fréquens pendant l'été, qu'on supprime complètement en hiver.

THUMBERGHIE, *Thumberghia,* WILLD., page 4o3, tome III. Ajoutez :

3. THUMBERGHIE ÉCARLATE, *Thumberghia coccinea,* WAL. ♄. Du Népaule. Tige ligneuse, grimpante, s'allongeant de vingt à trente pieds. Feuilles opposées, pétiolées, oblongues; les inférieures un peu anguleuses, sagittées; les supérieures plus petites, toutes à cinq nervures. Fleurs écarlates, longues d'un pouce, disposées en grappe terminale et pendante, pédonculées, réunies de deux à quatre dans l'aisselle des petites feuilles vertes devenues des bractées; le pédoncule se recourbe pour soutenir sa fleur horizontalement. Le calice extérieur est d'un rouge sombre, l'intérieur écarlate. Cette plante, qui

fleurit rarement, exige la pleine terre en serre chaude. Elle se multiplie de boutures en terre de bruyère mélangée.

TIGRIDIE, *Tigridia*, Juss., page 219, tome III.
Ajoutez :

2. TIGRIDIE A FLEURS JAUNES, *Tigridia conchiflora*, HERB. ♃. Tige d'un à deux pieds, feuillée, noueuse et rameuse ; feuilles ensiformes, aiguës, plissées, engaînantes ; assez ressemblant au n° 1, dont peut-être il n'est qu'une variété. De juillet en août, fleurs solitaires se succédant pendant un mois, mais ne durant chacune que huit à dix heures. Elles sont larges, d'un beau jaune maculé de pourpre en dedans sur les divisions intérieures et sur l'onglet des trois extérieures, formant la coupe évasée. Même culture que le n° 1.

3. TIGRIDIE D'HERBERTS, *Tigridia Herberti*, BOT. MAG.; *Cypella Herberti*, BOT. MAG. ♃. De Buénos-Ayres. Racine tubéreuse, tronquée, produisant quelques feuilles engaînantes, glabres, très-plissées, longues de cinq à neuf pouces, pointues, mucronées, très-entières sur les bords. Tige cylindrique, feuillée, noueuse, glabre et faible, haute de dix-huit pouces à deux pieds, portant au sommet trois ou quatre petits rameaux terminés par des spathes vertes monophylles, et contenant chacune une ou deux fleurs à tube nul, formant la coupe ; les trois divisions extérieures larges à la base, rétrécies au milieu, pointues, d'un jaune serin, avec une raie pourpre brun, qui n'atteint pas le sommet ; les intérieures, petites, recourbées sur elles-mêmes et en arrière, pointues, creusées en gouttière, à bords jaunes, striés de pourpre à l'intérieur. Sa floraison commence en mai. Chaque fleur s'ouvre vers huit heures du matin et est passée à six heures du soir. Serre tempérée. Multiplication de caïeux et de graines.

TILLANDSIE, *Tillandsia*, page 214, tome III.
Ajoutez :

17. TILLANDSIE A LARGES FEUILLES, *Tillandsia latifolia*, HORT. ♃. Plante grasse, ayant le port de l'ananas ; feuilles glauques, aiguillonnées, longues de trois pieds ; hampe de deux pieds et demi, rouge, couverte de points blancs résultant d'une poussière glauque. Fleurs très-grandes, belles,

d'un beau jaune orangé, placées chacune dans l'aisselle d'une bractée longue de trois à quatre pouces, en nacelle, d'un pourpre carminé produisant de l'effet. Serre chaude et culture des ananas.

TRADESCANTIE ou ÉPHÉMÉRINE, *Tradescantia*, Lin., page 101, tome III, et page 95, Supplément n° 1. Ajoutez :

TRADESCANTIE ÉLEVÉE, *Tradescantia subaspera*, Bot. mag. ♃. Amérique septentrionale. Racines charnues et fasciculées ; tiges droites, rameuses, articulées, hautes de trois à quatre pieds, glabres, striées longitudinalement ; feuilles alternes, engaînantes, lancéolées, falciformes et ciliées à la base, glabres en dessus, pubescentes en dessous, longues de huit pouces à un pied, larges d'un pouce à la base, et se terminant en pointe aiguë. Fleurs terminales, en forme d'ombelle, sessiles ou portées sur un pédoncule long d'un à trois pouces. A la base de chaque ombelle se développent deux feuilles engaînantes et opposées, longues de deux à quatre pouces, ressemblant à des spathes. Fleurs d'un beau bleu clair, pédoncule pourpre et calice vert. Plein air, à toute exposition, mais mieux mi-soleil. Arrosemens pendant les grandes chaleurs de l'été. Multiplication, par éclats du pied, d'octobre en avril ; de boutures sur couche tiède, sous cloche et châssis en juillet et août, et de semis sur couche ou en pleine terre au printemps.

TURNÈRE, *Turnera*, Lin., page 433, tome IV. Ajoutez :

3. TURNÈRE A FEUILLES DE KETMIE, *Turnera trioniflora*, Decand.; *Turnera elegans*, Hort. (Fig. pl. 4, Annales de Flore et de Pomone, 1834-1835.) ♄. Du Brésil. Tige ligneuse, grêle ; rameaux flexueux, à l'extrémité desquels se développent une certaine quantité de boutons qui produisent une fleur chaque jour lorsque le temps est clair. Feuilles d'un beau vert, marquées de nervures profondes, dentées, pointues ; pétiole un peu aplati, glanduleux. Fleurs attachées sur le pédoncule entre deux bractées, lancéolées, à pétales d'un jaune pâle, clair à la circonférence et plus foncé au centre ; chacun d'eux est marqué à son onglet de trois stries longitudinales d'un

violet pourpre foncé. On cultive cette plante en pots, en terre franche mêlée de terre de bruyère et d'un peu de terreau de fumier. On la multiplie facilement de boutures sous cloches, sous châssis, ou en serre chaude. On la tient en serre chaude sur la bâche ou sur les tablettes de devant, de façon à ce qu'elle ait de l'air et de la lumière. On peut enfin la tenir à l'air libre pendant l'été, après l'avoir habituée graduellement à l'influence du soleil.

USTÉRIE, *Usteria*, CAVAN., page 471, tome III.
Ajoutez :

USTÉRIE A FLEURS DE MUFLIER, *Usteria antirrhiniflora*, WILLD.; *Maurandia antirrhiniflora*, HUMB. ♃. Du Mexique. Tige grimpante ; feuilles deltoïdes, sagittées ; lobes du limbe des fleurs entiers ; celles-ci purpurines. Même culture.

USTÉRIE DE BARCLAY, *Usteria Barclayana*, HORT.; *Maurandia Barclayana*, HORT.; ♃. Tiges rameuses, volubiles, pourpres et luisantes ; feuilles hastées, alternes, pétiolées ; pétiole contourné en vrille. Fleurs d'avril en novembre, longues d'un pouce et demi, d'un violet foncé, à tube blanchâtre. Même culture.

VAUBIER, *Hakea*, CAV., page 334, tome III.
Ajoutez :

7. VAUBIER A FEUILLES DE HOUX, *Hakea aquifolia*, HORT. ANGL. ♄. De la Nouvelle-Hollande. Tige de cinq à six pieds, droite, un peu raide ; feuilles alternes, profondément pinnatifides, à divisions trilobées au sommet, et chaque lobe se terminant par une épine raide ; chaque pinnule est munie en dessous d'une nervure et d'un rebord très-saillant ; au printemps, fleurs petites, exhalant une odeur très-agréable, réunies au nombre de trente à quarante en un épi unilatéral, long de quatre à cinq pouces, naissant à l'aisselle des feuilles, et s'inclinant en voûte sur ces dernières. Terre de bruyère ; serre tempérée ; multiplication de marcottes et boutures.

VERGE D'OR, *Solidago*, LIN., page 83, tome IV.
Ajoutez :

23. VERGE D'OR GLABRE, *Solidago glabra*, HORT. PAR. ♃.

De l'Amérique septentrionale. Tiges hautes de trois à quatre pieds, glabres, simples, cylindriques, rougeâtres ; feuilles glabres, alternes, éparses, étroites, aiguës, longues de trois pouces, et plus courtes à la partie supérieure des tiges, finement dentées sur les bords de toute la moitié supérieure, entières et rétrécies à la base. En juillet et août, fleurs se développant sur de petits rameaux latéraux, longs de trois à six pouces, un peu réfléchis, et formant la panicule. On peut la multiplier par des drageons souterrains qui se forment au pied de la touffe.

24. Verge d'or a fleurs penchées, *Solidago nutans*, Hort. par. ♃. De l'Amérique septentrionale. Tiges de trois à quatre pieds et demi, simples, cylindriques, pubescentes ; feuilles alternes, éparses, longues de quatre à cinq pouces à la base, diminuant de longueur en remontant, lancéolées, pointues, un peu réfléchies, à nervures saillantes, un peu pubescentes et rudes au toucher, munies de quelques petites dents sur les bords ; fleurs en panicule dont les petits rameaux sont tous réfléchis. Fleurit en juillet et août.

25. Verge d'or a fleurs nombreuses, *Solidago multiflora*, Hort. par. ♃. De l'Amérique septentrionale. Tiges droites, striées, pubescentes à la partie supérieure, hautes de deux pieds, rameuses à moitié de leur longueur ; feuilles sessiles, glabres, lancéolées, aiguës, longues de trois pouces, rudes et dentées sur les bords ; en août et septembre, fleurs en panicules lâches, composées de nombreux rameaux longs de quatre à six pouces, espacés et dressés.

26. Verge d'or a feuilles de lithosperme, *Solidago lithospermifolia*, Willd. ♃. De l'Amérique septentrionale. Tiges droites, simples, raides, cylindriques, hautes de deux à trois pieds, de couleur violacée, rudes ; feuilles alternes espacées, sessiles, rudes, entières, ovales, lancéolées, pointues, réfléchies, longues de six à sept pouces à la base, à nervures saillantes. En août et septembre, fleurs axillaires en longs épis.

27. Verge d'or a longs épis, *Solidago elongata*, Hort. par. ♃. De la Géorgie. Tiges glabres, striées, hautes de quatre pieds au plus, rameuses dans toute leur longueur ; les branches qui se développent de l'aisselle des feuilles n'ont pas plus

d'un pouce de long. Feuilles presque sessiles, d'un beau vert, glabres, ovales, pointues, longues de deux à trois pouces, à nervures saillantes ; les inférieures dentées sur les bords, les supérieures entières. Aux deux tiers des tiges se développent des rameaux longs de six à dix pouces, lâches et dressés, garnis de petites feuilles ovales, et terminés par un long épi de fleurs petites et nombreuses, du quinze octobre à la fin de novembre.

28. VERGE D'OR A FEUILLES DE PLANTAIN, *Solidago plantaginea*, HORT. PAR. ♃. De l'Amérique septentrionale. Tiges glabres, droites, cylindriques, hautes de trois à quatre pieds et demi, rameuses vers la moitié ; feuilles alternes, sessiles, glabres, dentées finement sur les bords, longues de deux à trois pouces, de forme ovale, elliptiques, pointues, un peu réfléchies, les supérieures lancéolées. Les rameaux florifères sont droits, foliacés, nombreux, se développant sur les tiges dans l'aisselle des feuilles, et garnis de fleurs dans leur longueur, depuis août jusqu'en octobre.

29. VERGE D'OR ÉTALÉE, *Solidago patula*, WILLD. ♃. De la Pensylvanie. Tiges droites, raides, glabres, anguleuses, hautes de deux pieds et demi à trois pieds, paniculées à la partie supérieure. Feuilles alternes, sessiles, oblongues, pointues, glabres à leurs deux surfaces ; les radicales, longues de cinq à six pouces, dentées sur leurs bords, rétrécies à leur base ; les caulinaires, elliptiques et moins dentées. Fleurs réunies en grappes étalées sur de petits rameaux latéraux, longs de six à dix pouces, disposés horizontalement. Elle fleurit en septembre et octobre.

30. VERGE D'OR A FEUILLES ENTIÈRES, *Solidago integrifolia*, HORT. PAR. ♃. De l'Amérique septentrionale. Tiges simples, striées, pubescentes, hautes de deux à quatre pieds, se ramifiant aux deux tiers, en petits rameaux foliacés ; feuilles alternes, entières à la partie supérieure, glabres, lancéolées, longues à la base de cinq à six pouces et un peu dentées. En août, fleurs grandes, disposées latéralement sur des rameaux dressés, longs de deux à quatre pouces, formant une panicule allongée.

31. VERGE D'OR HÉRISSÉE, *Solidago hirta*, WILLD. ♃. De

l'Amérique septentrionale. Tiges droites, cylindriques, rudes, légèrement pubescentes, hautes de deux à trois pieds, et terminées par une panicule foliacée ; rameaux longs de trois à six pouces ; feuilles alternes, ovales, lancéolées, sessiles, rudes aux deux faces, pubescentes, longues de deux à trois pouces à la base, acuminées à la partie supérieure, et inégalement dentées sur les bords ; celles des petits rameaux florifères plus petites, étroites, entières, aiguës ; d'août en septembre, fleurs en forme de panicule droite et touffue, et disposées latéralement sur l'extrémité des rameaux.

32. **Verge d'or a tiges brunes**, *Solidago fuscata*, **Hort. par.** ♃. De l'Amérique septentrionale. Tiges droites, glabres, de couleur brun violacé, hautes de quatre à six pieds, cylindriques, terminées à la partie supérieure par de jeunes rameaux droits, de six pouces à un pied ; feuilles alternes, sessiles, entières, très-glabres et luisantes, longues à la base de trois à quatre pouces, lancéolées, pointues, diminuant de longueur à la partie supérieure. En octobre et novembre, fleurs grandes, nombreuses, disposées à l'extrémité de petits rameaux en forme d'épis, ce qui compose une panicule lâche, dressée, de plus d'un pied de long.

33. **Verge d'or des forêts**, *Solidago nemoralis*, **Hort. Kew.** ♃. De l'Amérique septentrionale. Tiges droites, raides, cylindriques, de dix-huit pouces à deux pieds ; incanes couvertes quelquefois de petits poils blancs, terminées par de petits rameaux longs de trois ou quatre pouces, recourbés à leur extrémité. Feuilles radicales en rosaces, pétiolées, longues de trois à cinq pouces, de forme ovale, obtuses, très-rudes, inégalement dentées à leur contour ; feuilles caulinaires plus étroites, plus courtes, lancéolées, hispides, un peu ondulées sur les bords. D'août en septembre, fleurs petites, nombreuses, en corymbe.

34. **Verge d'or de deux couleurs**, *Solidago bicolor*, **Linn.** ♃. De la Caroline et du Canada. Tiges droites, raides, cylindriques, d'un à deux pieds, légèrement pubescentes. Feuilles radicales, ovales, obtuses, en rosace, rétrécies en pétiole à leur base, dentées sur les bords ; les caulinaires, sessiles, lancéolées, presque elliptiques, vertes en dessus, incanes en dessous, entières et rudes au toucher. De septembre en oc-

tobre, fleurs en épis droits à l'extrémité de chaque rameau ; les demi-fleurons sont blancs et les fleurons jaunes.

35. **Verge d'or du Mexique**, *Solidago Mexicana*, Lin. ♃. Du Mexique. Tiges d'un à deux pieds au plus, obliques, glabres, luisantes, cylindriques, de couleur brune, garnies de feuilles alternes, lancéolées, sessiles, amplexicaules à leur base, longues de quatre à cinq pouces sur un de large, charnues, lisses à leurs deux faces, très-entières à leurs bords, rétrécies en pétiole à leur base, à nervures saillantes. En septembre et octobre, fleurs en grappes unilatérales, réunies en belles panicules étalées ; rameaux florifères, munis de petites folioles linéaires.

36. **Verge d'or a petites feuilles**, *Solidago tenuifolia*, Pursh. ♃. De la Caroline. Tiges de deux pieds à deux pieds et demi, cylindriques, striées, pubescentes, se ramifiant à la partie supérieure, et garnies, dans toute la longueur, de petites feuilles sessiles, linéaires et subulées, très-courtes à la partie supérieure ; celles de la base sont longues de deux pouces, un peu réfléchies, garnies de quelques dents vers l'extrémité. De la mi-octobre en novembre, fleurs petites à l'extrémité de rameaux latéraux, grêles et longs de quatre à six pouces.

VERNONIE, *Vernonia*, Schreb., page 43, tome IV.

Ajoutez :

4. **Vernonie a tiges flexueuses**, *Vernonia flexuosa*, Bot. mag. ♃. Du Brésil. (Figurée pl. 19, Annales de Flore et de Pomone, 1832-1833.) Racines bulbeuses ; tiges d'abord droites, d'un pied à dix-huit pouces, striées, pubescentes à la base, et garnies d'un duvet laineux, divisées au sommet en ramifications flexueuses et dichotomes, sur lesquelles se développent les fleurs. Feuilles entières : les radicales ovales, lancéolées, à pétiole court, coriaces ; les caulinaires étroites, lancéolées, plus courtes, et sessiles au sommet. En septembre et octobre, fleurs d'un pourpre violet. Serre tempérée ; terre de bruyère, multiplication de graines, de boutures, et par la séparation des tubercules. Plein air en été à mi-ombre.

VERVEINE , *Verbena*, Lin., page 432, tome III.
Ajoutez :

5. Verveine a feuilles de germandrée, *Verbena melindres*, Bot. reg. (Pl. 4, Journal et Flore des Jardins.) ♃. Du Paraguay. Tiges herbacées, de quinze à dix-huit pouces, rameuses, érigées, très-velues, légèrement purpurines vers la base. Feuilles opposées, sessiles, lancéolées, largement et peu profondément dentées en scie, un peu velues et légèrement scabres. En juillet et août, fleurs sessiles, en épis terminaux, s'allongeant à mesure que la floraison avance, d'un cocciné très-vif et brillant. Terre de bruyère ; serre tempérée ; multiplication de couchage.

6. Verveine agréable, *Verbena pulchella*, Swett. ♃. Du Mexique. Feuilles très-découpées, sessiles ; tiges rampantes, s'attachant à la terre par des racines qui se développent à chaque nœud, et se ramifiant beaucoup ; chaque petit rameau est terminé par une ombelle de fleurs d'un bleu d'azur d'abord, ensuite un peu violacé, de la plus grande élégance. Elle fleurit de juin en décembre. Multiplication de graines, de boutures et de marcottes. Plein air, où elle périt si la température descend à 4 degrés sous 0. Quelques pieds en orangerie pour réparer les pertes. Comme la précédente, on peut l'employer à former des tapis de verdure, sur lesquels leurs jolies fleurs font un charmant effet.

7. Verveine veinée, *Verbena venosa*, Hort. ♃. Tiges droites de douze à quinze pouces, se ramifiant, velues ; feuilles demi-embrassantes, longues, lancéolées, un peu rudes, à trois nervures longitudinales, d'un vert sombre. En juillet et août, fleurs en ombelle terminale bien garnie, d'un violet clair et bleuâtre. Multiplication de graines et boutures. Même culture.

VINETTIER , *Berberis*, Lin., page 363, tome IV.
Ajoutez :

5. Vinettier hétérophylle, *Berberis heterophylla*, Hort. ♄. Du Népaule. Arbuste rameux, tiges grêles, tombantes, grisâtres dans leur vieillesse, les jeunes jaunâtres. Sous chaque gemme, trois épines, dont celle du milieu, presque droite, deux fois plus longue et plus grosse que les latérales, qui ont

trois lignes ; feuilles alternes très-variables, longues d'un à deux pouces, souvent réunies en fascicule de deux à quatre, très-ouvertes, d'un vert foncé, à nervures blanchâtres, et se dessinant très-bien sur le beau vert du limbe, à bords munis d'épines très-aiguës, irrégulières, quelquefois régulièrement hastées. Feuilles jaunes en grappes, ressemblant beaucoup à celles de l'épine-vinette commune, mais plus distantes et à odeur moins forte. Fruit gros, oblong, violet, recouvert d'une poussière blanche, beaucoup moins acide que dans l'espèce commune. Plein air. Multiplication de semences, de marcottes et de greffes sur le *Berberis vulgaris*.

VIOLETTE, *Viola*, Lin., page 377, tome IV.

1. **Violette palmée**, *Viola palmata*, Lin. Ajoutez : Cette espèce a fourni une variété à fleurs panachées, ou irrégulièrement variées de bleu et de blanc, qui fait un assez joli effet.

15. **Violette a grandes fleurs**, Pensée vivace, *Viola grandiflora*, Lin. Ajoutez : Cette espèce a fourni une nouvelle variété dont les fleurs sont trois fois plus grandes, d'un blanc pur et à pétales crénelés.

WATSONIE, *Watsonia*, Miller, page 98, supplément n° 1. Ajoutez :

Watsonie a fleurs d'Alétris, *Watsonia aletroides*, Bot. mag. ♃. Du Cap. Bulbe produisant trois ou quatre feuilles linéaires, pointues, longues de dix à douze pouces, larges de cinq à six lignes, glabres, entières, à nervure médiane saillante sur les deux faces, d'un vert un peu glauque, engaînantes. Hampes de dix-huit à vingt pouces, munies de deux ou trois feuilles plus courtes, terminées par un épi de douze à vingt fleurs, sortant de spathes violacées, d'un beau rouge, se présentant unilatéralement, bien que les spathes soient distiques. Serre tempérée, en pot de terre de bruyère pure ; du reste, culture des Ixia.

WRIGHTIE, *Wrightia*, R. Brown. Pentandrie monogynie, Lin. ; Apocynées. Juss. Calice à cinq divisions ; corolle régulière à cinq pétales, garnis à leur base d'appendices frangées; cinq étamines insérées au fond de la corolle; style unique à stigmate en tête.

WRIGHTIE ÉCARLATE, *Wrightia coccinea*, HORTUL.; *Nerium Coccineum*, DESF. (Figurée pl. 8, Annales de Flore et de Pomone, 1833-1834.) ♄. De l'Inde. Tige droite; feuilles d'environ quatre pouces, entières, ovales, allongées, pointues, d'un vert frais et luisant en dessus, jaunâtre en dessous, à pétiole court, fleurs solitaires, terminales, d'un beau rouge écarlate velouté; appendices de couleur pourpre; pétales pointus, ondulés et réfléchis, longs d'un pouce environ et larges de cinq à six lignes, charnus et bordés, sur le limbe extérieur, d'une nuance vert olive. Arbrisseau fort rare et délicat. Jusqu'alors on le cultive en terre de bruyère, mélangée de terre franche, et on le tient en serre chaude. Ses feuilles tombent après la floraison.

XANTHOCHYME, *Xanthochymus*, ROXB. Dodécandrie monogynie, LIN.; Guttiers, JUSS.

XANTHOCHYME DES TEINTURIERS, *Xanthochymus tinctorius*, ROXB. ♄. De Coromandel. Bel arbre à tronc droit, à rameaux horizontaux; feuilles oblongues, aiguës, charnues, longues de huit pouces à un pied. Fleurs moyennes d'un blanc sale, latérales et groupées. Son suc est jaune. Serre chaude; terre légère. Multiplication de boutures et de graines.

ZÉPHYRANTHE, *Zephyranthes*, HERB. Hexandrie monogynie, LIN.; Liliacées, JUSS. Périgone coloré à six divisions à peu près égales, trois extérieures et trois intérieures; tube court; six étamines égales, droites, insérées à la naissance des divisions du périgone; style terminé par un stigmate à trois lobes; capsule obtusément triangulaire à trois loges, renfermant chacune deux séries de graines aplaties, un peu triangulaires et de couleur noire, et s'ouvrant sur le milieu par une fente longitudinale.

ZÉPHYRANTHE A GRANDES FLEURS, *Zephyranthes grandiflora*, BOT. REG. (Figurée pl. 12, Annales de Flore et de Pomone, 1832-1833.) ♃. Du Mexique. Petit ognon produisant deux à trois feuilles étroites, d'un beau vert un peu violet à la base. Hampe droite de cinq à six pouces, violacée à la base, plus verte au sommet, terminée par une spathe également violacée, s'ouvrant sur le côté pour laisser sortir, de juillet en septembre, une seule fleur de trois pouces de diamètre, d'un joli rose mat, verdâtre à la base et sur le tube. Elle s'ouvre au soleil; orangerie ou châssis froid; terre de bruyère humide pendant la végétation. Multiplication de caïeux.

ZÉPHYRANTHE JAUNE-BRUN, *Zephyranthes chloroleuca*, HERB. (Figurée pl. 2, Annales de Flore et de Pomone, 1832-1833.) ♃ . Petit ognon produisant deux à trois feuilles étroites, planes, glabres, entières, longues de six à huit pouces, glauques; hampe cylindrique, violacée à la base, vert glauque au sommet, terminée par une spathe divisée en deux parties, de laquelle sort, de juin en août, une fleur un peu penchée. Les divisions du périgone sont mucronées au sommet, d'un jaune brunâtre à l'extérieur, citronées en dedans, et à onglet rougeâtre. Ses fleurs ne s'épanouissent qu'au soleil. Même culture, plus multiplication de graines qui mûrissent parfaitement.

ZÉPHYRANTHE ROSE, *Zephyranthes rosea*, BOT. REGIS. Ognon petit, brun, produisant six à huit feuilles planes, longues de cinq à sept pouces, larges de trois à quatre lignes au plus, d'un beau vert, légèrement striées en dessous, presque couchées sur la terre; de leur centre naissent des hampes droites, glabres, presque cylindriques, hautes de deux pouces, terminées, en septembre, par une spathe s'ouvrant en deux pour laisser sortir une petite fleur à six pétales d'un joli rose, à fond d'un jaune verdâtre; étamines moitié moins longues que les divisions de la corolle; anthères linéaires, d'un beau jaune; style un peu plus long que les étamines, terminé par un stigmate rose et à trois petits lobes étroits. Même culture.

ZINNIA, *Zinnia*, LIN., page 117, tome IV.

5. ZINNIA VIOLETTE, *Z. violacea*. Ajoutez, la variété. *Coccinea:* (Figurée pl. 3, Annales de Flore et de Pomone, 1833-1834.) Fleurs de même forme et dimension que celles de l'espèce, mais les demi-fleurons sont d'un rouge vif et velouté, d'un éclat surprenant. Elle se multiplie de graines sans varier

beaucoup; on sème, fin mars, sous châssis, sur couche chaude; on repique sur couche tiède. Lorsque le plant est assez fort, on éclaircit en mai, pour mettre en place, en conservant une motte à chaque pied. On récolte des graines sur les pieds laissés sur couche.

Il existe aussi une autre variété d'un blanc pur, très-distincte, mais produisant cependant peu d'effet.

ZYGOPÉTALON, *Zygopetalum,* Dec. Gynandrie monogynie, Lin. ; Orchidées, Juss. Pétales égaux, sous-secondaires, ouverts, droits et innés à la base ; labelle bien développée et émarginée au sommet; grand disque tuberculeux ; la base inférieure obtuse, calciforme, colonne rude ; anthères ovales, comprimées, calciformes, attachées au disque supérieur. Deux loges à deux valves ; deux masses de pollen bilobées inégalement et glanduleuses à leur base.

Zygopétalon de Mackai, *Zygopetalum Mackaii*, Hort. angl. (Pl. 23, Annales de Flore et de Pomone, 1834–1835.) ♃. Du Brésil. Bulbe large, ovale, rugueuse, et conservant les cicatrices des anciennes feuilles. Celles-ci distiques, lancéolées, engaînantes, et partant toutes de la même base, légèrement carénées et striées, longues d'un pied à un pied et demi. Tige haute d'un pied et demi, comprimée et surmontée de cinq à six fleurs très-grandes, portées chacune sur un pédoncule cylindrique, naissant dans l'aisselle d'une bractée cymbiforme et presque aussi longue que lui. Cinq pétales d'un vert olivâtre maculés de taches de couleur cannelle foncée en dessus, plus terne en dessous, lancéolés, aigus, droits et ouverts ; labelle semi-circulaire, de douze à quinze lignes de diamètre, à bords légèrement ondulés et crénelés, d'un blanc de perle jaspé de violet pourpré. Nectaire semi-cylindrique et égal à la moitié de la longueur des pétales, d'un jaune verdâtre, strié et piqueté de pourpre; en avant se trouve un tubercule membraneux, blanc, en forme de fer à cheval, recouvrant l'anthère. Culture des orchidées de serre chaude.

FIN.

TABLE DES MATIÈRES

FIN DE LA TABLE.

AVIS AU RELIEUR.

Au tome Ier : Le portrait en frontispice.

Les 13 planches formant la vingt-septième livraison, à la fin du volume.

Les tables qui se trouvent dans la vingt-cinquième livraison, entre la préface et la feuille 1re.

Au tome II : Les planches qui forment la vingt-huitième livraison, à la fin du volume.

Les titres des tomes III et IV se trouvent dans la trentième livraison.

Les livraisons 26, 29 et 30, formant les deux supplémens, doivent être conservées brochées en dehors des quatre volumes.

MANUEL COMPLET

DU JARDINIER

II.

Paris. — Imprimerie nationale de E. Brunard, rue Cassette, 6.

MANUEL COMPLET

DU

JARDINIER

MARAICHER, PÉPINIÉRISTE, BOTANISTE, FLEURISTE
ET PAYSAGISTE

PAR M. LOUIS NOISETTE

MEMBRE DES SOCIÉTÉS LINNÉENNE DE PARIS, HORTICULTURALES DE LONDRES
ET DE BERLIN, D'AGRICULTURE ET DE BOTANIQUE DE GAND
ET AUTEUR DU JARDIN FRUITIER

Avec un grand nombre de Figures

TOME DEUXIÈME

PARIS

JACQUIN HECTOR, 61, RUE DE RIVOLI

—

1860

MANUEL COMPLET

DU JARDINIER

III.

Paris. — Imprimerie particulière de E. Donnaud, rue Cassette, 9.

MANUEL COMPLET

DU

JARDINIER

MARAICHER, PÉPINIÉRISTE, BOTANISTE, FLEURISTE
ET PAYSAGISTE

PAR M. LOUIS NOISETTE

MEMBRE DES SOCIÉTÉS LINNÉENNE DE PARIS, HORTICULTURALES DE LONDRES
ET DE BERLIN, D'AGRICULTURE ET DE BOTANIQUE DE GAND
ET AUTEUR DU JARDIN FRUITIER

Avec un grand nombre de Figures

TOME TROISIÈME

———

PARIS

JACQUIN HECTOR, 61, RUE DE RIVOLI

—

1860

MANUEL COMPLET

DU JARDINIER

IV.

Paris. — Imprimerie nouvelle de E. Brossard, rue Cassette, 3.

MANUEL COMPLET

DU

JARDINIER

MARAICHER, PÉPINIÉRISTE, BOTANISTE, FLEURISTE
ET. PAYSAGISTE

PAR M. LOUIS NOISETTE

MEMBRE DES SOCIÉTÉS LINNÉENNE DE PARIS, HORTICULTURALES DE LONDRES
ET DE BERLIN, D'AGRICULTURE ET DE BOTANIQUE DE GAND
ET AUTEUR DU JARDIN FRUITIER

Avec un grand nombre de Figures

TOME QUATRIÈME

———

PARIS

JACQUIN HECTOR, 61, RUE DE RIVOLI

—

1860

MANUEL COMPLET

DU JARDINIER

SUPPLÉMENT.

Paris. — Imprimerie horticole de E. Donnaud, rue Cassette, 9.

MANUEL COMPLET

DU

JARDINIER

MARAICHER, PÉPINIÉRISTE, BOTANISTE, FLEURISTE ET PAYSAGISTE

PAR M. LOUIS NOISETTE

MEMBRE DES SOCIÉTÉS LINNÉENNE DE PARIS, HORTICULTURALES DE LONDRES
ET DE BERLIN, D'AGRICULTURE ET DE BOTANIQUE DE GAND
ET AUTEUR DU JARDIN FRUITIER

Avec un grand nombre de Figures

SUPPLÉMENT N° 1.

PARIS

JACQUIN HECTOR, 61, RUE DE RIVOLI

1860